Edgar K. Geffroy | Bernd Behrens | Gerd Heinemann
Frank Isselborg

Herzenssache Kunde in der Automobilbranche

Edgar K. Geffroy | Bernd Behrens | Gerd Heinemann
Frank Isselborg

Herzenssache Kunde in der Automobilbranche

Neue Wettbewerbschancen und mehr Kundenerfolg mit Automotive Clienting

REDLINE | VERLAG

Bibliografische Information der Deutschen Nationalbibliothek:
Die Deutsche Nationalbibliothek verzeichnet diese Publikation in der Deutschen Nationalbibliografie; detaillierte bibliografische Daten sind im Internet über **http://d-nb.de** abrufbar.

Für Fragen und Anregungen:
lektorat@redline-verlag.de

1. Auflage 2015

Nymphenburger Straße 86
D-80636 München
Tel.: 089 651285-0
Fax: 089 652096

Redaktion: Bärbel Knill, Landsberg am Lech
Umschlaggestaltung: Melanie Melzer, München
Umschlagabbildung: iStockphoto.com
Satz: EDV-Fotosatz Huber/Verlagsservice G. Pfeifer, Germering
Druck: CPI books GmbH, Leck
Printed in Germany

ISBN Print 978-3-86881-610-5
ISBN E-Book (PDF) 978-3-86414-853-8
ISBN E-Book (EPUB, Mobi) 978-3-86414-852-1

Weitere Informationen zum Verlag finden Sie unter

www.redline-verlag.de

Inhalt

Die neuen digitalen Chancen

> »Die Zukunft ist ein ernstes Geschäft. Wenn die Kunden die Zukunft vor Ihnen erreichen, sitzen Sie in der hintersten Reihe.« *Faith Popcorn, amerikanische Trendforscherin*

Die Automobilbranche befindet sich im Paradigmenwechsel. Noch nie hat sich die Branche so schnell verändert wie in den letzten Jahren. Neue Muster in der Nachfrage, neue Märkte, neue Akteure und neue Technologien beginnen die Hersteller, die Autohäuser, die freien und gebundenen Servicebetriebe radikal zu verändern.

Die Idee zu diesem Buch entstand Anfang 2015. Die Geschäftsführer von BBE Automotive und FSP (Partner von TÜV Rheinland Group), Gerd Heinemann und Frank Isselborg, veranstalteten ihr traditionelles Kick-off-Meeting und waren gerade dabei, das Jahr 2014 zu analysieren und zu überlegen, wie sie ihre Kunden angesichts des nochmals verschärften Wettbewerbs für die Zukunft sicherer aufstellen könnten.

Anfang Januar rief Edgar K. Geffroy seinen langjährigen Weggefährten Bernd Behrens an, man erinnerte sich an die fruchtbare Zusammenarbeit in den 1990er-Jahren. Sie sprachen über die aktuellen Herausforderungen, denen sich die Automobilbranche stellen muss. Nach einem angeregten Dialog kam ihnen die Idee, die Geffroy'schen Erkenntnisse auch der Autobranche zugänglich zu machen. Sehr schnell gelang es Bernd Behrens, die FSP-Gruppe, den spezialisierten Dienstleister für Kfz-Betriebe in den Bereichen Fahrzeugsicherheit und -bewertungen und Optimierer von Serviceprozessen, und die Forscher und Berater der BBE Automotive als Mitstreiter zu gewinnen.

Unsere gemeinsame Botschaft und Zielsetzung: Unternehmern der Automobilbranche die Augen für die neuen digitalen Chancen zu öffnen, sie motivieren, das Thema Internet zur Chefsache zu machen und die neuen Herausforderungen von Big Data als neue Chance zu sehen. Für uns ist klar: Wir müssen die digitale Welt mit der stationären Realität verbinden und dabei den Kunden zur Herzenssache machen und mit ihm eine partnerschaftliche Beziehung eingehen. Die Verantwortlichen in der Branche sind vielfach noch nicht in dieser veränderten Welt angekommen.

Erster im Kopf des Kunden sein, den Kunden zur Herzenssache machen

Bernd Behrens: »Es ist die Psychologie der verschleppten Reformen, unter der die Automobilbranche leidet, dabei reicht es aber nicht, einfach digitaler zu werden.«

In der Automobilbranche geht es nicht um offline oder online, Internet oder stationärer Handel und Service, sondern um ein neues Selbstverständnis des Geschäftsmodells und eine neue Art der Kundenorientierung. Die Digitalisierung erleichtert die Zugänge. Sie hilft, ein Bewusstsein für Vielfalt und individuelle Angebote zu schaffen. Aber sie ist nicht der Zugang! Nach unserer gemeinsamen Überzeugung ist der Autofahrer und Nutzer der mobilen Dienstleistungen der aktive Gestalter der Wertschöpfungskette geworden. Die Zeit ist da für eine grundlegende Neuorientierung der Unternehmen in den Märkten der Mobilität. Machen Sie den Kunden zu Ihrer Herzenssache!

Wer Lust hat, mit den neuen Möglichkeiten wieder ein guter, vielleicht ein besserer Unternehmer oder Manager in der Automobilbranche zu sein, kann durchaus optimistisch in seine persönliche Zukunft und in die seines Unternehmens blicken und:

Ihre Kunden können sich darauf freuen.

1. Kopfstand der Marktregeln

»Das einzig Beständige ist der Wandel.« *Ortega Y Gasset, Heinrich Heine, Charles Darwin*

Wir wussten nicht, wie uns geschah. Plötzlich sprachen alle über Kundenservice. Gerade eben war die Servicewüste Deutschland noch in aller Munde und sogar Titelthema im *Stern* gewesen, und auf einmal war die Welt wie ausgewechselt! Das war vor 20 Jahren. Bis dahin standen an erster Stelle Marktanteilsgewinne im Fokus der deutschen Automobilindustrie. Nur wenige Unternehmen der Automobilbranche hatten verstanden, dass der wichtigste Erfolgsfaktor ein anderer ist. Doch dann, Stück für Stück, wachte die gesamte Automobilbranche auf und entdeckte ihn: den Kunden, den lebenslangen Kunden. Immer mehr Unternehmen entwickelten ein Bewusstsein dafür, dass der Kunde der zentrale Schlüssel zum Erfolg ist.

Der deutsche Automobilmarkt folgte dabei einem Trend, der weltweit für Furore sorgte. Kundenzufriedenheit und Service bekamen einen ganz neuen Stellenwert in den Autohäusern und Servicebetrieben. Wer sich nicht an die neuen Regeln hielt, wurde abgestraft.

Wie war das jedoch vor 20 Jahren, im Jahr 1995? Viele Unternehmer und deren Mitarbeiter kamen aus der Zeit, in der Autos verteilt wurden. Denken wir nur an die Autos der Marke Mercedes. Diese wurden in den 1980er-Jahren nicht verkauft, sondern verteilt. Wartezeiten von mehr als einem Jahr waren keine Seltenheit.

Diese rosigen Zeiten gingen aber auch zu Ende, die Händlerverträge wurden durch neue Kundenzufriedenheitsbedingungen ergänzt.

Und noch etwas passierte: Die Kunden wurden sich ihrer Macht bewusst. Sie merkten, wie sie hofiert wurden, und begannen, ihre Karten auszuspielen. So fand man den unzufriedenen Kunden immer häufiger als gern gesehenen Gast in TV-Talkshows wieder und Vorträge zum Thema Kunde boomten.

Vorübergehend glaubten wir sogar, dass die Unternehmen der Automobilbranche die Herausforderung Kunde tatsächlich verstanden hatten. Das war ein großer Irrtum, denn die Entwicklung geht weiter. Wir stehen nach der ersten großen Welle der Kundenzufriedenheit alle wieder in den Startblöcken. Wer also glaubt, mit guten Kundenzufriedenheitswerten im sicheren Hafen gelandet zu sein, wird sich warm anziehen müssen. Die Automobilbranche befindet sich in einem Entwicklungsprozess, bei dem kein Stein auf dem anderen bleiben wird. Was die Veränderung antreibt, ist die neue digitale Welt. Sie allein wird dafür sorgen, dass wir den Faktor Kunde noch ein weiteres Mal neu erfinden müssen. Um die Beschwerde eines Kunden zu beantworten, reicht es heute bei Weitem nicht mehr aus, gute Textbausteine zu formulieren und den, der am besten passt, als Antwort an den Kunden zu kopieren und zu versenden. Ein guter Freund von uns, Autohausunternehmer einer erfolgreichen Autohausgruppe, formuliert es so: »Wir sind gerade erst am Anfang.« Er vermutet, dass höchstens 20 Prozent der Autohausbetriebe wirklich verstanden haben, welchen Wert die Kunden tatsächlich für sie haben.

Wir sind auch der festen Überzeugung, dass bis heute nur wenige verstanden haben, was ein Kunde wirklich wert ist. Und zwar auch rein monetär. Wer denkt schon ganzheitlich darüber nach, was ein Kunde rund um das Auto in einem normalen Autoleben alles ausgibt? Alleine hieraus muss eine maximale Wertschätzung resultieren.

Der Begriff »Customer Experience Management« (kurz CEM) ist ein aktueller Modebegriff und bringt diese Herausforderungen auf den Punkt. Es reicht nicht mehr, dem Kunden einfach nur Produkte und guten Service anzubieten. CEM – zu Deutsch Kundenerfahrungsmanagement – geht davon aus, dass Erlebnisse für den Kunden geschaffen werden müssen, um eine emotionale Bindung zwischen Kunden und Autohaus beziehungsweise Werkstatt aufzubauen. Das Ziel ist es, aus »einfachen« Kunden begeisterte Botschafter für die Marke und den Service zu machen.

Produkte sind out. Heute will der Kunde Erfahrungen.

Erfolgsfaktor Internet

Sowohl die Autokunden als auch die Unternehmen der Automobilbranche leben heute in einer Zeit, in der die größten Veränderungen der Wirtschaftsgeschichte stattfinden. Der Hauptdarsteller in diesem Wirtschaftsepos ist das Internet. Wer den wichtigsten Akteur nicht ernst nimmt, scheitert. Mobile.de, AutoScout24, Motor-Talk, die Liste wird jeden Tag länger. Wir wissen längst, dass die Autokunden von heute die digitalen Chancen für sich zu nutzen wissen. Unsere Kunden sind nicht mehr unbedingt treu. Liefert ein Onlinereifenhändler schneller oder billiger als der andere, entscheidet sich der Kunde für den schnelleren Shop. Kommt ein neuer Mobilitätsdienstleister wie zum Beispiel Car2Go oder DriveNow auf den Markt und bietet eine völlig neue und einfache Art der Mobilität in Großstädten, findet er schnell neue Kunden, die dieses Angebot nutzen. Selbst bei Innovationen, die keiner vorhersehen kann, greifen die Kunden vehement zu, sobald sie entdecken, dass es da etwas ganz Neues und Außergewöhnliches gibt.

Und doch, es gibt sie noch, die digitalen Laien. Es sind derzeit immer noch einige. Denken Sie nur an die jährlich drei Millionen verkauften Neuwagen. Etwa 65 Prozent werden an Gewerbebetriebe und große Fuhrparks verkauft oder sind Eigenzulassungen der Autohäuser, der Anteil der über 50-Jährigen an den restlichen Privatverkäufen ist aber weiterhin sehr hoch. Wir wollen nicht verschweigen, dass viele aus dieser Generation noch als »Digitale Outsider« einzustufen sind und den Weg ins Internet noch nicht umfänglich gefunden haben. Hier liegt noch ein Potenzial an kaufkraftstarken Autokäufern, die auf herkömmlichen Wegen bedient werden. Denken wir aber fünf Jahre weiter, dann werden die heute 55-Jährigen deutlich internetaffiner sein und mit größerer Selbstverständlichkeit das Internet nutzen.

Deutlich weiter sind wir bereits im Gebrauchtwagenmarkt mit etwa sieben Millionen Besitzumschreibungen pro Jahr. Mobile.de und Autoscout24 sind die beiden erfolgreichsten Portale für gebrauchte und neue Fahrzeuge. Fast jeder der Gebrauchtwagenkäufer informieren sich zunächst im Internet und wendet sich erst danach an den örtlichen Händler, der das gesuchte Fahrzeug angeboten hat. Google und die sozialen Medien beherrschen die Kommunikation zwischen Interessent und Anbieter. Und das Ganze gilt heute auch für den Service. Der Kunde kann sich an einem immer größer werdenden Angebot von Werkstattportalen wie Autoscout24, FairGarage oder Autobutler erfreuen. Dazu kommen wir gleich noch. Hersteller, Händler, Autohäuser und Werkstätten sind gut beraten, ihre Dienstleistungen und Produkte in der digitalen Welt professionell anzubieten und ihre Kunden in ihren Wohnzimmern abzuholen.

Wichtiger Rat für alle Akteure im Verdrängungswettbewerb des Automobilmarktes: Schaffen Sie etwas, das der Kunde noch nicht kennt, das ihm das Gefühl gibt, dass er es schon immer haben wollte oder sogar ganz dringend braucht. Denn Kundenzufriedenheit allein ist eine Sackgasse. Zufriedene Kunden berichten immer nur über das, was sie bereits aus der Vergangenheit kennen. Echte Kundeninnovation gelingt Ihnen jedoch, wenn Sie den Markt für sich als Erster gestalten.

Einige Kfz-Betriebe, Autohäuser und Autohausgruppen, die heute eine marktführende Rolle in ihrer Region spielen, haben ihre Kunden nicht nur zufriedengestellt, sondern verblüfft. Mit dem Internet haben sie als Vertriebsverantwortlicher einen guten Partner an der Seite. Ein Partner, der Ihnen dabei helfen wird, neue Wege zu gehen.

Mit gutem Beispiel geht beispielsweise das mehrfach prämierte Autohaus Kunzmann, Aschaffenburg, voran. Es ist eines der Pionierunternehmen, die schon jetzt professionell einen Onlineshop als eigenständiges Profitcenter betreiben, der von einem eigenen Onlinemarketingbereich gesteuert wird.

Paradigmenwechsel

Vielleicht ist Ihnen der Russe Nikolai Kondratjew ein Begriff, der für seine Überzeugungen leider sein Leben lassen musste. Kondratjew entwickelte die »Theorie der langen Wellen«, bei der es um zyklische Wirtschaftsentwicklung geht. Leider passte Stalin nicht, was er da hören musste. Kondratjew wies nach, dass Wohlstand in Wellen von circa 50 Jahren nicht von der richtigen politischen Grundeinstellung abhängig ist, sondern einzig und allein von sogenannten Durchbruch-Innovationen und Paradigmenwechseln. Seit 1780 hat er fünf Perioden ausgemacht, die zeigen, dass die Staaten und Menschen, die Innovation besser umgesetzt haben als andere, zur Weltmacht wurden. So erfanden etwa die Engländer die Dampfmaschine und bauten damit das Commonwealth auf. Danach folgte die Gründerzeit in Europa, ausgelöst durch die Eisenbahn, die chemische Industrie, die Automobilindustrie und die Informationstechnologie.

Heute entsteht gerade das Paradigma des sechsten Zyklus. Der Startschuss für das digitale Zeitalter ist also gerade erst gefallen. Geprägt wird diese Entwicklung durch Hightech wie Internet und Robotik als großes neues Thema, deren Bedeutung für den Menschen, für eine Verbesserung seines Lebens, seiner Sicherheit und seiner Gesundheit. Es ist Gründerzeit. Und damit meinen wir keine Unternehmensneugründung, sondern die Möglichkeiten etablierter Unternehmen in der Automobilbranche, die Beziehung zum Kunden neu zu entdecken und über das Internet neue Chancen zu nutzen.

Willkommen in der digitalen Welt! Höchste Zeit, den Kunden neu zu entdecken.

Der saisonale Reifenwechsel ist für jedes Autohaus eine besondere Herausforderung. Wer wie das Toyota Autohaus Chemnitz über 1000 Reifensätze für seine Kunden eingelagert hat, muss den saisonalen Reifenwechsel gut koordinieren, um das Tagesgeschäft nicht zu beeinträchtigen. Daher setzt das Unternehmen auf ein Onlinetool, mit dem die Kunden im Internet einen Termin suchen und direkt auswählen. Schon jetzt nutzen über 35 Prozent der Kunden über alle Altersgruppen hinweg und unabhängig von den normalen Öffnungszeiten diesen Service – ein sehr guter Wert, den Reifenspezialisten mit Onlineterminangebot meist nicht erreichen.

Der Autokunde wird, wenn er erst einmal die neuen Onlineserviceangebote kennt, sie auch nutzen. Warum nicht eine Probefahrt oder einen Servicetermin vereinbaren, und das alles bequem von zu Hause oder mit einer App zu jeder Uhrzeit und von unterwegs, ganz egal, wo ich gerade bin, aber genau dann, wenn wir einfällt, dass ich einen Termin brauche? Ganz einfach: Das Internet ist heute auf dem Stand eines siebenjährigen Kindes. In wenigen Jahren werden wir lachen, wenn wir zurückschauen. Was heute wie Fortschritt pur aussieht, sind die ersten Sandkörner der Entwicklung.

Und denken wir einmal an die sogenannten Intermediäre, die sich immer stärker als Mittler zwischen Autofahrer und Werkstatt platzieren. Gemeinsam ist allen, dass der Kunde ein transparentes Preisangebot erhält und den Termin mit dem Anbieter auch online direkt vereinbaren kann. Aktuelle BBE Automotive-Befragungen zeigen, dass bisher nur etwa zwei Prozent diese nutzen, aber 16 Prozent sich eine Nutzung vorstellen können. Noch können vom Kunden nicht alle Werkstattleistungen angefragt werden. Wir betonen: *noch*.

Interessant in diesem Spektrum der Anbieter ist das Angebot Easy Auto Service des Kölner Autoteilegroßhändlers Hess. Hier wird nicht nur vermittelt, sondern ein Full Service von der Abholung bis zur Auslieferung geboten. Dabei werden Convenience-Bedürfnisse bedient. Eine kleine Auswahl der aktuellen Portale: Autoscout24.de,

Autoservice.com, Easyauto.de, Autobutler.de, reparaturFUXX.de, Reparaturpilot.de.

Chancen für die Automobilbranche durch neue digitale Geschäftsideen

Wir sind davon überzeugt, dass zwei Drittel aller Geschäftsideen auch in der hoch entwickelten Automobilbranche noch gar nicht erfunden wurden. Denn alles, was noch kommt, wird auf dem basieren, was heute möglich wird. Technische Möglichkeiten, Kundentrends, der gesellschaftliche Wandel, neue wirtschaftliche Entwicklung und nicht zuletzt das von Edgar K. Geffroy entwickelte Clienting ergeben Kombinationen für neue Geschäftsmodelle in der automobilen Welt, die den Autofahrer jubilieren lassen. Es ist allerdings höchste Vorsicht geboten, wenn Sie weiter auf den Pfaden alter Gewohnheiten wandeln. Früher oder später wird jeder gezwungen sein, sich mit dem größten wirtschaftlichen Wandel aller Zeiten auseinanderzusetzen. Besser, Sie gehören zu den Ersten, zu denen, die die Chancen erkennen, als zu den Spätzündern. Jetzt ist noch alles offen. Später müssen Sie schauen, was für Sie übrig bleibt.

Die AHG-Gruppe bearbeitet in Villingen-Schwenningen den Markt online mit einem »virtuellen Autohaus« und bringt Fahrzeuge und Dienstleistungen zu den Kunden. Damit belebt das Unternehmen auch die Tugenden des Außendienstes neu. QR-Codes auf Plakatwänden, beklebte Fahrzeuge, Werbung in Bussen, auf Bierdeckeln oder auf Aufklebern. Klickt der Interessent mit seinem Smartphone auf einen der QR-Codes, kann er bei der AHG eine Probefahrt mit dem gewünschten Fahrzeug buchen. Falls die Probefahrt sofort starten soll, macht sich ein Verkäufer auf den Weg zum Kunden. Wartet dieser bereits am Fahrzeug, bringt der AHG-Mitarbeiter den Schlüssel direkt vorbei. Damit greift das Autohaus mit digitalen Mitteln auf die Tugenden des traditionellen Außendienstes zurück und verbindet auf überzeugende Weise On- und Offlinegeschäft. Kundenmobilität wird immer mehr vom Wohnzimmer aus gemanagt!

Spannende Geschäftsideen im Dialog zwischen Kunde und Anbieter sind auch die Autofahrer-Communitys. Hier informiert man sich, hier kann man diskutieren und von anderen Hilfe bekommen. Was früher der Freund oder der Stammtisch war, ist heute digital mit großem Steuerungseinfluss bei der Kaufentscheidung. Erwähnenswert in Deutschland sind die Portale MotorTalk und Autoplenum.

Marktführer in Deutschland ist Motortalk mit etwa 2,4 Millionen angemeldeten Mitgliedern und laut AGOF 3,8 Millionen Usern. Laut Motortalk suchen auf dieser Plattform 91 Prozent Hilfe technischer Art, aber auch im Rahmen eines Fahrzeugkaufs, 50 Prozent wollen helfen, 48 Prozent recherchieren zum nächsten Autokauf und 41 Prozent suchen Gleichgesinnte.

Das Internet ist wie Strom. Schalten Sie es ab, passiert nichts mehr. Verstehen Sie es hingegen als digitale Chance, eröffnen sich Ihnen völlig neue Kundenperspektiven, an die selbst Ihr Kunde vorher nie gedacht hätte. Wenn es dann auf einmal möglich ist, sich sein Wunschauto online zusammenzustellen und nach Hause zur Probefahrt vorfahren zu lassen, dann funktioniert das so gut, dass sich hinterher alle fragen, warum sie nicht selbst auf die Idee gekommen sind.

Das Internet ist wie Strom. Schalten Sie es ab, passiert nichts mehr.

Die neue Freiheit

Noch spannender sind Geschäftsmodelle, die ganze Branchen erschüttern oder sogar zerstören können. Sie sollten als Unternehmer in der Automobilbranche die Welt um sich herum sehr aufmerksam beobachten und für sich selbst rechtzeitig Rückschlüsse ziehen. Dafür zwei Beispiele:

Die Gerüchte um ein mögliches Apple-Auto reichten vor Kurzem aus, um die Autowelt tagelang in Aufruhr zu versetzen. Könnte das

Herz der Branche bald im Silicon Valley schlagen? Anlässlich der CeBIT 2015 eiert der Branchenverband Bitkom mit einer Prognose nicht lange herum: »In der Wirtschaft wird kein Stein auf dem anderen bleiben«, meinte der Bitkom-Präsident Dieter Kempf. Was vernetzt werden kann, werde künftig auch vernetzt. Und Volkswagen-Chef Martin Winterkorn sagte anlässlich der CeBIT 2014 voraus, dass die Autobranche ihre Jahresumsätze mit der vernetzten Mobilität bis zum Jahr 2020 von aktuell 32 auf mehr als 110 Milliarden Euro steigern dürfte. Darin begründen sich aber auch neue Geschäftschancen für das After-Sales-Geschäft im Autobereich.

Die Autobranche vor der Zeitenwende

Beispiel Carsharing

Was konnte man in der letzten Zeit lesen, es war alles dabei, vom Megatrend bis hin zum Rohrkrepierer. Die BBE Automotive GmbH präsentierte Anfang 2015 eine große Studie zum Thema. Beruhigend für alle im Automarkt tätigen: Carsharing wird die automobile Welt nicht grundlegend verändern, die Auswirkungen auf Fahrzeugverkäufe und das After Sales werden in der aktuellen Ausprägung maximal zwei Prozent des Marktvolumens kosten.

Aber: Carsharing wird ein fester Bestandteil der Mobilität und entwickelt sich kontinuierlich weiter. Auch wenn mehr als 80 Prozent der Menschen immer noch unbedingt ein eigenes Auto haben möchten, muss das Thema ernst genommen werden. Wachstum ist auf jeden Fall garantiert.

> Bernd Behrens: »Die Share Economy bedeutet nicht, die kapitalistischen Auswüchse zu bekämpfen und die Welt zu verändern, sondern alle Akteure wollen darin Geld verdienen.«

Die Share Economy ist ein neuer Wirtschaftsfaktor. Nehmen Sie Car2Go oder die Anbieter von Carsharing oder Mietfahrzeugen, die in jeder großen Stadt zur Verfügung stehen und auf völlig neue Art einfache automobile Mobilität in Großstädten ermöglichen.

Das Carsharing-Angebot wird immer vielfältiger. Carsharing für Mitarbeiter, das sogenannte Corporate Carsharing, hat echtes Potenzial. Auch eine weitere Vernetzung unterschiedlicher Angebote schafft neue Anreize. Und gerade war zu lesen, dass Drive-Now-Autos mit der neuen Apple Watch zu öffnen sind, die Branche ist innovativ. Die BBE Automotive rät auch allen Akteuren im Markt, die Chancen und nicht die Risiken im Carsharing zu sehen.

Die Studie »Carsharing in Deutschland – Modeerscheinung oder Herausforderung für die Branche?« Hat sich folgende Fragen gestellt:

- Gibt es eine Transformation von Eigentum zu Nutzen, ist es Zeitgeist, Mode oder bereits ein langfristiger Trend?
- Wie hat sich der Markt für Carsharing entwickelt, evolutionär oder revolutionär?
- Führen die beschriebenen Wachstumsraten zu grundlegenden Marktveränderungen?
- Wo geht es hin, wo wird dieses Mobilitätsangebot entsprechend der zu erwartenden Rahmenbedingungen im Jahr 2020 stehen?
- Und letztendlich: Welchen Einfluss wird die prognostizierte Entwicklung auf die automobile Sales- und After-Sales-Branche und auf die einzelnen Akteure haben?

Die Autoren dieser BBE-Automotive-Studie, die in Kooperation mit der FSP, Partner der TÜV-Rheinland-Gruppe, durchgeführt wurde, kommen zu folgender kurz zusammengefassten Erkenntnis: Carsharing ist im Trend und sicherlich mehr als eine kurzfristige Modeerscheinung. Hier entsteht kein Megatrend, der die automobile Welt entscheidend beeinflussen wird. Die Automobilbranche sollte jedoch Carsharing als neue Chance und nicht als Konkurrenz sehen.

In der Share Economy wollen die Akteure Geld verdienen.

Beispiel E-Mobilität

Unter Fachleuten bestehen keine Zweifel, dass in Zukunft der klassische Verbrennungsmotor – ob mit Diesel oder Benzin – durch neue Antriebstechniken Schritt für Schritt ersetzt wird. In den hoch industrialisierten Ländern der westlichen Welt werden mit unterschiedlicher Geschwindigkeit erneuerbare Energien zum Standard werden. Die »Dekarbonisierung« der Weltwirtschaft hat begonnen. Damit entstehen für Automobile mit Elektromotoren neue Marktchancen. Die Elektroautos werden den Fahrzeugservice dramatisch verändern. Für die Nutzung und den Vertrieb werden neue Wege und Kanäle entstehen. Ob die klassischen Vertriebs- und Reparaturstätten in dieser neuen Welt noch gebraucht werden? Ob neue Provider auftreten? Sowohl die Fahrzeughersteller als auch die Autohäuser und Servicewerkstätten sind gut beraten, wenn sie aktiver Teil dieser evolutionären Entwicklung im Antriebsstrang des Automobils sind. Zurücklehnen und abwarten ist gefährlich.

Es gibt heutzutage nicht nur Autos auf Abruf, sondern auch jede andere x-beliebige Information – ganz gleich, wann oder wo wir sie wollen. Und wem das Tippen auf den kleinen Tasten schwerfällt, der kann seinem persönlichen Assistenten – auch als Smartphone bekannt – die Frage einfach diktieren. Dazu fällt Edgar K. Geffroy eine Geschichte ein: »Wir saßen mittags in einem Robinson Club mit einem Pärchen und seinen Kindern am Tisch, als die Mutter etwas genervt zu ihrer Tochter sagte: ›Leg wenigstens beim Essen das verdammte Ding weg.‹ Die Antwort kam schnell: ›Das ist kein Ding, das ist mein Leben!‹« Die Welt ist voll von Wissensexperten, der digitalen Welt sei Dank. Jeder kann scannen, googeln, liken und posten über Sie, über mich, über jeden anderen. Preise, Wettbewerber, Kritiken, Alternativen – alles ist nur einen Klick entfernt. Kurzum: Der Kunde ist mündiger und informierter als so mancher Verkäufer. Darauf müssen Sie sich in Ihrem Unternehmen einstellen.

Beispiel Autonomes Fahren

Autonomes Fahren kommt in evolutionären Schritten und bietet Automobilherstellern und Händlern die Chance, sich als Trendsetter dieser Zukunftstechnologie zu profilieren. Auch wenn der Weg zu vollautonomen Fahrzeugen noch weit ist, halten immer bessere teilautonome Fahrerassistenzsysteme Einzug ins Auto. Eine Profilierungschance werden daraus aber nur die Automarken und Händler machen, die ihren Kunden diese Sicherheits- und Convenience-Technologie auch erlebbar machen.

Deutschlands Autokäufer freunden sich mit autonomem Fahren langsam an. Einerseits steht fast jeder zweite dieser Technologie noch skeptisch gegenüber, andererseits begrüßt mittlerweile jeder Dritte autonome Fahrzeuge. Im Oktober 2012 betrug der Anteil der Befürworter noch deutlich geringere 22 Prozent. Von daher sehen deutsche Autokäufer autonome Fahrzeuge mehrheitlich als technologische Revolution, begrüßen Teststrecken, vertrauen der Technik und sehen darin mehr Sicherheit im Straßenverkehr. Wenn es dann um die tatsächliche Nutzung autonomer Fahrzeuge geht, präferieren 49 Prozent herkömmliches Fahren, 43 Prozent das teil- und fünf Prozent das vollautonome Fahren. Das gesellschaftliche Umfeld und damit die Chance, Hersteller- und Händlermarken aufzuladen, ist aber überraschend positiv.

Grenzenlose Märkte

Früher war der Kirchturm, das heißt ein Umkreis von circa 20 Kilometern rund um das Autohaus oder die Werkstatt, die Grenze. Heute gibt es keine Grenze mehr. Die digitale Welt macht mobil. Die Entwicklung hat den gleichen Charakter wie damals, als die Eisenbahn erfunden wurde. Heute ist es egal, wo das Autohaus steht, das Internet ist überall. So informieren sich über 80 Prozent aller Autointeressenten im Internet über die bekannten Portale: Google, Mobile.de, AutoScout24 und die vielen anderen Anbieter. Auch der direkte Kauf online wird durch neue Marktteilnehmer wie Autohaus24.de für Neuwagen möglich. Im Reifen-, Teile- und Zubehörmarkt werden schon heute – mit starken Wachstumsraten – signifikante Umsätze online erzielt. Amazon und eBay Motors lassen grüßen. Immer mehr Unternehmen der Automobilbranche betreiben neben ihrem klassischen Offlineshop-Aktivitäten einen Onlineshop. Ein Autohaus oder auch ein Teilehändler ohne Onlineshop wäre ein Versäumnis mit Folgen. Denn wenn Sie es nicht selbst machen, dann machen es andere, die schneller sind.

Darum bekommt auch die Kundenbeziehung einen neuen Stellenwert. Lassen Sie uns Ihnen Wege und Chancen aufzeigen, die Sie konkret nutzen können – bevor es jeder macht. Wir möchten Ihnen Ideen an die Hand geben, die 98 Prozent der Unternehmen noch gar nicht sehen, geschweige denn einsetzen. Die neue Welt der Kunden ist längst da und verändert ihre Welt immer schneller. Wenn Sie wollen, helfen wir Ihnen, auf den Zug aufzuspringen.

Die traurige Geschichte des Videoverleihers um die Ecke, der noch mit VHS-Cassetten groß geworden ist und dann irgendwann schließen musste, ist schon etwas älter. Doch sie spiegelt exakt wider, was passiert, wenn ein Unternehmen sich nicht rechtzeitig um neue Kundentrends kümmert. Geschäftsmodelle brechen weg und neue entstehen. Einfach so. Genau an der Stelle möchten wir ansetzen.

Wir sind davon überzeugt, dass man als Unternehmer in der Automobilbranche seinen Erfolg aktiv gestalten kann. Es gibt immer Signale, die frühzeitig einen Wandel im Markt und im Geschäft erkennen lassen. Also, entwickeln Sie die richtigen Techniken und machen Sie Ihre eigene Konjunktur! Denn es gibt nur einen einzigen Trend – nämlich den, den Sie selbst setzen. Es ist Ihre Entscheidung. Sie haben es in der Hand, ob Sie einen Markt decken oder einen Marktflecken. Einen Markt zu decken geht einfacher. Denken Sie an die Gebrauchtwagenbörsen. Dort ist mit dem Faktor Internet ein Geschäftsmodell neu erfunden worden. Das hat funktioniert. Das hat einen bedeutenden Einfluss auf das Geschäftsmodell Gebrauchtwagen und zunehmend auch auf den Vertrieb von Neuwagen. Die neuen Vergleichsportale für Werkstattdienstleistungen werden einen ähnlichen Einfluss erzielen. Es werden noch andere neue Anbieter folgen. Die zweite Strategie ist, einen neuen Markt selbst zu erfinden und die Kunden mit einer neuen Idee zu begeistern, die alles in den Schatten stellt. Etwas, was es schon gibt, ganz neu zu kombinieren oder einen neuen Markt zu wecken, ist zwar schwieriger, aber dafür beständiger und einzigartiger. Innovationen sind immer möglich.

Märkte zu entdecken ist gut. Märkte zu wecken ist einzigartig. Ihr Gewinn: Erfolg, der Bestand hat.

Das Autohaus Vorndran aus Bad Neustadt hat dem Start des noch sehr zarten Pflänzchens E-Mobilität sehr kreativ mit einer von ihm gestarteten E-Mobilitätsmesse starke Impulse gegeben. Es präsentiert ein riesiges Fahrzeugangebot von Segways, Fun-Mopeds, Pedelecs, Kleinkrafträdern und natürlich Autos mit E-Motor. So ist es für uns kein Wunder, dass die Firma Vorndran Kunden für die E-Mobile begeistern konnte und 2014 der größte Händler für E-Autos seiner Marke Renault in Deutschland wurde.

Innovation durch Kombination

So hat das Apple gemacht. Alle Komponenten waren vorhanden, aber dadurch, dass Steve Jobs und sein Team einen Trend entdeckt und neue Technologien genutzt haben, ist etwas entstanden, das die Welt verändert hat. Erst die bessere Bandbreite hat es möglich gemacht, dass iPhones zu persönlichen Assistenten werden konnten. Die geniale Idee, Apps nicht selber zu produzieren, sondern mit Partnern, bescherte Apple bis heute 1,2 Millionen Apps und Lösungen für fast jede Gelegenheit. Wenn man dann noch das altbewährte Know-how sowie die konsequente Einfachheit mit einbringt und einen Kultstatus erzeugt, kann man einen ganz neuen Markt schaffen.

Nun werden Sie denken, dass nur große Unternehmen wie Apple so etwas stemmen können. Stimmt aber nicht: Das Internet kennt kein groß oder klein, sondern nur aktiv oder inaktiv. Google ist eine Maschine, die zwar immer intelligenter wird, aber sie ist und bleibt eine Maschine. Wenn Sie die Spielregeln kennen, können Sie Ihren Erfolgshorizont erweitern, ganz gleich, ob Sie an der Spitze eines Konzerns stehen oder Inhaber eines mittelständischen Unternehmens der Automobilbranche sind.

Dem Internet ist es egal, ob Sie ein großes oder kleines Unternehmen haben – wichtig ist, sich an die neuen Spielregeln zu halten.

Konsequent umgesetzt hat diesen Multi-Channel-Vertrieb Reifen.com. Diese setzen auf eine Discountstrategie mit starker Internetpräsenz, 37 eigenen Shops und einem breiten Netz angebundener Montagestationen. 2014 hat dieses seit 25 Jahren am Markt aktive Unternehmen mehr als zwei Millionen Reifen vermarktet.

Und noch ein Blick in den After-Sales-Markt. Am Bespiel der Reifen wird deutlich, dass traditionelle Anbieter wie der Reifenhandel immer mehr unter Druck geraten, da das angebotene Produkt onlinefähig ist und im Rahmen der immer häufigeren Vorabrecherche im Internet dort auch direkt bestellt werden kann. Hinzu kommt hier noch, dass in den letzten Jahren Autohäuser und freie Werkstätten in dieses Geschäft eingestiegen sind.

Der aktuelle Onlineanteil an allen Reifenverkäufen lag laut BBE Automotive-Analysen 2014 bei elf Prozent, Tendenz weiter steigend. Hier müssen die traditionellen Anbieter Antworten finden. Multi-Channel-Vertrieb kann hier eine solche Antwort sein.

Das Autohaus Kunzmann in Aschaffenburg zum Beispiel macht es richtig auf seiner Webseite: klarer Hinweis auf den Onlineshop für bequemes Shoppen von zu Hause aus.

Schlüsselfragen der Zukunft

Wichtig bei alledem ist es, eine klare Kundenstrategie zu haben. Weg von den klassischen Kundensegmenten hin zum Einzelnen, dem Individuum. Machen Sie noch alles allein oder holen Sie sich bereits Partner ins Boot? Verkaufen Sie ausschließlich aus dem stationären Handel und gehen das Risiko ein, immer mehr Geschäft ans Internet zu verlieren? Oder fahren Sie lieber eine Doppelstrategie mit einem Shop im Internet, um nicht unterzugehen? Das sind die Fragen, mit denen Anbieter sich heute auseinandersetzen müssen. In den Strategiecoachings bei unseren Kunden nehmen diese Fragen einen immer größeren Raum ein: Wie kann ich etwas antizipieren, das der Kunde erwartet, aber noch nirgends bekommt? Wie kann ich etwas liefern, das es noch gar nicht gibt, das aber jeder will?

Das sind die Schlüsselfragen der Zukunft, in denen der Kunde bei Ihnen die Hauptrolle spielen soll. Und er wird es definitiv, wenn Sie diese Fragen für Ihr Geschäft richtig beantworten. Doch ruhig Blut. Bitte verfallen Sie jetzt nicht in unkontrollierten Aktionismus, denn noch immer haben Sie alles in der Hand. Wir sind aktuell bei Stunde eins. Wie ein Topmanager von Google sagt: Können wir Kondratjiew Glauben schenken, dann haben wir noch rund 25 Jahre Zeit, bevor wir den Höhepunkt der digitalen Welle erreichen.

Marktregeln verschwinden nicht von heute auf morgen, aber sie nehmen nach einer langen Startphase an Dynamik zu und entfalten dann ihre Turbulenzen in den Märkten und in den Köpfen der Kunden. So kann sich heute in den USA schon niemand mehr vorstellen, nicht online beim Friseur oder beim Arzt einen Termin zu vereinbaren. Die Revolution der Wirtschaft und damit der Kunden ist im vollen Gange. Dies gilt im besonderen Maße auch in den Märkten der Mobilität, und sie wird mehr verändern als die letzten 50 Jahre davor. Wenn Sie allerdings vom Wort »Revolution« das R wegnehmen, bleibt »Evolution« übrig. Alles fließt. Es ist ein unaufhaltsamer Entwicklungsprozess der Natur. Wir können diesen Prozess nur mitgestalten – bestenfalls im Sinne unserer Kunden.

Genau jetzt hat jedes Unternehmen in der Automobilbranche die einzigartige Chance, den Wandel als Herausforderung zu sehen und eine neue Kundenwelt zu erschaffen. Es ist Zeit, das Internet einzuschalten und mit dem Strom der (R)Evolution zu schwimmen.

Kooperation als Chance

An alle Verzweifelten und Zweifler sei noch ein kleiner Trost gerichtet: Man muss nicht alles selbst machen, in der Kooperation liegt auch eine große Chance. So kann man sich in vielen automotiven Bereichen einem System anschließen. Die jeweiligen Systemzentralen denken vor, entwickeln einmal und stellen den Partnern anschließend professionelle Angebote zur Verfügung. In Deutschland sind fast 10 000 freie Werkstätten einem solchen System wie zum Beispiel Bosch Car Service angeschlossen. Bosch verfügt mit etwa 1050 Partnern über das bekannteste, aber nicht über das größte Netz. Größer sind 1a Autoservice, Meisterhaft oder Autofit. Hinter diesen Systemen stehen große Teilehandelsorganisationen.

Solche Konzepte werden sich aus Sicht der BBE Automotive durchsetzen, das gilt auch für die Autohäuser, die heute Alternativen bei markenoffenen Systemen wie Mehrmarkencenter oder EGA haben.

Auf den Punkt

- Wer allein auf tradierte Automobil-Serviceleistungen setzt, steckt in einer Sackgasse.
- Die Automobilbranche steht erst am Anfang des digitalen Zeitalters.
- Am Internet kommt heute kein Marktteilnehmer vorbei.
- Mobilität und Wissen auf Abruf, jederzeit verfügbar – das ist die neue Freiheit.
- Auch im Verdrängungswettbewerb gibt es Chancen für neue Märkte.
- Wenn Sie diese Märkte wecken, machen Sie Ihre eigene Konjunktur.
- Das Internet kennt kein groß oder klein, nur aktiv oder inaktiv.
- Eine klare Kundenstrategie ist die Basis für Erfolg.
- Ein bisschen Multi-Channel braucht jeder.

2. Das Märchen vom Marketing

»Ich habe kein Marketing gemacht. Ich habe immer nur meine Kunden geliebt.« *Zino Davidoff*

Ganz gleich ob nervige Radiowerbung, Werbefilme, die eine schöne neue Welt versprechen, Zeitschriften, in denen Anzeigen mehr Platz einnehmen als Artikel oder Produktdisplays, die in den Supermärkten die Gänge blockieren: Wir mögen das alles nicht mehr sehen – und wir sind garantiert nicht die Einzigen. Auch viele dieser unfreiwilligen Kundenbefragungsmaßnahmen sind Ergebnisse des klassischen Marketings. Doch Marketing ist einfach überholt. Wie der Begriff schon sagt: »Marketing« bedeutet, in Märkten zu denken. Das hat funktioniert, solange wir Verkäufermärkte hatten. Doch diese Zeiten sind vorbei: Heute haben wir den Käufermarkt.

Verstehen Sie uns bitte nicht falsch. Wir zweifeln nicht an, dass das klassische Marketing sich neben den Märkten auch die Kunden anschaut. Doch durch die rasanten Entwicklungen und diverse Möglichkeiten der digitalen Welt sind viele grundlegende Ansätze des Marketings mindestens renovierungsbedürftig.

Denken Sie an die vier Ps des klassischen Marketings: *Product* für Produktpolitik, *Price* für Preispolitik, *Promotion* für Kommunikationspolitik und *Place* für Distributions- und Vertriebspolitik. Wenn wir uns nur das Thema Preis anschauen, wird schon deutlich, dass die Sache mit der Preispolitik höchstens noch bei den Lebensmitteldiscountern greift. In der digitalen Welt hat der Preis eine Lebensdauer von ein paar Minuten, bevor Wettbewerber darauf reagieren und günstigere Angebote machen.

Doch klassische Marketingstrategien sind nicht geeignet, um auf solche Schachzüge angemessen schnell zu reagieren. Allein die Tatsache, dass Marketingprojekte geplant und budgetiert werden, impliziert lange Vorlauf- und Umsetzungszeiten. Kommen noch komplizierte Teamstrukturen und Entscheidungswege hinzu, können sie zu Endlosprojekten ausarten. Ist das Konzept dann endlich fertig, hat sich der Markt längst verändert. Ad-hoc-Denken und spontanes Handeln sind im klassischen Marketing kaum möglich.

Marketing braucht Flexibilität und Schnelligkeit

Schnelle Reaktion und gutes Timing sind eine riesige Chance. Das zeigt uns seit Jahren die tagesaktuelle Werbung der Autovermietung Sixt.

Denken wir nur an die Marketingaktivitäten im Rahmen der Lokführerstreiks der GDL 2014/2015. Sixt kürte den GDL-Chef Weselsky mit großem Werbe- und PR-Erfolg mehrfach zum Mitarbeiter des Monats. Das ganze klappte auch in der Wiederholung im April 2015. So titelte die Presse: »Sixt kürt GDL-Chef Weselsky erneut zum ›Mitarbeiter des Monats‹«.

Die Suche nach guten Beispielen bezüglich Flexibilität und Schnelligkeit aus der Automobilwirtschaft ist nicht einfach. Außer spontanem Dank im Rahmen von gewonnenen Awards findet man ad hoc national hier sehr wenig.

Auf der regionalen Ebene können Unternehmen perfekt auf aktuelle Themen reagieren. Warum soll ein Autohaus nicht sofort auf besondere Ereignisse reagieren und zum Beispiel ein Sondermodell »Champion« zum Aufstieg der örtlichen Fußballmannschaft in der Bezirksliga anbieten?

»Der weise Unternehmensführer ist vorbereitet.« ***Frank Isselborg***

Als ideales Medium bietet sich hier das Web 2.0. an. Kein Medium ist schneller und nirgendwo kann sich eine Botschaft schneller verbreiten. Ein gutes Video auf YouTube mit offener Werbebotschaft, verbunden mit dezentem Product Placement, kann binnen wenigen Tagen siebenstellige Klickraten erreichen.

Sind die klassischen Marketingverantwortlichen in den Betrieben darauf vorbereitet, sofort zu reagieren, wenn sich eine spannende Story andeutet? Wir glauben nicht. Die größte Herausforderung wird es sein, auf das heiße Tempo der heutigen digitalen Welt einzugehen. Wir leben in einer Zeit, in der Echtzeitreaktion als Schlüssel zum Erfolg gilt – da muss das Marketing in der Lage sein, just in time zu agieren. Darum sind wir überzeugt: Klassisches Marketing war gestern. Wenn der Faktor Zeit zum Schlüsselfaktor im Kundenerfolg geworden ist, dann brauchen die Unternehmen der Automobilbranche ein neues Marketing. Heute brauchen sie schnelle Einsatzteams, die digital kompetent sind, die bei Kundenreaktion sofort antworten und die bei Kommunikationschancen flexibel handeln.

Highspeed mit dem Kunden durch die digitale Welt surfen – das ist die Herausforderung des klassischen Marketings.

Die neue Offenheit

Wie häufig sind Ihre Marketing-Mitarbeiter heute mit ihren Kunden zusammen? Wenn der Kunde das Maß aller Dinge ist, kann ein Unternehmen, das den Kunden von morgen gewinnen will, nur dann erfolgreich agieren, wenn es mit den Kunden in direktem Kontakt steht. Ein Beispiel: Die Mitarbeiter von Harley-Davidson, ein Kultunternehmen in der Motorradwelt, verbringen im wahrsten Sinne des Wortes mehr als 250 Tage im Jahr mit dem Kunden auf der Straße. Die Nähe zum Kunden wird hier wirklich gelebt und die Erkenntnisse fließen direkt zurück in die Entwicklung neuer Ideen.

Unmittelbarer Dialog funktioniert zugegebenermaßen bei kleinen Premiummarken wie zum Beispiel Tesla oder auch bei Bentley. Aber auch bei Harley Davidson: Diesem Unternehmen und dieser Marke ist es gelungen, ihre Kunden miteinander zu verbinden und ihnen eine Antwort auf die wichtige Frage »Warum bauen wir diese Motorräder?« zu geben. Emotion und Community pur.

Die gute Nachricht ist: Noch nie war es so einfach, das Verhalten und die Wünsche von Kunden zu verstehen. Während im 8. Jahrhundert der legendäre Kalif Harun al-Raschid noch monatelang verkleidet durch sein Hoheitsgebiet ritt, um bei seinem Volk die Stimmung zu erfragen, reicht heute oftmals bereits ein Blick ins Internet.

Auf Social-Media-Plattformen wie Motor-Talk.de tauschen sich täglich Menschen darüber aus, wie sie Hersteller, Modelle, Werkstätten oder Services wahrnehmen. Täglich hinterlassen dort automobilinteressierte Kunden durchschnittlich 10 000 Beiträge am Tag. In Summe sind es mittlerweile über 43 Millionen Beiträge.

Wen würden Sie fragen, wenn Sie wissen wollten, wie die Opel-Kampagne »Umparken im Kopf« ankommt? Oder ob Kunden den neuen Passat mögen? Den Marketingleiter? Oder werfen Sie vielleicht doch lieber einen Blick ins Internet und sehen sich Beiträge und Bewertungen an. Sie kennen das von Amazon. Worauf vertrauen Sie mehr? Auf die Produktbeschreibung des Herstellers oder die vier-von-fünf-Sterne-Bewertung durch 1500 andere Kunden?

Ein weiteres Beispiel: Jürgen Stackmann, der Vorstandsvorsitzende von SEAT, suchte den direkten Kontakt zum Kunden ohne den Filter durch Marketingabteilungen oder Marktforschungsinstitute. Er wollte wissen, was den SEAT-Fahrer bewegt und wie er über die Marke und die Produkte denkt. Die Community sammelte 100 Fragen und stellte sie ihm in einem Videochat (http://www.motor-talk.de/dialog/seat). Für die Community war es eine Wertschätzung und für SEAT eine simple und effiziente Möglichkeit herauszufinden, was die Kunden bewegt.

Unsere Kritik am klassischen Marketing der alten automobilen Welt ist, dass es von innen nach außen ansetzt. Heute ist es erforderlich, dieses System auf den Kopf zu stellen. Wer in der digitalen Welt erfolgreiches neues Marketing machen möchte, muss von außen nach innen handeln. Muss vom Kunden her handeln. Gehen Sie also zuerst zu Ihren Kunden und hören Sie zu. Erst danach fangen Sie an, neue Ideen, Lösungen und Produkte zu entwickeln – und zwar für Ihre Kunden. Dafür braucht es eine neue Form der Offenheit in den Unternehmen: Offenheit für Kritik und für neue Ideen, die Ihre Kunden im Kopf haben. Denn in Zukunft werden Sie noch genauer wissen müssen, was Ihre Kunden denken, als es heute schon der Fall ist.

Die Zukunft gewinnt der Kfz-Unternehmer, der von außen nach innen handelt

Die heute praktizierten Kundenzufriedenheitsanalysen stoßen zunehmend an ihre Grenzen. Und es ist höchste Zeit, dass Leistungsbestandteile anders definiert werden. Schon vor längerer Zeit sind wir auf eine neue Form der Kundenzufriedenheitsanalyse gestoßen. Sie folgt exakt dieser Idee – nämlich was der Kunde denkt. Dieser neue Weg, pragmatisch in die Kundenwelt einzutauchen und neue Erkenntnisse der Kundenzufriedenheit zu ermitteln, stammt aus Harvard. Der US-amerikanische Wirtschaftsstratege Fred Reichheld entwickelte gemeinsam mit Satmetrix Systems, Inc. und Bain & Company ein System namens NPS. Die Abkürzung steht für Net Promoter Score und ist eine Kennzahl, die mit dem zukünftigen Unternehmenserfolg korreliert. Die Grundidee ist überraschend einfach und anders als andere Kennzahlen ist NPS im Wesentlichen reduziert auf eine Frage, die dem Kunden immer wieder gestellt wird: »Wie wahrscheinlich ist es, dass Sie dieses Auto/dieses Zubehör/dieses Autohaus/diese Werkstatt einem Freund oder Kollegen weiterempfehlen werden?« Die Kunden können ihre Antworten auf einer Skala von 0 bis 10 eintragen. Gibt ein Kunde acht, neun oder gar zehn Punkte, kann man ihn als einen begeisterten Kunden und idealen Botschafter für das Unternehmen einstufen. Solche Kunden werden dann in der nächsten Stufe noch gefragt, was genau sie begeistert hat. Ganz unten auf der Skala steht die Aussage: »Ich würde das Unternehmen nicht weiterempfehlen.« Hier besteht sofortiger Handlungsbedarf. Die Frage, warum der Kunde das Unternehmen nicht weiterempfehlen würde, muss geklärt werden.

Ehrlich gesagt waren wir leicht verblüfft, als wir von dieser »neuen« Methode hörten, weil wir schon immer mit diesen Schlüsselfragen an unsere Arbeit herangegangen waren. Für uns war das System also nicht neu und ohnehin eine der Grundlagen für die Arbeiten mit unseren Kunden. Die Frage nach der Zufriedenheit hat übrigens einen noch größeren Vorteil, wenn Sie dem Kunden dabei persönlich gegenüberstehen. Dann können Sie in seinem Gesicht die Reaktion ablesen – und zwar schon bevor er oder sie überhaupt etwas gesagt hat. So erhöht sich die Authentizität und Glaubwürdigkeit der Aussage des Kunden enorm.

Der Vorteil des Net Promoter Score liegt in seiner Einfachheit. In den letzten Jahren wurde der Ansatz zum Net-Promoter-System weiterentwickelt. Der Clou liegt darin, über die erste Frage hinaus weitere Fragen zu stellen, die Aufschluss darüber geben, was der Kunde wirklich will.

Auch wenn Marktforscher heute bereits von einem zu exzessiven Einsatz des NPS sprechen, sollte immer die dahinterstehende Denkweise im Vordergrund stehen. Wenn Sie dieses Wissen über Ihren Kunden haben, ist das Ihr Schlüssel zum Erfolg. Finden diese Kundenideen und Reaktionen in Ihrem Unternehmen Gehör, können Sie davon ausgehen, dass die Zufriedenheit Ihrer Kunden steigen wird. Und das ist die Basis für Kundenorientierung und Erfolg.

In diesem Zusammenhang möchte die BBE Automotive auf den Wert einer eigenen Homepage hinweisen. Auf dieser Seite tummeln sich Menschen, die sich konkret mit dem Unternehmen auseinandersetzen und dort Informationen erwarten. Warum nutzen Sie diese Frequenz auf der eigenen Homepage nicht als potenzielle Informationsquelle? Das ist nicht schwierig, man kann auf der Homepage eine Befragung platzieren und die Besucher gezielt zu bestimmten Themen befragen. Das muss kein ausufernder Fragebogen sein, auch die Bitte um eine Stellungnahme zu einem Thema funktioniert. Diverse Projekte der BBE Automotive zeigen, dass die Bereitschaft der Homepagebesucher zur Kooperation sehr groß ist und die Menschen durchaus Spaß daran haben, sich zu bestimmten Themen zu äußern. Probieren Sie es aus!

Virale Distribution via Video

Als aufmerksame Beobachter der digitalen Welt sind wir begeistert von den vielfältigen Möglichkeiten des Internets. Das ist aber noch nicht alles, wir sind auch »Beziehungsfanatiker«. Die Amerikaner nennen es »Customer for life«, der lebenslange Kunde. Gerade im Autogeschäft lohnt es sich, in diese lebenslange Beziehung beständig und kreativ zu investieren. Die Hersteller und ihre Vertriebsorganisationen, die diese Botschaft verstanden haben und in ihrem täglichen Geschäft umsetzen, sind einfach erfolgreicher.

Dass sich diese »Beziehungsarbeit« lohnt, zeigt das Beispiel Opel. Bernd Behrens besuchte einen seiner Kunden aus der Opel/GM-Organisation. Der berichtete ihm, vor welchen Herausforderungen er gerade stand: Aus strategischen Gründen musste die Marke Chevrolet innerhalb von wenigen Wochen ihre Vertriebsaktivitäten in Deutschland beenden, gleichzeitig sollte das Comeback der Marke Opel eingeleitet werden. Man packte den Stier bei den Hörnern und startete mit der Kampagne »Umparken im Kopf«, um die Klischees und Vorurteile über Opel zu revidieren. Der »Umparken«-Kampagne folgte die Corsa-Kampagne »Das neue Oh!«. Passend zum Corsa beinhaltet diese Kampagne auch viele Maßnahmen in den Bereichen Entertainment und soziale Netzwerke neben Aktivitäten der klassischen Kommunikation. Möglichst alle Chevrolet-Kunden und abwanderungsgefährdete Opel-Kunden sollten im Rahmen einer neuen Beziehungskultur langfristig von Opel überzeugt werden und damit dem Konzern General Motors und seiner Vertriebsorganisation treu bleiben.

Mit sehr gut aufeinander abgestimmten Einzelmaßnahmen, in die der Händler stark eingebunden wurde, wurde daraus eine viel beachtete Markteroberung. Besonders wirkungsvoll wurde diese Kampagne durch eine direkte und professionell begleitete Ansprache der Bestandskunden: direkte und emotionale Ansprache der inaktiven Opel- und Chevrolet-Kunden, die mehr als 18 Monate keinen Umsatz mehr gemacht haben. Direkte Kommunikation von Mensch zu Mensch.

Beziehungen können heutzutage über Facebook und YouTube und andere soziale Medien aufgebaut werden. Die persönlichen Gespräche mit Kunden generieren immer noch große Wirkung.

Die Meinung von Freunden und Familie spielt die größte Rolle beim Autokauf, traditionelle Werbung wird von immer weniger Menschen als glaubwürdig eingeschätzt. Die Kommunikation über soziale Netzwerke, die von 24 Prozent der Autokäufer zum Autokauf genutzt werden, schlägt damit eine wichtige Brücke zwischen Marken und Menschen. Facebook bietet wie kaum ein anderes Medium die Chance, aus über 20 Millionen Menschen in Deutschland ohne Streuverluste genau die Interessierten zu erreichen. Neue Kunden, gerade auch die digital affinen, sind für Ihren Automobilbetrieb wirtschaftlich wichtig und sichern die Zukunft Ihres Unternehmens.

Die Automobilindustrie und der Handel befinden sich in einem massiven Wandel. Vier Trends treiben dies im Kern:

1. Sharing Economy: Teilen ist das neue Besitzen.

2. Connected Cars: Markenbindung über Hard- und Software (Stichwort Big Data)

3. Consumer Ownership: Wem gehört zukünftig der Kunde? (Hersteller, Händler, Servicebetrieb?) – Big Data

4. Alternative Antriebe durch die »Dekarbonisierung« der Wirtschaft (starke Einflüsse auf Tankstellen, After Sales, Ölgeschäft et cetera)

Erfolgreiches Automobilmarketing in den sozialen Netzwerken fokussiert diese drei Prioritäten:

- Marke: Fahrzeug-Lounge mit messbarem Markterfolg auch ohne Klicks

- Kauf: gezielte Ansprache nur von Personen, die auch wirklich im Markt sind

- Loyalität: effiziente Händler- und CRM-Programme über soziale Netzwerke

Heute sprechen immer mehr Unternehmen der Automobilbranche ihre Kunden digital an – jenseits der klassischen TV-Spots, Anzeigen und Beilagen.

Das Internet ist der neue Distributionskanal des Marketings.

Chefsache Internet

Spätestens jetzt sollte jedem klar sein: Die digitale Welt erzwingt ein radikales Umdenken in den Marketingabteilungen. Zuerst waren es die EDV-Abteilungen, die mit großen Umwälzungen konfrontiert wurden, und sie stecken noch mitten im Prozess. Jetzt folgt das Marketing. Das Tempo der wirtschaftlichen Entwicklung nimmt durch die Kommunikation im Internet weiter zu. Die Kunden sind bestens informiert und werden immer anspruchsvoller. Der Wettbewerber ist nur einen Klick entfernt und agiert in vielen Fällen immer aggressiver.

Viele Marketingverantwortlichen erkennen zwar den Handlungsbedarf, wissen aber nicht genau, was jetzt zu tun ist. Einige rekrutieren für ihre Mannschaft die Digital Natives, die ihnen aus ihrer Welt heraus erklären sollen, wie ein Topentscheider heute denken muss. Das ist sicher ein erster Schritt, um digitale Kompetenz in die Autohäuser und in die Automobilbranche zu holen, denn heute müssen Automobil, Teile und Zubehör sowie Servicelösungen digital gedacht und entwickelt werden. Das erfordert ein tiefes Verständnis für das heutige Internet-Stichwort »Vernetzung«. Social Media sind der neue Weg. Wer nie gelernt hat, digital zu denken, trifft schnell Fehlentscheidungen und versenkt womöglich Millionen.

Unsere feste Überzeugung ist: Internet ist Chefsache. Das gilt natürlich auch für die Chefs von Marketingabteilungen. Das Autohaus Kunzmann in Aschaffenburg ist auch hier unterwegs. Unter der Leitung eines E-Business-Managers sind relevante Google-Tools im Einsatz, zum Beispiel Google My Business, Google+, Google Network, Google Analytics, Google Alerts, Google Webmaster Tools, Google Display Network (Remarketing), Google Merchant Center. Bei Kunzmann erzeugt man Relevanz und Reichweite, indem Inhalte entsprechend platziert werden. Mit Google Display Networking wird analysiert, welche Kunden auf den Seiten des Autohauses sind und wie wir diesen gezielte Angebote bieten können. Die Kunzmann-Website hatte 2014 1,4 Millionen Besucher, knapp 900 000 davon kommen über Suchmaschinen, 94 Prozent davon über Google. Daraus resultieren circa 16 000 Fahrzeug-Detailansichten!

Hersteller und Handel müssen nahtlos zusammenspielen, und zwar on- wie offline. Sie dürfen nicht in Konkurrenz zueinander treten. Nur gemeinsam können sie den Kunden durch ein positives Produkt und Handelserlebnis gewinnen und damit auch seine Loyalität gewinnen.

Das After-Sales-Geschäft im Automobilbereich lebt in erster Linie vom Vertrauen der Autofahrer. Aus diesem Grund stellt Frank Motejat, Gesellschafter und Geschäftsführer der Autohaus-Gruppe Mothor GmbH in Brandenburg, auch die Mitarbeiter in den Mittelpunkt, es wird viel Wert auf erstklassige und kontinuierliche Schulung gelegt. Aus normalen Verkäufern sollen gute, aus guten sehr gute gemacht werden. Sein Motto ist außergewöhnlich persönlich: Seine Mitarbeiter kennen die Kunden und ihre Wünsche und wissen, wie sie diese ansprechen sollen.

Die heutige Unternehmergeneration tut sich mit dem Thema Chefsache Internet oftmals noch schwer. Wie eine von BBE Automotive gemeinsam mit dem ZDK durchgeführte Befragung von mehr als 200 Autohäusern und freien Werkstätten ergab, bezeichnet sich etwa ein Drittel als uninteressiert an allen Aktivitäten im Web 2.0, ein Drittel meint hier, bereits bestens unterwegs zu sein. Interessant ist das verbleibende Drittel. Diese Gruppe von Unternehmern würde gerne mehr tun, hat ein schlechtes Gewissen und wünscht sich mehr Hilfe von außen. Dazu später noch mehr.

Automotive Clienting: der Rundumblick auf Mensch, Marke und Produkt

Neueste Umfrageergebnisse zeigen, dass sich heute mehr als 80 Prozent der deutschen Autofahrer im Internet informieren, bevor sie eine Kaufentscheidung treffen. Es gibt nur wenige Branchen, bei denen das Internet eine noch größere Rolle spielt. Die Autofahrer von heute gehen auf Expertenportale, schauen sich an, wie die Produkte und Dienstleistungen bewertet werden, fragen ihr soziales Netzwerk und vergleichen die Preise in den Onlineportalen. Diese Entwicklung wird sich weiter verstärken.

Vergessen Sie die klassischen Marketingmedien! Prospekte, Flyer und Kataloge, diese wirken heute eher flankierend. Die Informationen stehen im Netz schneller und aktueller zur Verfügung. Fahrzeugprospekte verlieren an Bedeutung. Andere Branchen wie IT, Hotelgewerbe, Tourismus und Co. verzichten heute schon auf die ehemals klassischen Prospekte in Papierform. Das entlastet übrigens nicht nur den Kunden, sondern schont auch noch die Ressourcen. Wenn wir die Vernetzung von Menschen, Produkten und Ideen betrachten, dann könnte man das neue Marketing auch als Automotive Clienting bezeichnen. Konsequent zu Ende gedacht, wird beim neuen Marketing alles aus der Sicht des Kunden heraus entwickelt. Selbstverständlich spielen über das Kundenmanagement hinaus auch Marken und Produktmanagement eine entscheidende Rolle. Doch wer den Kunden von morgen gewinnen will, wird alle drei Faktoren miteinander vernetzen müssen.

Als Edgar Karl Geffroy vor Jahren mit dem Clienting-Konzept seinen ersten Angriff auf die Komfortzone der Wirtschaft weltweit startete, stieß er auf Ignoranz und war mit teilweise recht aggressivem Gegenwind konfrontiert. Neues wird eben zu Beginn häufig kritisiert. Zu bequem ist es, den ausgetretenen Pfaden zu folgen. Damals mag er, Geffroy, seiner Zeit voraus gewesen sein, doch heute kann es sich niemand mehr leisten, Scheuklappen aufzusetzen und stur die klassischen Wege zu nutzen. Denn es braucht Zeit, mit neuen Ansätzen umgehen zu lernen. Wer damit zu spät anfängt, hinkt hinterher. Selbst wenn es nur um Nuancen der Veränderung geht.

Lassen Sie uns einen Gedanken miteinander teilen, um zu erläutern, wie das zu verstehen ist: Wir haben das Wort »neu« einmal genauer angeschaut. Seitdem ist unsere Definition für »neu« ganz anders. Dabei ist es nur ein Unterschied. Häufig ist es am Anfang nur ein kleines Detail, das den Unterschied macht. Ob mehr Kunden ihren Reifenwechsel selber machen wollen oder doch lieber komfortabel und entspannt in ihrer Werkstatt, entscheidet darüber, welches Geschäftsmodell erfolgreicher ist.

So zelebrieren Händler oder Werkstätten diesen zweimal jährlich notwenigen Reifenwechsel als Event, verbunden mit Benzingeflüster und auch Wintergrillen. Hier haben Unternehmer ein Kundenproblem erkannt und eine Spaß machende Lösung im Rahmen der Kommunikation zum Kunden gefunden.

Übrigens: Mehr als 90 Prozent der deutschen Autofahrer wechseln auf Winterreifen. Etwa 50 Prozent lassen diesen Wechsel von einem Reifenhändler oder einer Werkstatt durchführen. Zwei Kontakte im Jahr, wer diese ignoriert, verschenkt Geld und Kundenbindung. Nur die Autowäsche mit etwa zwölf Kontakten pro Jahr generiert mehr Kontakte als der Reifenwechsel.

Quelle: BBE Automotive

Das Ende der alten Strukturen

Als der Clienting-Gedanke neu war, kam oft der Vorschlag, neben der Marketingabteilung auf eine Clienting-Abteilung ins Leben zu rufen. Genau das darf nicht passieren! Clienting muss von *jedem* im Unternehmen gelebt werden, es darf nicht durch die Mauern zwischen den Abteilungen isoliert werden. Wir sind sogar davon überzeugt, dass die geschlossene Marketingabteilung eines Autohauses oder eines anderen Unternehmens der Automobilbranche keine Existenzberechtigung mehr hat. Kein Unternehmen kann es sich heute noch leisten, abgeschlossene Bereiche zu tolerieren, die nicht im permanenten Kontakt und in Beziehung zwischen innen und außen agieren.

Unsere Forderung ist deutlich: Lösen Sie das Abteilungsdenken auf und gehen Sie dorthin, wo Ihre Kunden sind!

Bernd Behrens: »Lösen Sie die Probleme Ihrer Kunden ganzheitlich und nicht in der veralteten Abteilungslogik.«

Wir möchten niemandem seinen Arbeitsplatz wegnehmen. Uns geht es lediglich um eine andere Form der Organisation. Wir sind überzeugt: Die einzig zukunftsfähige Organisation ist diejenige, die in Projekten und Lösungen denkt und handelt. Das ist eine Struktur, die sich an der Kundenstrategie des Unternehmens ausrichtet. Mit Teams aus Buchhaltung, Controlling, Fahrzeugverkauf, Werkstatt und Teilelager, die alle zusammenarbeiten, um für den Kunden neue Vorteile zu schaffen. Das ist die Zukunft!

Wussten Sie, dass der Wert Ihres Unternehmens in der digitalen Welt von den gelebten Beziehungen zu jedem einzelnen Kunden abhängig ist? Entscheidend für die Unternehmenserfolge in der Automobilbranche von morgen wird sein, ob Menschen, die sich mit Marketing, Clienting und Co. beschäftigen, in der Lage sind, einzigartige und glaubwürdig gelebte Beziehungen zu ihren Kunden aufzubauen, vernetzt zu denken und flexible Strukturen zu schaffen. Viele Unternehmer in ihrer Branche tun sich damit nach wie vor schwer, dabei haben das Automobil und die dazugehörigen Serviceleistungen eine enorm hohe Bedeutung für die Kunden: Das Automobil ist die größte Anschaffung nach dem Eigenheim, die wichtigste Grundlage täglicher Mobilität, Grundlage für individuelle Freiheit, aber auch erheblicher Kostenfaktor. Unsere Empfehlung: Machen Sie sich jetzt auf den Weg! Dazu hat der FSP-Geschäftsführer Frank Isselborg eine klare Meinung:

Emotionale und psychologisch faire Kundenbindung im Autohaus

Wer kennt den Zustand in der Branche nicht: Die einzelnen Fraktionen im Autohaus arbeiten unter einem Dach, jedoch nicht immer miteinander und oft am Kunden vorbei. Woran liegt das?, fragen sich viele Berater, Fach- und Führungskräfte im und ums Autohaus.

Die Antwort ist vordergründig so einfach wie komplex in der Hintergrundanalyse.

Grundsätzlich gilt, dass die emotionale Klammer zwischen den in den Abteilungen handelnden Personen im Autohaus oftmals nicht greift. Weiterhin sind organisatorische Abhängigkeiten beziehungsweise motivierende Verzahnungen zwischen den einzelnen Leistungsabteilungen eines Autohauses nicht immer gegeben.

Ein Beispiel: Der Verkäufer sieht den Kunden zunächst als Käufer. Er rechtfertigt seine Bewertung des Kunden und sein daraus folgendes Verhalten über sein Fixum und erhält üblicherweise aus dem Verkauf des Fahrzeuges eine Provision. In diesem Beispiel liegen mehrere zunächst nicht offensichtliche Motive beziehungsweise Ziele verborgen.

Der Unternehmer möchte seinen Verkäufer motivieren, viele Kunden zum Autohaus zu holen und die potenziellen Käufer zu zahlenden Kunden zu entwickeln. Der Unternehmer weiß: Jeder Autokäufer ist mit hoher Wahrscheinlichkeit auch ein Werkstattkunde – für Reifen, Wartung, Reparatur et cetera. Nicht selten werden Quartals- oder Trimesterziele vereinbart und ergeben einen Sonderbonus, der bei Erreichen gezahlt wird.

Handelt es sich um einen markengebundenen Betrieb, motivieren die OEM die Händler über Stück- oder Umsatzstaffeln dazu, im Quartal oder Trimester bestimmte Absatz- oder Umsatzziele zu erreichen. Diese sorgen für eine Bonifikation.

Idealerweise besteht zwischen den Verkäufer-, Unternehmens- und OEM-Zielen kein Konflikt. In der Realität liegt hier ein erhebliches Konfliktpotenzial, denn das Autohaus befindet sich damit in einer Vielzahl von »Erfolgsfallen«, die im Folgenden kurz skizziert werden. Das Fatale daran ist: Mit dem Nutzen des Kunden, dessen Betreuung und wertschöpfend erfolgreicher Bindung an das Autohaus hat das Ganze nichts zu tun. Wozu ist es wichtig, diese Fallen zu sehen? Sie lenken das Autohaus von der eigentlichen Quelle seines Erfolges ab: der Fähigkeit, erfolgreich und wirtschaftlich sinnvoll Autos zu verkaufen, zu reparieren und für den Kunden Mobilität zu garantieren.

Auf den Punkt

- Das klassische Marketing ist überholt. Es ist Zeit umzudenken.
- Die digitale Welt erfordert Schnelligkeit und Flexibilität im Marketing.
- Gerade regional kann man schnell und erfolgreich reagieren.
- Von außen nach innen denken und handeln: Gehen Sie dorthin, wo Ihre Kunden sind, und hören Sie ihnen zu. Dann entwickeln Sie die richtigen Angebote und Dienstleistungen für sie.
- Setzen Sie nicht nur auf Flyer, Broschüren und Co. Gehen Sie online und nutzen Sie die Macht der viralen Verbreitung von Botschaften.
- Internet ist Chefsache!
- Automotive Clienting ersetzt Marketing und vernetzt Kundensicht, Marken und Dienstleistungen.

Erfolgsfallen

1. Die Bonusfalle im Absatzziel oder wenn Ziele nicht realistisch sind
2. Die Werbefalle oder wenn Geiz nicht geil ist
3. Die Motivationsfalle im Verkauf des Autohauses, wenn nicht Nutzen verkauft, sondern der Job gesichert werden soll
4. Die Renditefalle im Servicegeschäft, wenn die Deckungsbeiträge abgesaugt werden
5. Die Schadens- und Reparaturfalle, wenn Verwaltungsangestellte Schäden regulieren
6. Die Abschlussfalle, wenn aus der Dreingabe eine Draufgabe wird

7. Die Betreuungsfalle, wenn aus dem Kundenproblem ein Kostenfaktor für das Autohaus wird

Erst mit der Bewältigung und dem Erreichen der Steuerbarkeit dieser Erfolgsfallen ist das Unternehmen frei, sich um den Kunden und dessen Nutzen kümmern zu können.

3. Wie Verkauf künftig funktionieren wird

»Das Autohaus der Zukunft verkauft keine Autos, sondern Mobilitätserlebnisse.« *Bernd Behrens*

»No client, no company«, sagt der Amerikaner. Wo keine Kunden sind, gibt es kein Unternehmen. Zweifelsohne ist der Vertrieb für den Erfolg eines Unternehmens in der Automobilbranche die zentrale Grundlage. Ausgefeilte Produkte, spannende Konzepte, geniale Innovationen – all das hat keinen Wert, wenn niemand davon weiß oder der Autofahrer das Angebot nicht annimmt.

Die Grundlage für den Erfolg eines Unternehmens ist der Vertrieb. Oder?

Bis heute sitzt der Vertrieb auf einem goldenen Sockel, Verkäufer werden auf Händen getragen. Und für Topverkäufer zahlen Unternehmen überirdische Boni, nach dem Motto »Hauptsache, der Verkauf läuft«.

Doch ist diese Art zu wirtschaften noch zeitgemäß? Macht es unter Berücksichtigung all der Veränderungen im Automarkt und bei den Kunden Sinn, den Vertrieb weiter so zu gestalten, wie wir es aus den letzten Jahrzehnten kennen? Unsere Antwort: Nein, es braucht dringend Veränderung! Kaufberatung, Finanzierungs- und Versicherungsberatung sowie Konfigurationsbegleitung genügen längst nicht mehr den Anforderungen.

Und vorab: Der Verkäufer verkauft zumeist das Auto, das folgende Geschäft interessiert ihn laut Stellenbeschreibung in der Regel aber nicht. Darauf werden wir nachfolgend noch eingehen.

Verkäufer *und* Serviceberater werden in der neuen Welt zu

- Orientierungsdienstleistern,
- Entscheidungshelfern und lösungsorientierten Lebensberatern,
- lebenslangen Mobilitätsberatern.

Wissen ist Macht

Noch vor zehn Jahren lag die Wissenshoheit bei den Verkäufern. Das ist jetzt anders. Der Kunde von heute ist manchmal besser über ein einzelnes Produkt informiert als der Verkäufer. Vor dem Kauf benutzen 24 Prozent die sozialen Netzwerke und hören auf deren Empfehlungen. 50 Prozent wissen, was sie kaufen wollen.

Und wer noch unentschlossen ist, kann einen digitalen Berater konsultieren. Ein Beispiel ist der MotorAgent auf der Plattform von Motor-Talk. Hier gibt der Kunde an, welche Anforderungen er an ein Auto hat. Entsprechend der abgefragten Wünsche werden passende Modelle vorgestellt und anschließend erfolgt auch ein direkter Link zu Angeboten der Autobörsen. Dazu Gerd Heinemann:

> »Unsere Erfahrungen auf der Basis von mehr als 20 000 Testkäufen im Automobilhandel zeigen, dass immer noch viel Potenzial im Rahmen der Kundenwunschermittlung verschenkt wird. Wer nicht fragt, weiß nichts über den Kunden, er kann sich nicht individuell auf den Kunden einstellen und er wird ihn nicht bedarfsgerecht beraten. Ein digitales System, welches die richtigen Fragen stellt, ist da dem Menschen oftmals überlegen.«

Bis vor wenigen Jahren suchten die Autokäufer und die Kunden für Automobil-Serviceleistungen Rat im Kraftfahrzeugbetrieb. Erst nach dieser Erstinformation suchten sie in ihrem Bekanntenkreis das Gespräch mit sogenannten Experten und haben sich da noch einmal vergewissert, ob das Serviceangebot oder die Kaufempfehlung der Mitarbeiter im Fachbetrieb akzeptabel war.

Heute nutzen Sie die Bewertungen, Empfehlungen und Kritik in den einschlägigen Internetportalen wie zum Beispiel Motor-Talk, Autobutler, Fairgarage oder Die Autohauskenner und lassen sich in Ihren Kaufentscheidungen von unbekannten Autofahrern beeinflussen. Sie verlassen sich nicht mehr darauf, was die Mitarbeiter in den Kraftfahrzeugbetrieben sagen, sondern vertrauen den anonymen Bewertungen und praktischen Erfahrungen von Kunden im Internet. Im Herbst 2014 startete das Portal »autohauskenner.de«. So schrieb im April 2015 das Fachmagazin *Autohaus*:

> »Das neue Portal ›Die Autohauskenner‹ will mehr Transparenz und Respekt schaffen. Aktuell gibt es knapp 200 000 Seitenaufrufe pro Monat. So geben die Endverbraucher Vertrauensfaktoren wie zum Beispiel die Kundennummer an. Eine solche Vorgehensweise soll für seriöse Bewertungen sorgen. Mit einer Fair-Play-Funktion wird ein Dialog zwischen Kunde und Werkstatt eingeleitet. Eine innovative Idee, die aktuell bereits von namhaften Händlern und Verbänden unterstützt wird.«

Die Marketingverantwortliche der Beresa Gruppe Petra Hardeweg ist die erfolgreichste Unternehmerin im Kfz-Gewerbe des Jahres 2015. (Women's Award 2015) Sie empfiehlt ihren Kollegen ausdrücklich die aktive Teilnahme an einem Bewertungsportal.

Auch für andere Branchen gilt: Der Verkäufer muss eine ganze Palette an Produkten kennen. Selbst wenn er wollte, könnte er mit seinem Wissen nicht so topaktuell und reflektiert sein wie der Kunde, der das Produkt selbst nutzt. Die meisten Kunden haben sich für die Zukunft vorgenommen, kein Automobil und keine Servicelösung mehr zu kaufen, ohne vorher systematisch nach Kundenempfehlungen recherchiert zu haben. Die Verkäufer und Serviceberater sind nicht mehr Transferhelfer beziehungsweise Erfüllungsgehilfen der Hersteller, sondern handeln als Partner und Agenten für ihre Kunden. Das ist pure Wissensarbeit und ein echter Vertrauensjob.

Verkäufer neu definieren

Die digitale Welt wirft eine spannende Frage auf, über die heiß diskutiert wird: Brauchen wir in der Zukunft überhaupt noch Verkäufer? Unsere deutliche Antwort lautet: Ja, gerade in der zukünftigen Welt brauchen wir Verkäufer. Vor allem Frauen.

Kunden sind heute mächtiger denn je – und sie nutzen ihre Macht. Wenn sie unzufrieden sind, verhindern sie den Absatz von Produkten; wenn sie begeistert sind, werden sie zu aktiven Empfehlungsgebern. Das kann dem Verkauf neue Impulse geben. Wer mit seinem Angebot begeistert, hat die Möglichkeit, seine Kunden zu einer neuen Form von Verkäufern zu entwickeln: Multiplizieren Sie Begeisterung mit den neuen Möglichkeiten des Internets, machen Sie Ihre Kunden ebenfalls zu den besten Verkäufern des Unternehmens. Wenn es Ihnen gelingt, ein Produkt viral über das Internet zu pushen, haben Sie im Zweifelsfall

Frauen haben heute schon gute Chancen im Automobilvertrieb und -service, denn sie setzen ihre weibliche Intuition in der neuen Welt definitiv als Stärke ein. Es sind leider noch zu wenige. Absolut notwendig wird auch sein, dass moderne Verkäufer die Spielregeln des Internets verstehen und beherrschen. Denn dort könnte der größte Wettbewerber längst warten oder sogar schon erfolgreich tätig sein. Denken Sie nur an das Gebrauchtwagengeschäft, das durch die starken Internetportale Mobile.de und AutoScout24 und die vielen anderen Angebots- und Auktionsportale entscheidend verändert wurde.

Für uns ist es absolut überraschend, dass erst vier Prozent der Unternehmen, die einen Onlineshop haben könnten, ihre Produkte und Lösungen tatsächlich im Internet anbieten. Die restlichen 96 Prozent verkaufen nur offline. Schlimmer noch: Ein Drittel der deutschen Unternehmen der Automobilbranche hat noch gar keine richtige, den heutigen Anforderungen genügende Homepage! Die Erkenntnis, dass das Internet eine echte Verkaufschance ist, hat noch längst nicht alle erreicht. Das zeigen auch viele der existierenden Webseiten. Sie sehen zwar schön aus, aber es passiert nichts. Warum? Weil sie aus dem Besucher keinen Kontakt machen wie zum Beispiel durch einen Onlinezubehörshop oder die Onlinebuchung einer HU-Untersuchung, die Interessierte anfordern können.

eine Topvertriebsmannschaft zum Nulltarif akquiriert. Das Internet macht Kunden von Empfehlungsgebern zu aktiven Verkäufern.

So ergab eine BBE Automotive-Untersuchung vom Januar 2015, dass nur etwa acht Prozent aller stationären Autoteilehändler in Deutschland über einen B2C- oder über einen B2B-Onlineshop verfügen.

Die klassischen Internetpioniere haben offenbar schneller begriffen, dass man Vertriebsstrategien auch umdrehen kann. So gibt es immer mehr Onlinehändler, die stationäre Shops eröffnen – eine Strategie, die »hybrides Verkaufen« genannt wird. Also Geschäftsmodelle, die sowohl den Onlinehandel als auch das Offlinegeschäft beherrschen. Auch hier ist Amazon ganz vorn mit dabei: Das Unternehmen hat in den USA bereits die ersten Shops eröffnet. Auch mymuesli hat in einigen Großstädten eigene Shops, und auch die Nespresso-Kapseln kann man längst in mehreren deutschen Großstädten in Nespresso-Boutiquen kaufen. Extrem erfolgreich mit seinen eigenen Stores ist auch Apple – der Gigant der Wirtschaftswelt. Wir empfehlen, diese Entwicklung sorgfältig zu beobachten.

Die Realität ist: Erst vier Prozent der Unternehmen, die online verkaufen könnten, haben einen Onlineshop.

Auch bei dem eher traditionellen Hersteller der Daimler AG sehen wir neue Wege. In dem neuen Geschäftsbereich Innovation werden neue Mobilitätskonzepte nicht nur entwickelt, sondern auch in der Praxis umgesetzt. Beispiele: Car2Go, moovel, Park2gether, Bus Rapid Transit, Car2Share. Welch ein Feuerwerk der Innovationen in den neuen Märkten der Mobilität!

Neue Denkweisen für den Automobilverkauf von morgen

Bisher funktionierte der Automobilvertrieb so: Der Verkäufer sieht den Kunden aus seiner eigenen Sicht und somit durch die eigene Wahrnehmungsbrille. Unsere Erfahrung im Verkauf hat uns gezeigt, dass es zunächst so scheint, als wäre das der einfachere Weg: Man muss sich nicht in die Gedankenwelt des Kunden hineinversetzen und präsentiert einfach Schritt für Schritt sein Produkt – getrieben von der Hoffnung, dass der Kunde alles versteht und es am Ende kaufen wird. Klappt das nicht, wird bestens geschulte Verkaufstechnik eingesetzt und die Abschlussmethode inklusive der Einwandbehandlung perfektioniert.

Verstehen Sie uns bitte richtig! Wir möchten hier keinem Verkäufer auf die Füße treten, doch diese Vorgehensweise haben wir in unseren Verkaufscoachings »on the job« Hunderte Male erlebt. Der Verkäufer und der Serviceberater bleiben in ihrer Welt, weil sie sich doch nicht auf den Kunden einstellen müssen. In der Welt des Kunden könnten sie mit Reaktionen konfrontiert werden, auf die sie vielleicht keine Antwort haben. Im schlimmsten Fall ließe den Mitarbeiter die Antwort auf die Kundenanfrage selbst am Produkt und seiner Marke zweifeln und er hätte am Ende Probleme damit, dem Kunden das Produkt reinen Herzens anzubieten. Was dann kommt, ist die selbsterfüllende Prophezeiung: »Habe ich es doch gewusst, der Kunde denkt genauso wie ich!« Die Verkaufszahlen brechen ein, die Erfolge bleiben aus. Verkäufer und Serviceberater, die nicht umdenken, werden das in Zukunft häufiger erleben.

Unsere Idee vom Verkauf und Service in der Automobilbranche ist eine andere. Eine, bei der wir uns gedanklich auf die andere Seite stellen. Wir verkaufen zuerst einmal gar nichts, sondern steigen in die Gedankenwelt des Kunden ein. Wer heute in der Automobilbranche Verkaufs- und Serviceerfolge feiert, verkauft keine Automobile mehr, sondern Lösungen. Abschlüsse zu machen und neue

Aufträge zu akquirieren funktioniert nur, wenn die Lösung dem Autofahrer individuell weiterhilft. Und damit sie den Kunden weiterhilft, müssen Sie im ersten Schritt die Situation des Kunden analysieren und verstehen, damit Sie ihn dort abholen können, wo er gerade steht.

Was zählt, ist die persönliche Ebene des Kunden in seiner derzeitigen Mobilität.

Müssen alle in der Automobilbranche Tätigen heute Mobilitätsberater sein? Fast alle, so die feste Überzeugung von Gerd Heinemann. Es gibt daneben aber die emotionale Welt der Luxuskarossen, Supersportler und Oldtimer. Hier stehen der Spaß und das Prestige ganz weit vorne.

Der normale Autofahrer hingegen hat ein Problem: Er benötigt ein eigenes Auto für seine täglichen Wege. So könnte ein Kleinwagen die ideale Alternative für den Weg zur Arbeit sein, zweimal im Jahr steht aber eine Urlaubsreise an, da wird ein größeres Auto benötigt. Und im Sommer mal ein Cabrio? Hier kann sich ein Autohändler oder auch Hersteller profilieren. Warum verkauft man keine Mobilität? Mit dem Kauf des Kleinwagens ist dann zum Beispiel die kostenlose Bereitstellung des Urlaubsautos oder eines Fun Cars verbunden. Stichwort: Multimobil.

Hier liegen auch Chancen in der Vermarktung von Elektroautos. Diese decken für viele Pendler im Nahbereich den täglichen Mobilitätsbedarf. Reisen über 100 Kilometer werden noch zur Herausforderung. Lösen lässt sich das Problem durch flexible Mobilitätsangebote, zum Beispiel auch durch ein spezielles Carsharingangebot beziehungsweise Mietwagenangebote für eigene Kunden.

Diese Differenzierung ist ein kleines, aber extrem wichtiges Detail. Erfolgreiche Verkäufer und Serviceberater argumentieren immer auf zwei Ebenen. Die erste Ebene ist der konkrete Bedarf des Kunden, also der Grund, warum er seine Anfrage an sie gestellt hat. Das ist die Basis. Die zweite Ebene ist die Kür – und erheblich wichtiger als der konkrete Bedarf, auch wenn das zunächst einmal seltsam klingt: Es ist die persönliche Ebene des Menschen, der die Kaufentscheidung zu verantworten hat. Diese zweite Ebene bedingt natürlich, dass die Hausaufgaben in Ebene 1 gemacht wurden. Der Kunde und seine Wünsche müssen transparent sein. Vor allem im B2B-Geschäft stellt sich die Frage, welche Folgen es hat, wenn der Interessent sich für die Lösung entscheidet, die Sie ihm anbieten. Welches Risiko geht er damit für sich selbst ein? Gefährdet er damit eventuell seinen Job? Hilft ihm diese Entscheidung womöglich dabei, auf der Karriereleiter weiter nach oben zu kommen? Was bedeutet diese Entscheidung im Umgang mit seinen Kollegen oder eventuell sogar Wettbewerbern um die Gunst des Chefs im eigenen Unternehmen? Je weitreichender die Kaufentscheidung ist, desto mehr wird es ein Schlüsselfaktor für Sie sein, ob Sie diese persönliche Ebene beim Kunden verstehen und ansprechen oder nicht.

Ein gutes Beispiel aus dem B2B-Bereich ist das Thema Teile. Ein markenoffener Betrieb kann nicht sagen, welche Automarken mit welchem Problem wann auf seinen Hof kommen. Wenn der Kunde da ist, dann will er schnell und kompetent bedient werden. Arbeitsablauf und Arbeitsqualität müssen stimmen.

Viele Teilelieferanten lösen das Problem der freien Werkstätten durch eine hohe Verfügbarkeit und eine schnelle Belieferung. Das Ganze bei einem guten Preis.

Hört man freien Werkstätten aber genau zu, dann kommen andere Kriterien ins Spiel. Passgenauigkeit der Teile und Hilfestellung beim Einbau komplexer Teile. Gerade im Karosseriebereich und bei Elektronikteilen sind das herausragende Anforderungen. Diese Wünsche können zum Beispiel die Anbieter von Erstausrüster- oder Originalteilen der Hersteller besonders gut erfüllen. Hersteller und Händler, die darauf setzen, sind erfolgreich.

Die Einzigartigkeit siegt

Es gibt in der Automobilbranche viel zu viele Chefs und Mitarbeiter, die davon überzeugt sind, dass ihre Kunden nur dann kaufen, wenn sie das Gefühl haben, den besten Deal, das heißt den höchsten Rabatt, erhalten zu haben. Auch Serviceleistungen werden nach Meinung der Werkstattbetriebe immer mehr unter Preisdruck geraten. Daran haben wir so unsere Zweifel. Viel wichtiger ist doch, dass der Kunde das gute Gefühl hat, selbst mit dem Kauf zu siegen und auf der sicheren Seite für seine persönliche Situation zu sein. Das macht den Unterschied zwischen Verkauf und erfolgreichem Verkauf aus. Seien wir doch mal ehrlich! Wenn wir unsere persönlichen Verkaufserfolge analysieren, ging es fast ausschließlich um die persönliche Ebene. Im Laufe der Zeit haben wir diese persönliche Ebene noch tiefer analysiert und damit weiter präzisieren können: Wir haben es überwiegend mit zwei Entscheidertypen zu tun.

Der erste Typ ist der **Herausforderer**. Das sind Entscheider, die etwas Überproportionales erreichen und neue Wege gehen wollen. Sie haben einen inneren Antrieb und wissen intuitiv, dass sie ihren Weg genau so gehen müssen. Herausforderer wollen ganz bewusst der Erste sein, und einige möchten sich damit auch ein Denkmal bauen. Wenn Sie es sich leicht machen wollen, dann arbeiten Sie mit vielen erfolgreichen Entscheidern und Unternehmen zusammen. Denn die wollen die Wirtschaft bewegen und Innovation für Kunden schaffen. Sie haben zwar die gleichen Kunden vor sich wie alle anderen auch, aber Sie behandeln sie komplett anders. Es ist immer wieder interessant und erstaunlich festzustellen, dass Autohäuser und Werkstätten in den gleichen regionalen Märkten, das heißt mit den gleichen Kunden, unterschiedlich erfolgreich Geschäfte machen. Die Art und Weise, wie sie es tun, unterscheidet sich stark.

Die zweite Gruppe der Entscheider hatte auf den ersten Blick ein ganz anderes Motiv. Sie sind die **Verteidiger** und stehen oft mit dem Rücken zur Wand. Sie suchen den Sofortumsatz – eine Geschäftsidee, mit der sich schnell und erkennbar bessere Ergebnisse erzielen lassen. Sie befinden sich in einer Situation, in der es noch nicht zu spät, aber doch fünf vor zwölf ist. Eine Situation, in der es zwingend erforderlich ist, neue Wege zu gehen. Spannend ist, dass Herausforderer und Verteidiger, obwohl sie am jeweils anderen Ende der Skala stehen, im Grunde das gleiche Motiv haben. Sie müssen oder wollen neue Wege gehen.

Dieses Beispiel zeigt, dass wir im Verkauf und Service ein anderes Grundprinzip brauchen: verkaufen und Serviceleistungen anbieten mit den Augen der Kunden. Und damit meinen wir nicht, die Frage zu klären, wie Sie am besten verkaufen können, sondern warum Kunden gerne kaufen wollen. Der Kunde von heute will, dass man ihn nicht nur versteht. Er will, dass man sich mit ihm auseinandersetzt. Abgedroschene Verkaufsfloskeln sind out. Einzigartigkeit ist gefragt.

Entscheider verkaufen keine Produkte. Sie verkaufen neue Wege.

Diese Einzigartigkeit eröffnet völlig neue Möglichkeiten im Direktvertrieb. Es geht darum, die Beziehung zwischen Verkäufer und Kunden in die neue Welt zu transformieren. Worauf wir hinauswollen: Hören Sie Ihren Kunden sehr gut zu! Hören Sie zu, was Ihnen Ihre Kunden erzählen. Denn genau das ist die große Chance des klassischen Vertriebs und es ist der wichtigste Grund, warum Verkäufer auch in Zukunft nicht ersetzbar sein werden. Empfehlungen sind eine tolle Sache. Dabei kann die Technik helfen. Aber echte Dialoge von Mensch zu Mensch kann sie nicht ersetzen.

Menschen können zuhören, digitale Technik nicht. Das ist der wichtigste Grund, warum Verkäufer und Serviceberater in Zukunft nicht ersetzbar sein werden.

Der Mensch im Mittelpunkt

Unsere Idee vom Verkauf in der Automobilbranche legt eindeutig den Fokus auf den Käufer. Der Kunde ist und bleibt ein Mensch mit all seinen Träumen, Schwächen, Ängsten und Motiven. Verkäufer und Serviceberater müssen den Kunden als Menschen in den Mittelpunkt stellen und wertschätzend mit ihm umgehen. Das bezeichnen wir als »Dialog-Selling«: Führen Sie Ihre Kundengespräche, wie Sie auch private Gespräche führen würden. Gespräche unter Freunden leben vom Dialog. Sie erfahren, was Ihr gegenüber denkt, und sprechen offen miteinander. Solche Verkaufsdialoge glänzen durch eine neue Form von Natürlichkeit.

Ein Verkäufer in der Industrie, im Teilehandel oder im Autohaus ist heute nicht mehr gezwungen, eine möglichst perfekte Präsentation abzuliefern. Es geht auch nicht darum, in möglichst kurzer Zeit viele Vorteile und Nutzenargumente aufzuzählen und zu hoffen, dass eines davon das Feuer im Kunden entfacht. Ziel ist eine grundlegend neue Form der kundenzentrierten Gesprächsführung: Der Kunde führt unbewusst das Gespräch, der Verkäufer reagiert nur auf die richtigen Impulse. Dabei ist es gut zu wissen, dass die Kaufimpulse oft erst im letzten Drittel eines Gespräches kommen. Nämlich dann, wenn beide Gesprächspartner merkten, dass sie sich sympathisch sind, und eine vertrauensvolle Ebene entstanden ist. Erst in dieser Phase entsteht eine echte Beziehung zum Kunden, bei der sich der Kunde mit seinen ganz eigenen Gedanken verstanden fühlt. Solche Kundenbeziehungen sind wertvoll und von Dauer geprägt. Diese Erkenntnis gilt selbstverständlich genauso für die Serviceberatung.

Gute Beziehung als Schlüssel zum Erfolg

Die neuen Verkäufer und Serviceberater sind Beziehungsmanager. Gelebte, dauerhafte Beziehungen sind – davon sind wir überzeugt – die Grundlage von dauerhaftem Geschäftserfolg. Wichtig ist, dass diese Beziehungen gelebt werden, echt und authentisch sind. Denn sie leben vom Kontakt, von persönlicher Sympathie und gegenseitigem Vertrauen. Im besten Fall sind Sie der Erste, der gefragt wird, wenn der Kunde einen neuen Bedarf hat, und der Letzte, der gefragt wird, bevor der Auftrag an andere vergeben wird – vor-

Verkäufer und Serviceberater sind Beziehungsmanager. Wer das versteht, braucht nicht mehr zu verkaufen, weil der Kunde von alleine den Weg zu ihm findet.

ausgesetzt, Preis und Qualität stimmen. Beziehungsmanager haben durch die intimen Kenntnisse über ihre Kunden einen deutlichen Wettbewerbsvorteil. Denn der Kunde weiß, dass Sie derjenige sind, der auf andere Lösungen kommt, zu dem er Vertrauen haben kann, und deshalb spricht er Sie persönlich an.

Auf den Punkt

- Das Automobil ist, nach dem Kauf einer Immobilie, die größte Anschaffung im privaten Bereich. Für Gewerbekunden sind Autos und der dazu gelieferte Service wichtige Grundlagen für den Erfolg ihrer Unternehmen.
- No client, no company. Ohne Verkaufsleistung kein Unternehmen.
- Gestern haben Ihre Kunden ihren Nachbarn erzählt, wie gut oder schlecht Ihre Produkte und Dienstleistungen sind – heute erzählen sie es in der ganzen Welt.
- Zufriedene Kunden werden zum digitalen Verkäufer.
- Entscheider wollen keine Produkte, Entscheider brauchen neue Wege.
- Einwandbehandlung und Verkaufstechniken sind out. Was zählt, ist die persönliche Ebene.
- Moderne Verkäufer und Serviceberater sind Zuhörer und Beziehungsmanager.
- Sog statt Druck: Das ist eine der Grundideen des Automotive-Clienting-Konzepts.
- Lösen Sie das Silodenken im Betrieb auf!

Ob Hard Selling, Soft Selling, Love Selling oder Dialog Selling – nennen Sie es, wie Sie wollen, entscheidend ist der Turnaround im Kopf. Die Grundidee des perfekten Verkaufens ist sehr einfach. Sie müssen gar nicht verkaufen, wenn der Kunde von alleine den Weg zu Ihnen findet. Das hört sich im ersten Moment unmöglich an, ist aber eine der Grundideen des Automotive-Clienting-Konzepts: Sog statt Druck. Wem es gelingt, neue Wege jenseits des klassischen Vertriebs zu gehen, macht seine Kunden automatisch zu begeisterten Verkäufern.

- Bieten Sie Ihren Kunden an, Ihre Lösungen zu bewerten.
- Stellen Sie Optionen zur Verfügung, damit Ihre Kunden Ihr Angebot in Social-Media-Kanälen posten können.
- Fragen Sie erfolgreiche Verkäufer.
- Reflektieren Sie Ihre eigenen Erfahrungen.

Sie werden feststellen, dass es die guten Beziehungen und die Empfehlungen Ihrer Kunden sind, die sie zu lebenslangen treuen Kunden macht. Verschweißen Sie Ihr Verkaufsteam mit dem Serviceteam!

4. Automotive Clienting – die sieben Schlüssel zur Einzigartigkeit für die Unternehmen der Automobilbranche

»Beim Marketing versuchen Sie den Kunden zu finden. Beim Automotive Clienting findet der Kunde Sie!« *Edgar K. Geffroy*

Neulich in Hongkong sprach Edgar Karl Geffroy ein Amerikaner an und wollte wissen, was er beruflich mache.
Geffroy: »Automotive Clienting.«
Da er ihn mit fragenden Augen ansah, erklärte Edgar K. Geffroy es ihm: »Es ist ganz einfach. Sie kennen sicher Marketing?«
Er: »Ja, klar.«
Geffroy: »Okay, beim Marketing versuchen Sie ja, den Kunden zu finden, nicht?«
Er: »Stimmt.«
Geffroy: »Beim Automotive Clienting ist es genau umgekehrt. Da findet der Kunde Sie.«
Der Amerikaner dachte kurz nach und meinte dann: »Hmm, das macht Sinn.«

Es muss neben Marketing und Vertrieb eine neue, dritte Dimension entwickelt werden, um den Umbrüchen in den Automobilmärkten etwas entgegenzusetzen. Die Kultur des permanenten Wandels, die Gesellschaft des langen Lebens und der multinationalen Herkunft erfordern die Gestaltung neuer Geschäftsmodelle – gerade auch in der Automobilbranche, die diese Veränderungen in der Gesellschaft berücksichtigen.

Früher war der Kirchturm die Grenze des regionalen Marktes für den Unternehmer der Automobilbranche. Heute gibt es keine Grenzen mehr. Jeder x-beliebige Kunde kann der ganzen Welt erzählen, was er von Automobilen, Marken und Unternehmen hält. Standorte verlieren an Bedeutung, denn alles ist jederzeit im Internet verfügbar. Die Kunden sind es gewohnt, auf Abruf zu bekommen, was sie sich wünschen – ganz gleich ob Wissen, Mobilität, Service oder Unterhaltung. In einer solchen Welt zählen Schnelligkeit, Bequemlichkeit und Flexibilität. Starre Marketingabteilungen und Verkäufer, die ihre Produktinformationen herunterbeten, ohne auf den Kunden einzugehen, gehören der Vergangenheit an. Wer es versäumt, online zu gehen, den wird es in Zukunft nicht mehr geben.

Geffroy: Automotive Clienting speziell für die Automobilbranche

Das heißt jedoch nicht, dass rund um den Kirchturm alle Aktivitäten einzustellen sind. Nach wie vor ist die optimale Bearbeitung des regionalen Marktes das Basisgeschäft des Unternehmens. Aber auch diese regionale Marktbearbeitung ist unter dem Gesichtspunkt des Automotive Clienting zu sehen, denn auch der regionale Kunde muss das Unternehmen finden. Und: Das Unternehmen muss etwas bieten, was für den Kunden einzigartig ist. Dabei reicht es nicht mehr, der einzige Vertreter für eine bestimmte Marke zu sein. Marken sind heute austauschbar geworden.

Der anspruchsvolle Autofahrer und informierte Autokäufer

Automotive Clienting kommt von »Client«. Der deutsche Begriff heißt »Klient« und meint den serviceanspruchsvollen Kunden. Nicht irgendeinen Verbraucher, nicht Menschen, die einfach nur konsumieren wollen. Denn von solchen Kunden wird es in Zukunft immer weniger geben. Edgar K. Geffroy und Bernd Behrens erkannten schnell, dass in dem Clienting-Konzept noch mehr steckte, als beide zu Anfang erkannt hatte, und waren begeistert, eine Lösung zu haben, die mehrere Kriterien gleichzeitig erfüllt und idealerweise für die Herausforderungen der Automobilbranche zugeschnitten ist.

Einerseits ist Automotive Clienting für die Automobilbranche die Lösung, da sie den einzelnen Menschen in den Mittelpunkt stellt und nicht die Masse. Die Automobilwirtschaft entdeckt gerade das Individuum, die Wünsche des Einzelnen, und hat jetzt die Chance, mit neuen Lösungen und Konzepten Sog statt Druck zu erzeugen. Die neuen Kundenbeziehungen, in denen der Kunde von allein wiederkommt und sich für den Wettbewerb gar nicht mehr interessiert, weil er von Ihrem Unternehmen Einzigartigkeit bekommt. Etwas, was nur Sie bieten können – ob als Service, Produkt oder Lösung mit einzigartigem Nutzen. Wir müssen heute erkennen, dass der Automobilfahrer »der aktive Gestalter der Wertschöpfungskette« geworden ist. Höchste Zeit, Automotive Clienting umzusetzen.

Automotive Clienting verändert Ihren Fokus. Die Idee ist, nicht den Verkauf zu steigern, sondern den Kundenerfolg. Alles andere ist zu einseitig und zu sehr nur auf die Erfolge des Unternehmens ausgerichtet. Wenn Sie den Erfolg Ihrer Kunden steigern, dann steigern Sie automatisch auch den Erfolg des eigenen Unternehmens. Im Grunde genommen könnte man sagen, dass Automotive Clienting auf Selbstlosigkeit basiert. Selbstverständlich ist das Konzept erfolgsorientiert. Doch stehen hier nicht Ihre Produkte und Serviceleistungen auf dem roten Teppich, sondern die Kunden. Der Mensch ist im Mittelpunkt. Automotive Clienting hat auch den Anspruch, dass mehr bleibt, wenn Sie geben. Es ist unsere Überzeugung, dass jedes Unternehmen in der Automobilbranche die Aufgabe hat, im Sinn der Gemeinschaft zu handeln. In einer sozial-medialen Welt, die mehr und mehr durch Vernetzung und Offenheit geprägt ist, liegt nichts näher, als Fairness, Vertrauen, Zuverlässigkeit, Verlässlichkeit und insbesondere Partnerschaft ins Zentrum des Handelns zu rücken. Eine Grundidee, die keinesfalls naiv ist, sondern absolut zeitgemäß.

Beziehung ist alles

Clienting wird in Wikipedia als »Beziehungslehre« beschrieben. Und tatsächlich sind glaubwürdig gelebte Beziehungen zum Kunden eine weitere Säule des Automotive-Clienting-Konzepts. Die Partnerschaft steht im Vordergrund und Beziehungen müssen gelebt werden. Essenziell für Beziehungen ist das Geben und Nehmen. Und denken Sie immer daran: Wer viel gibt, bekommt viel zurück ...

Jetzt könnte sehr schnell die Frage aufkommen, ob es nicht einen grundsätzlichen Widerspruch innerhalb des Automotive-Clienting-Konzeptes gibt. Auf der einen Seite steht der individuelle Kunde – sei es der private Autofahrer oder der Entscheider für Firmenfahrzeuge – im Zentrum und auf der anderen Seite die Beziehung. Doch was auf den ersten Blick wie ein Widerspruch aussieht, spiegelt im Grunde uns Menschen wider: Wir sind einerseits individuell und einzigartig, andererseits bauen wir auf Gemeinschaft. Diese Polarität ist in unserem Stammhirn verankert. Deswegen antworten wir auf die Frage, welcher Faktor denn nun wichtiger sei, gerne: Sowohl als auch.

Partner statt Kunde

Ob Sie zuerst an den Verkauf oder zuerst an den Menschen denken, ist ein großer Unterschied. Beim Verkauf richten Sie Ihren Blick auf das Produkt. Wenn Sie zuerst den Menschen anschauen, dann fragen Sie sich, was er braucht, in welcher Phase seiner Mobilitätsbedürfnisse er sich befindet, und orientieren sich nur an seinen Wünschen und Erfordernissen.

Betrachten Sie Ihre Kunden nicht isoliert, sondern öffnen Sie sich für die Menschen mit all ihren Meinungen, Ideen und Kritiken. Dann haben Sie nicht nur einen guten Partner an Ihrer Seite, sondern auch einen lebenslangen Kunden.

Diese Denkweise hat auch Einfluss auf Ihr Sortiment, dieses gilt es ganzheitlich an den Kundenwünschen auszurichten. Dabei muss ein Anbieter aus der Autobranche nicht zwingend nur Automotive-Produkte anbieten. Es gibt viele Beispiele, wie Unternehmen mit peripheren Angeboten, zum Beispiel mit Freizeitprodukten, sehr erfolgreich sind.

Bleibt man im Kern beim Thema Auto, dann muss man aber das Spektrum komplett abdecken. Das heißt Reifen, Zubehör, Versicherung, Finanzierung, Langzeitmiete bis hin zur Autopflege. Fragen Sie doch ganz einfach Ihre Mitarbeiter oder Kunden, was thematisch und räumlich zu ihnen passt.

Individualität statt Masse

Heute geht es nicht mehr darum, ein bestimmtes Produkt oder eine Serviceleistung in großer Stückzahl auf den Markt zu werfen und mit aufwendigen Marketingbudgets so lange zu trommeln, bis genügend Kunden es gekauft haben. Automotive Clienting stellt den Menschen in den Mittelpunkt. Es geht darum, Produkte und Lösungen zu individualisieren und jedem Kunden etwas zu bieten, das ihn erfolgreicher macht oder seine individuellen Wünsche erfüllt.

Das gilt für die bereits angesprochenen Automobile, Serviceverträge, Versicherungsangebote, Finanzdienstleistungen und vieles andere mehr.

Individualität ist aber noch viel mehr: der Händler als Marke, der Service als Visitenkarte, Preis/Leistung statt Discount. Das haben verschiedene national agierende Akteure in Deutschland nicht hinbekommen. Denken wir nur an pitstop.de, den einzigen Reparaturschnelldienst, oder ATU, das absolut dominante Fachmarktkonzept. Beide haben es bis heute nicht geschafft, die Einzigartigkeit ihres Konzeptes zu verankern.

Marktplätze statt Vertriebswege

Unternehmen können heute auch außerhalb ihres traditionellen Einzugsgebietes dynamisch wachsen. An welchem und an wie vielen Orten ihre Dienstleistungen und Produkte zur Verfügung stehen, wird in Zukunft tendenziell an Bedeutung verlieren. Wichtig ist, dass sie mit ihren Angeboten auf dem Marktplatz Internet präsent sind und tragfähige digitale Kundennetzwerke aufbauen. Der Erfolg kommt dann von selbst – vorausgesetzt, Qualität und Service stimmen. Denken wir nur an die Spezialisten für Classic Cars. Diese erreichen ihre Kunden weit über die eigenen Grenzen hinaus. Sie müssen aber den Zielkunden in seiner Ratio und Emotion verstanden haben.

Beziehungen statt Verkaufstechniken

Endlospräsentationen von Nutzenargumenten, Einwandbehandlung und Verkaufstechniken waren gestern. Heute steht die Beziehung zu Ihren Kunden im Vordergrund, Dialoge statt Monologe. Zuhören, Vertrauen aufbauen und individuelle Lösungen schaffen. Steigern Sie mit Ihrem Angebot den Erfolg oder das Wohlgefühl Ihrer Kunden. Denn so entstehen dauerhafte Kundenbeziehungen – eine Win-win-Situation. Damit soll nicht gesagt sein, dass Trainings zu diesem Thema nutzlos sind, sie bedürfen aber einer Ergänzung im Beziehungsmanagement. Die Marktforscher der BBE Automotive bestätigen auch, dass Verkäufer oftmals komplett durchfallen, was die Erfüllung der geforderten Standards betrifft.

Fragt man in manchen Fällen den Tester aber nach seiner abschließenden Meinung, wie gut die Beratung war, so wurde diese mit der Note eins beurteilt. In der Praxis sind diese Negierer gesetzter Standards oftmals die erfolgreicheren Verkäufer. Eine Herausforderung für alle Trainer.

Verblüffung und Aha-Erlebnisse statt Zufriedenheit

Kundenorientierung, Qualität und Service sind die Grundlagen für gute Geschäfte. Doch wollen Sie nur zufriedene Kunden? Oder wollen Sie verblüffte Gesichter sehen, wenn Sie Ihren Kunden die neuesten Lösungen präsentieren? Zufriedenheit ist schön, Verblüffung ist besser. Wenn Sie eine Lösung anbieten, die Ihr Kunde nicht für möglich gehalten hätte und die dazu einen hohen Nutzwert hat, machen Sie ihn dauerhaft neugierig. Das erzeugt Sog statt Druck. Kunden*zufriedenheit* ist der Grundkurs, mehr nicht. Kunden*begeisterung* ist der nächste Schritt und schon viel besser. Kunden*verblüffung* und Aha-Erlebnisse sind der Königsweg.

Aber wie kann ein Unternehmen seine Kunden verblüffen? Machen Sie zuerst den Selbsttest.

Welches Kauferlebnis hat Sie in Ihrem Leben verblüfft, unabhängig von der Branche?

Eine solche Frage können Sie auch Ihren Kunden stellen, fragen Sie einfach nach. Gab es rund um Ihr Angebotsspektrum absolute »Aha-Erlebnisse«? Dazu hier ein paar klassische Beispiele:

- professionelle Fahrzeugreinigung innen und außen,
- zeigen, wie Fahrzeuge funktionieren und welche Technologie dahintersteckt,

- in meinem Fahrzeug liegt nach der Inspektion eine kleine, ganz persönliche Aufmerksamkeit,
- meine Lieblingsmusik befindet sich bei der Fahrzeugauslieferung bereits auf dem Audiosystem,
- im Navigationssystem des gekauften Fahrzeugs sind bereits meine Wunschziele gespeichert,
- aktive und neutrale Unterstützung beim Finden passender Fahrzeuge für mich et cetera.

Nicht vergessen sollten Sie in diesem Prozess und der erfolgreichen Umsetzung Ihre Mitarbeiter. Diese können wertvolle Anregungen liefern und berichten gerne aus dem eigenen Haus, wie sie einzelne Kunden verblüffen konnten.

Fähigkeiten statt Produkte

Dies ist der entscheidende Wettbewerbsvorteil der Zukunft. Wir sind überzeugt: Kein Unternehmen der Automobilbranche wird künftig durch Produktdenken oder Problemlösungsdenken den größten Erfolg haben. Produkte, die so viele Features haben, dass sie keiner mehr bedienen kann, wird niemand haben wollen. Kunden wollen etwas Einzigartiges, etwas, das es vorher noch nicht gegeben hat. Etwas, das ihnen einen echten Vorteil verschafft.

Bernd Behrens: »Autofahrer begeistern sich weniger für technische Details – sondern wollen, dass sich ihr Auto nahtlos in ihr Lebensumfeld einfügt.«

Die Schlüsselfrage für Ihr Unternehmen lautet: Wie spannend sind Sie und Ihre Dienstleistungen in den Märkten der Mobilität für Ihre Kunden? Eine Fähigkeit ist das Know-how, etwas überragend besser zu können als jeder andere. Ob es eine Serviceleistung oder eine innovative Produktidee ist, spielt dabei keine

Rolle. Entscheidend ist, dass der Kunde Ihr Angebot als einzigartig empfindet. Ein solches Angebot kann das gesamte Spektrum der Mobilität, auch für alle Familienmitglieder, umfassen.

Helfen statt dienen

Tolle Produkte und einwandfreien Service liefern, das ist gute Dienstleistung. Doch Kunden zu dienen, reicht bald nicht mehr aus. Der Name sagt es schon: Ein Diener stellt sich unter seinen Herrn. Was Kunden heute wollen, sind Beziehungen auf Augenhöhe. Keine Diener, sondern echte Helfer. Der Erfolg des Unternehmens in der automobilen Welt von morgen ist deshalb eng an die Frage »Inwiefern verhelfen wir unseren Kunden und Geschäftspartnern zum Erfolg?« geknüpft. Das gilt für private und gewerbliche Kunden.

Helfen ist ein Geschäftsmodell jenseits des Egoismus, das trotzdem Unternehmen zu neuen qualitativen Wachstumshorizonten führt. Die wichtigste Eigenschaft aller Mitarbeiter ist die Fähigkeit, den Kunden mit Überzeugung und aus vollem Herzen zur Seite zu stehen. Die Mitarbeiter von morgen sind Erfolgsberater und vielleicht sogar Coaches ihrer Kunden. Sie haben die Fähigkeit, dem Partner und Kunden besser zu helfen als jeder andere. Sie können heute sagen: Besser in einem Punkt wirklich helfen, als in zehn Punkten zu dienen. Das geht nur über die Einstellung der Mitarbeiter. Die Fähigkeit der Mitarbeiter, wirklich helfen zu wollen, wird damit zur strategischen Chance im Umgang mit der neuen Wirtschaftselite.

Wie schafft man aber die Augenhöhe? Von erfolgreichen Verkäufern wissen wir, dass diese sehr schnell herausfinden, mit wem sie es zu tun haben, welche Hobbys das Gegenüber hat und wie die familiäre Situation aussieht. Mit diesen Informationen lässt sich die Augenhöhe einstellen und konkrete Hilfe orientiert sich am Kundenprofil. Dieser Kundenkenner muss dann aber auch regelmäßig Kontakt zum Kunden halten und immer präsent sein, wenn dieser konkreten Bedarf hat.

Die Bedeutung zufriedener Kunden

Bei diesem Thema sind sich Hersteller und die angeschlossenen Betriebe, die den Vertrieb und Service zu verantworten haben, einig. Das gilt für Fahrzeughersteller und für die Teile-Großhändler gleichermaßen. Sowohl in den Systemwerkstätten wie 1a autoservice, Automeister, und ATU als auch bei den Vertragshändlern und Werkstätten hat sich das Thema Kundenzufriedenheit, ihre Bedeutung für die Loyalität der Kunden und natürlich auch für die Rentabilität durchgesetzt. So wird es jedenfalls bei Branchentreffen immer wieder wechselseitig versichert. Und dennoch hält sich hartnäckig die Auffassung, dass der Fokus auf die Kundenzufriedenheit Nachteile bei der Rentabilität verursache. Umso wichtiger ist es aus unserer Sicht, dass neben Marketing und Vertrieb eine dritte Dimension eingebaut wird. Kundenzufriedenheit ist seit Jahren und auch heute noch ein weicher Faktor. Und dass genau dieser weiche Faktor wichtiger ist als die sogenannten harten Faktoren – das ist der zahlengesteuerten Welt selbst heute noch schwer zu vermitteln.

Der Siegeszug der weichen Faktoren

Wir sind absolut davon überzeugt, dass die weichen Faktoren die eigentlichen Stars des Erfolges sind. Nur ein exzellenter Service wird das Zünglein an der Waage sein, wie loyal Kunden dem Produkt, dem Händler und der Werkstatt gegenüber sind. Was bewegt uns dazu, das etablierte Marketing infrage zu stellen und stattdessen etwas »Besseres« zu entwickeln? Automotive Clienting ermöglicht es den Menschen in den Betrieben der Automobilbranche, sich wirklich kundenorientiert zu verhalten. Und genau darin besteht die größte Herausforderung. Jeder Kundenkontakt muss genau und zielführend sein. Kunden, die mit einem Produkt unzufrieden sind, aber durch eine exzellente Dienstleistung weiterhin gebunden werden, sind die besten Vertriebler. Sie fungieren oftmals als unbewusste Markenbotschafter, indem sie sich in ihrem sozialen Umfeld positiv über Marke oder Produkt äußern – und Empfehlungen wirken doppelt so stark wie jede Art von Werbung! Um dieses Ziel zu erreichen, müssen sich die Serviceberater und Verkäufer in Sekundenschnelle auf den einzelnen Kunden einstellen, gut zuhören, Sachverhalte und Schwierigkeiten nachvollziehen können und eine passende Lösung in die Wege leiten. Jedes Unternehmen und jeder Unternehmer in der Automobilbranche ist gut beraten, das Thema Kundenorientierung zu seinem wichtigsten Thema zu machen. Studien weisen es nach, dass die Erhöhung der Kundenzufriedenheit auch den Profit erhöht. Ja, der weiche Faktor Kunde steuert den harten Faktor Profit …

Noch vor wenigen Jahren war es einfach, allein durch besseres Serviceverhalten zu trumpfen und den Wettbewerb zu überholen. Der heutige Autofahrer ist deutlich anspruchsvoller und die Generation, die nachwächst, wird die Branche noch mehr herausfordern. Die Werte Vertrauen, Zuverlässigkeit und Verbindlichkeit sind universell und zeitlos. Investieren Sie deshalb auf der Grundlage der Automotive-Clienting-Methode in das Training Ihrer Mitarbeiter, diese Werte zu leben. Durch den partnerschaftlichen Dialog mit Ihren Kunden werden Sie erfahren, ob jeder Mitarbeiter im Unternehmen diese Werte in seinem Verhalten berücksichtigt. Herzenssache Kunde!

Ein Blick in die Welt der Hotellerie öffnet uns die Augen. Wie die Gäste der Althoff-Hotelgruppe, zu denen auch Edgar K. Geffroy gehört. Denn wenn es um Service und Hotelkultur geht, fällt Edgar K. Geffroy diese Hotelgruppe immer zuerst ein. Thomas H. Althoff leitet 15 Hotels auf höchstem Niveau. Geffroy kennt ihn persönlich, und er ist für ihn ein absoluter Ausnahmehotelier. Sein Lieblingssatz lautet: »Wir müssen für unsere Gäste jeden Tag ein Stück besser werden.« Jeden Tag besser werden? Geht das denn? Ja, das funktioniert! Geffroy hat Hotels erlebt, die Althoff übernommen hat. Da diese Hotels auch vorher schon fünf Sterne hatten, müssten sie jetzt sechs haben, denn keines der Hotels ist wiederzuerkennen. Stattdessen spiegeln sie alle wider, was Althoff geschafft hat, nämlich den Service zur Herzenssache zu machen. Er selbst formuliert das so:

»Wir müssen das, was wir machen, mit Herzblut tun. Nur dann spürt unser Gast den Unterschied.«

Automobilhandelsgruppe Glinicke

Die Automobilhandelsgruppe Glinicke hat den Wert der weichen Faktoren erkannt. Er hat deshalb die Kasseler Marketingagentur Roberts beauftragt, für sich und seine Mitarbeiter das Unternehmensleitbild »3V« zu entwickeln und durch gezielte Verhaltenstrainings in die Köpfe der Mitarbeiter zu bringen. Jeder Mitarbeiter übernimmt für jeden Kundenkontakt Verantwortung. »Dafür bin ich nicht zuständig, der zuständige Mitarbeiter ist gerade nicht erreichbar.« Solche Aussagen darf es nicht mehr geben. Damit soll auch das schädliche Abteilungsdenken überwunden werden. Florian Glinicke: »Der Kunde von heute sucht Partner und Mitarbeiter, die Verantwortung übernehmen.« Das zweite wichtige Thema ist Verbindlichkeit. Zugesagte Rückrufe, zugesagte Informationen, Fertigstellungstermine, Probefahrttermine und vieles mehr müssen mit hoher Verbindlichkeit eingehalten werden. Aus diesen Verhaltensgrundsätzen entsteht eine vertrauenswürdige, partnerschaftliche und damit belastbare loyale Beziehung. Das Konzept »3V« gilt auch für die Kommunikation mit Kunden und Interessenten im Internet.

Wir sind sicher, dass die Kundenorientierung in Zukunft eine noch größere Rolle spielen wird. Wir kennen viele Beispiele, bei denen Kunden trotz eines fehlerhaften Produkts loyal bleiben, weil der Service überzeugt hat. Kundenorientierung kann man auch mit dem Geschehen auf Facebook vergleichen. In den Anfängen von Facebook hat jeder alles geliked oder geteilt, auch wenn es noch so schlecht war. Mittlerweile werden nur noch Posts geteilt und Unternehmensseiten geliked, die man kennt, als gut empfindet oder die von echten Freunden empfohlen werden. Wenn man das schafft, dann kann Vertrieb im Automobilhandel auf einmal einen Schneeballeffekt

Bernd Behrens: »Zu wenige Mitarbeiter, überlastete Mitarbeiter und Mitarbeiter ohne die dringend notwendige Dienstleistungsbereitschaft sind an den Kontakt- und Servicepunkten im Internet und der digitalen Welt die neuen Servicekiller.«

haben und verstärkt über Empfehlungen funktionieren. Zur Kundenorientierung gehört aber auch ein ausgefeiltes Beschwerdemanagement, das immer mehr an Bedeutung zunehmen wird. Von zufriedenen Kunden lernen wir ein »Weiter so«. Von unzufriedenen Kunden lernen wir hingegen, wo unsere Verbesserungspotenziale liegen.

All diese Gedanken und Beispiele verdeutlichen, dass es entscheidend ist, das Automotive-Clienting-Konzept auf die heutige Zeit und auf die komplette Automobilbranche anzuwenden. Sicherheitshinweis: »Nutzen sie das Automotive Clienting Konzept nur, wenn Sie Ihr Unternehmen verändern wollen!«

Auf den Punkt

- Marketing reicht in der hart umkämpften Automobilbranche nicht mehr aus. Wir empfehlen die dritte Dimension: das Automotive Clienting.
- Im Mittelpunkt des Automobilbusiness steht der Mensch als »lebenslanger Kunde«, nicht das Produkt.
- Automotive Clienting basiert auf Individualität und Beziehung.
- Automotive Clienting steigert den Erfolg des Kunden – und dadurch auch den Ihres Unternehmens.
- Die neuen Werte der Wirtschaft heißen Fairness, Vertrauen, Zuverlässigkeit und Verbindlichkeit.
- Der weiche Faktor Kundenzufriedenheit steuert den harten Faktor Profit.
- Die neuen Servicekiller: zu wenige und überlastete Mitarbeiter bei den Kontaktpunkten im Internet. Was droht, ist der Shitstorm.

5. Kundenstrategie des Nutzens

»Was haben meine Kunden davon, dass es mich gibt? Nutzen – vor Gewinnmaximierung. Kleiner Unterschied, große Wirkung.«
Wolfgang Mewes, EKS (Engpasskonzentrierte Strategie)

Unter den rund 38 000 Unternehmen der Automobilbranche, die sich um Verkauf und Service der rund 45 Millionen Pkws und leichte Nutzfahrzeuge für ihre Eigentümer, Besitzer und Nutzer kümmern, gibt es rund ein Drittel sehr erfolgreiche, ein Drittel im Markt mitschwimmende und ein Drittel im Existenzkampf befindliche Betriebe. Vom kleinen Ein-Mann-Meisterbetrieb über hoch spezialisierte Fachwerkstätten und große Automobilgruppen, von inhabergeführten Unternehmen bis zu herstellereigenen Vertriebs- und Servicezentren.

Bei aller Vielfalt: Erfolgreiche Unternehmen machen ihre eigene Konjunktur. Sie werden von ihren Kunden geliebt und geachtet, stehen besser da als 66 Prozent der Wettbewerber. Sie haben motivierte und wertvolle Mitarbeiter. Sie ziehen regelmäßig neue, gute Mitarbeiter an, was in einer Zeit des demografischen Wandels und des Mangels an Lehrstellenbewerbern und gut ausgebildeten Fachkräften besonders wichtig ist. Die Kunden dieser Unternehmen sind treu, die Geschäftsbeziehungen laufen auf einem hohen partnerschaftlichen Niveau, die Gewinne sind überproportional hoch und ermöglichen den Unternehmen sogar, ein Teil davon in soziale Projekte oder Mitarbeitertantiemen fließen zu lassen. Diese Gewinner in der Automobilwirtschaft machen schlichtweg ihre eigene Konjunktur, selbst wenn die Märkte in erheblichen Turbulenzen stecken – wir sprechen zu Recht von einem Verdrängungsmarkt. Und das genau ist der entscheidende Hinweis.

Wenn es möglich ist, dass freie und gebundene Werkstätten, Spezialanbieter, zum Beispiel im Reifenservice, und Autohäuser ihre eigene Konjunktur machen, kann es nicht einzig und allein von der gesamtwirtschaftlichen Lage des Automobilmarktes abhängen, ob Unternehmen erfolgreich sind oder nicht. Worin besteht also die Grundlage für Erfolg? Wir sind davon überzeugt, dass die richtige Strategie alles entscheidet.

Strategiekiller Tagesgeschäft

Die richtige Strategie entscheidet alles.

Operative Hektik sorgt in vielen Unternehmen dafür, dass die Mannschaft die Unternehmensstrategie aus den Augen verliert und im Tagesgeschäft versinkt. Jede Möglichkeit, Geschäfte zu machen, wird wahrgenommen, nur damit die Zahlen stimmen. Man beschäftigt sich mehr mit internen Prozessen als mit der bestmöglichen Lösung der Kundenprobleme. Doch wer nur am operativen Ergebnis interessiert ist, kann langfristig keine klaren Ziele verfolgen. Gerade in schwierigen Situationen wird eine Strategie häufig als starr und unflexibel empfunden und gar nicht erst als Lösung in Betracht gezogen. Im täglichen Strudel der Erfordernisse bestätigt sich ohnehin jeden Tag wieder der Eindruck, dass nichts mehr planbar ist.

Die Unternehmen der Automobilbranche, die sich in einer derartigen Situation befinden, haben entscheidende Grundregeln missachtet: das Prinzip der Nichtaustauschbarkeit und die Notwendigkeit, einzigartige Kundenkonzepte und -strategien zu entwickeln. Sie haben keine Alleinstellungsmerkmale im Vergleich zu den vielen Wettbewerbern, der Preisdruck ist massiv und aus der Sicht des Kunden sind Unternehmen und Produkte austauschbar. Ein Teufelskreis.

Auf welcher Seite wollen Sie stehen: bei den Gewinnern oder bei den Unternehmen der Automobilbranche, die austauschbar sind? Die Antwort ist klar. Unser Tipp: Vergessen Sie Unternehmensstrategien und entwickeln Sie die passende Kundenstrategie. Es gibt dafür ein Konzept, das für jedes Geschäft anwendbar und dauerhaft erfolgreich ist. Dieses Konzept wurde von Edgar K. Geffroy permanent weiterentwickelt und gemeinsam mit den Autoren dieses Buches zur neuen Automotive-Clienting-Kundenstrategie ausgebaut, um den Unternehmen der Automobilbranche neue Chancen im Verdrängungsmarkt aufzuzeigen.

Wenn wir heute Bilanz ziehen, schauen wir auf viele erfolgreiche Unternehmen und ihre Projekte im hart umkämpften Automobilmarkt zurück, die strategisch bewusst oder unbewusst das Automotive-Clienting-Konzept umsetzen.

Schnell mag da die Frage aufkommen, warum nicht jeder Marktteilnehmer diese Strategie bereits anwendet. Die Antwort ist einfach: Wer nicht glaubt, dass es leicht sein kann, fängt gar nicht erst an. Wer nicht weiß, dass es eine wirkungsvolle Strategie gibt, erhält keinen Impuls. Wer die Strategie kennt, sie aber nicht konsequent umsetzt, kommt nicht zum Ziel. Auch uns ist das einige Male passiert – und jedes Mal haben wir Lehrgeld zahlen müssen.

Strategieprozess für mehr Kundenerfolg

Lassen Sie uns also gemeinsam eine innovative Kundenstrategie für den Automobilmarkt entwickeln, mit der Sie Ihren eigenen Markt machen können. Zu Beginn Ihres Strategieprozesses empfehlen wir Ihnen, sich ein oder zwei Tage Zeit zu nehmen – gemeinsam mit Mitarbeitern, Kunden sowohl aus dem privaten als auch aus dem gewerblichen Bereich und externen Experten. Das Ergebnis sollte immer eine schriftlich formulierte Strategie sein. Beachten Sie dabei, dass Ihr Konzept langfristig ausgerichtet ist. Damit ist mindestens ein Fünfjahreszeitraum gemeint. Die Erfahrung zeigt, dass es eine sogenannte 1000-Tage-Regel gibt: Dieser Zeitraum ist in etwa nötig, um die neue Strategie in den Köpfen Ihrer Mitarbeiter und Kunden zu verankern. Unsere Erfahrungen zeigen immer wieder: Erstens dauert es länger, als man denkt, und zweitens läuft nichts von allein. Doch wenn Sie durchhalten, ist Ihnen der Erfolg gewiss. Das zeigt unsere Erfahrung mit Hunderten Coachings.

Wir sind davon überzeugt, dass die Automotive-Clienting-Kundenstrategie eine Formel ist, mit der jedes Unternehmen seine Kunden glücklicher und erfolgreicher machen kann. Sie können den Kunden nicht neu erfinden, aber Sie können in seinem Kopf einen neuen Wert schaffen. Ganz gleich, wie lange Sie schon am Markt sind oder welche Größe Ihr Unternehmen hat.

Im Entwicklungsprozess der Automotive-Clienting-Kundenstrategie haben uns verschiedene andere Strategieansätze begleitet, auf die wir aufbauen konnten. Ganz vorn dabei ist die engpasskonzentrierte Strategie, die uns immer wieder inspiriert hat, neue Wege zu gehen.

Engpasskonzentrierte Strategie für die Automobilbranche

Die engpasskonzentrierte Strategie (EKS) wurde von Wolfgang Mewes begründet, ist als Markenzeichen geschützt und wurde von 1971 bis 1989 als Fernlehrwerk herausgegeben. Die EKS zielt darauf ab, alle vorhandenen Kräfte zu bündeln und für den Nutzen der Zielgruppen des Unternehmens einzusetzen. Die eigene Gewinnoptimierung erfolgt über den Zielgruppennutzen.

Auch die Blue-Ocean-Strategie ist inspirierend. Sie ist bildlich zu verstehen und meint, dass Sie allein im großen Ozean der Marktmöglichkeiten schwimmen.

So wie Steve Jobs, der zu Beginn der PC-Ära erkannte, dass es Menschen gibt, die einen Computer einfach nur nutzen wollten, statt ihn erst einmal studieren zu müssen. Einfachheit war seine zentrale Erkenntnis. Sie ist bis heute eine zentrale Konstante des Apple-Erfolgs und muss auch in Zukunft nicht geändert werden. Auch Nespresso erkannte einen klaren Trend: Die Menschen wollen zu Hause ihren eigenen Kaffee trinken. Das Apple-Beispiel macht deutlich, wie wichtig es sein kann, ein wesentliches Motiv seiner Kunden zu entschlüsseln. Die Nespresso-Story zeigt, wie man einen Trend für sich nutzen kann.

Blue-Ocean-Strategie

Der Begriff geht auf die Buchautoren W. Chan Kim und Renée Mauborgne zurück. Der Ozean steht für einen Markt oder Industriezweig. Ein Unternehmen schwimmt im »blauen Ozean«, wenn es keinerlei Wettbewerb hat, und im »roten Ozean«, wenn es auf einem Spielfeld agiert, wo es Wettbewerb gibt und sich die Wettbewerber wie in einem Haifischbecken gegenseitig zerfleischen. Die Blue-Ocean-Strategie zeigt, dass es möglich ist, sich nicht am Wettbewerb zu orientieren, sondern durch innovative Wege einen eigenen Markt zu kreieren, in dem Sie der einzige Spieler sind.

Während im ersten strategischen Ansatz das Schlüsselwort »Engpass« eine wichtige Rolle spielt, spricht man bei der Blue-Ocean-Strategie von einer sogenannten Nutzeninnovation. Bei beiden Strategien spielt die Größe des Unternehmens keine Rolle, wichtig ist nur der Grundgedanke »Besser der Erste im Dorf als irgendeiner in der Stadt«. Sie können auch der Erste sein, der etwas entdeckt hat und davon überzeugt ist, dass es für Kunden einen entscheidenden Vorteil bietet.

Der Kunde im Mittelpunkt

Bei den Strategien, die uns auf unserem Weg begleitet und inspiriert haben, fehlte uns immer etwas. Denn wenn wir eine Kundenstrategie in den Mittelpunkt des Unternehmens stellen wollen, müssen wir zunächst grundlegende Fragen beantworten.

1. Wollen Sie einen Markt decken oder wollen Sie einen Markt wecken? Beides wird möglich sein. Entscheidend ist, ob Sie in

der Lage sein werden, die Grundregeln Ihrer Kundenwelt zu ändern.

2. Was ist zurzeit üblich in Ihrem Kundenmarkt und wie wollen Sie damit umgehen? Reihen Sie sich ein oder gehen Sie andere Wege?

In der Regel wird heute immer noch über Produktmärkte und den Verkauf von Produkten und Dienstleistungen gesprochen. Beides wird kontinuierlich verbessert und dem Kunden immer wieder angeboten. Als die von Ihnen vertretene Marke an den Start gegangen ist, war sie neu und Ihr Unternehmen vielleicht das Erste, das die Produkte und Dienstleistungen angeboten hat. Bis eines Tages immer mehr Wettbewerber auftauchten. Die Vergleichbarkeit von Automobilen oder Ersatzteilen und des dazugehörenden Service ist immer größer geworden. In den letzten zehn Jahren können wir kein substanzielles Wachstum mehr feststellen. Jetzt beginnt der Überlebenskampf im »roten Ozean«. Sie landen in der Preis- und Rabattschlacht und verlieren den Kunden, weil Sie austauschbar geworden sind. Wenn Sie nun keinen speziellen Service oder ein anderes Add-on haben, das sich von anderen im Markt signifikant unterscheidet, färbt der rote Ozean schnell auf die Unternehmenszahlen ab. Wann genau die rote Phase eintritt, können Sie nicht wissen – aber Sie wissen im Vorfeld, dass es diese Phase irgendwann einmal geben wird.

Aktuell nehmen wir wahr, dass sich viele Unternehmen in der Automobilbranche bereits heute in der roten Phase befinden. Noch läuft der Absatz von Neu- und Gebrauchtwagen und das After-Sales-Geschäft in Deutschland auf relativ hohem Niveau. Doch schon verschieben sich die Absatzkanäle zugunsten des Onlinehandels und neuer Dienstleister. Die professionellen Marktteilnehmer im Automobilverkauf, Autohäuser und freie Händler, investieren in neue Ausstellungsflächen und Glaspaläste und erwarten, dass die Interessenten nach der Informationsphase im Internet den Kaufabschluss bei ihnen tätigen. Im After-Sales-Bereich gibt es jedoch erstmals nach

Jahrzehnten des Wachstums eine Stagnation beziehungsweise sogar ein Rückgang, der den Wettbewerb der freien Systemwerkstätten mit den Vertragswerkstätten noch deutlicher macht. Dadurch werden die Märkte für den Einzelnen kleiner, dann geht es in die heiße Phase.

Die Automotive-Clienting-Kundenstrategie hat einen grundsätzlich anderen Ansatz. Sie stellt den Kunden in den Mittelpunkt, nicht das Produkt. Produkte kommen und gehen, die Kunden bleiben. Die Grundsatzfrage ist: Worauf kann eine Strategie aufbauen, die dauerhaft gültig sein soll? Mit Sicherheit nicht auf den Produkten. Das zeigt auch die in den 1980er-Jahren besonders von Konzernen umgesetzte Wettbewerbsstrategie nach Michael Porter. Sie hat schnell ihren Wert verloren. Was nützt es, wenn sich die Wettbewerber gegenseitig beobachten und dann plötzlich jemand aus einer ganz anderen Welt auftaucht? Der Buchmarkt oder Kaufhauskonzerne wie Karstadt waren schlichtweg nicht vorbereitet auf den Angriff der neuen Wettbewerber aus dem Internet.

Schritt 1: Kundengruppe identifizieren

Nehmen Sie ein Blatt Papier und zeichnen Sie ein Quadrat darauf. Verbinden Sie mit zwei Strichen die jeweils gegenüberliegenden Ecken, sodass Sie ein Kreuz und vier Dreiecke sehen. Schreiben Sie das Wort »Kunde« in das obere Dreieck. Denn der erste Schritt einer systematischen Kundenstrategie ist es zu definieren, wer jetzt und in Zukunft Ihre Kunden sind, und herauszufinden, welche besonderen Interessen sie haben. Es geht dabei nicht darum, eine Zielgruppenbestimmung mit Alter, Einkommen und Familienstand vorzunehmen, sondern darum, was Ihre Kunden bewegt.

Finden Sie heraus, wer Ihre Kunden sind und welche besonderen Interessen sie haben!

Der Unterschied zwischen einer Interessengruppe und einer Zielgruppe ist am Beispiel eines Fußballspiels schnell erklärt. Nehmen wir einmal Bayern München: Im Stadion finden Sie begeisterte Bayern-Fans, die aus allen sozialen Schichten kommen – vom Vorstandsvorsitzenden eines Konzerns bis zum Hartz-IV-Empfänger, sie alle verbindet das *Interesse*, Bayern München siegen zu sehen.

Fragen Sie sich nun: Woran sind Ihre Kunden interessiert? Wie können Sie das auf den Punkt bringen? Wenn Sie nicht auf Anhieb Antworten finden, ist das nicht tragisch. Das liegt einfach daran, dass Sie sich bisher solche Fragen nicht gestellt haben. Nehmen Sie sich Zeit und setzen Sie sich intensiv mit Ihren Kunden und deren Interessen auseinander. Der einfachste Weg ist, Ihre Kunden einzuladen. Es reichen im ersten Schritt vier oder fünf Kunden, mit denen Sie in einen Dialog einsteigen. Jenseits der aktuellen Produktpolitik gibt es spannende Details zu erfahren. Kundenwissen ist bedeutender als Produktwissen, auch wenn es manchem Ingenieur wehtun wird. Produktwissen ist zukaufbar, Kundenwissen ist nur im Dialog erlernbar.

Schritt 2: Die Kittelbrennfaktoren

Wenn Sie wissen, wer Ihre Kunden sind und welche Interessen sie haben, dann ist der nächste Schritt einfach. Welches sind die Kittelbrennfaktoren Ihrer Kunden? Ja, Sie haben richtig gelesen: Kittelbrennfaktoren. Ihre Kunden haben bestimmte Probleme, Bereiche, in denen ihnen der Kittel brennt. Wenn es Ihnen gelingt, etwas zu bieten, das dieses aktuelle Problem Ihrer Kunden lösen kann, bleiben Sie interessant. Wenn Sie nur Produkte und Dienstleistungen anbieten, die zwar nett sind, die Ihre Kunden aber nicht brauchen, sind Sie uninteressant.

Kennen Sie die Kittelbrennfaktoren, können Sie jederzeit dafür sorgen, für den Kunden spannend zu bleiben und unersetzlich, nicht austauschbar zu werden. Es gibt drei wesentliche Fragen, die Sie stellen können:

- Welches ist das Kernproblem unter dem aktuell brennenden Problem Ihres Kunden?
- Welches ist das höchste Motiv, das Ihren Kunden antreiben könnte, etwas zu tun?
- Welches ist der schönste Traum, den Ihr Kunde träumt?

Finden Sie heraus, welche Probleme, Motive und Träume Ihre Kunden haben. Die Erfahrungen aus unseren Strategiecoachings zeigen immer wieder, dass genau diese Aspekte entscheidend sind – bisher jedoch kaum beachtet wurden.

Probleme, Motive und Träume offenbaren die entscheidenden Kittelbrennfaktoren ihrer Kunden.

Schritt 3: Einzigartige Kundenlösung

Wenn Sie die Kittelbrennfaktoren Ihrer Kunden herausgearbeitet haben, dann wissen Sie höchstwahrscheinlich bereits mehr über die Welt Ihrer Kunden als der Wettbewerb. Zeit für Schritt 3: Wie sieht Ihre einzigartige Kundenlösung aus? Was können Sie aus einem Produkt beziehungsweise einer Dienstleistung und einem Trend so kombinieren, dass etwas Neues entsteht? Jetzt sind Sie gefragt, mit einer innovativen Lösung Ihre Kunden zu begeistern.

Das Schlüsselwort heißt Nutzeninnovation.

Dabei spielt es keine Rolle, ob diese Idee bereits in einer anderen Branche erfolgreich eingesetzt wird. Entscheidend ist, dass sie für Ihre Kunden neu ist. Hier kommt noch einmal die Blue-Ocean-Strategie zum Tragen. Das Schlüsselwort heißt Nutzeninnovation. Sie müssen etwas finden, das aus der Perspektive der Kunden als eindeutig neu und innovativ eingestuft wird. Beispielsweise setzte Apple als erstes Unternehmen die Maustechnologie ein. Entwickelt wurde sie zwar vom Xerox-Institut, Apple konnte die Lizenz jedoch günstig erwerben.

Der Carsharing-Anbieter Car2Go zum Beispiel hat den Kundenwunsch nach Mobilität neu definiert und bietet in verschiedenen Innenstädten Europas »Autos zum Mitnehmen« an. Im Unterschied zur klassischen Autovermietung kann man bei Car2Go im Stadtbereich geparkte Fahrzeuge minutengenau nutzen und bezahlen. Auch die Strategie von brands4friends, Markenware bis zu 70 Prozent günstiger anzubieten, war neu. Doch hier zeigt die inzwischen große Konkurrenz, dass es grundsätzlich nicht zu empfehlen ist, außschließlich auf Preisstrategien zu setzen, da sie die höchsten Risiken bergen.

Unsere Erfahrungen zeigen, dass Sie immer die Möglichkeit haben, eine innovative Kundenstrategie aufzubauen. Sollte diese sich Ihnen nicht sofort erschließen, nehmen Sie sich die Zeit, noch intensiver nach Lücken in der Welt Ihrer Kunden zu suchen. Es gibt immer eine Idee, die den Kunden noch besser dort abholt, wo er gerade steht. Es lohnt sich – denn das, was fehlt, aber gebraucht wird, ergibt die besten Wachstumschancen. Am meisten Geld verdienen Sie da, wo Sie die Bedarfslücke im Kopf Ihrer Kunden schließen.

Schritt 4: Partnerschaften bilden

Partnerschaften sind der Schlüssel zu dauerhaftem Erfolg. Konzentration ist die Kür.

Sie kennen Ihre Interessengruppe, deren Kittelbrennfaktoren und welche innovative Lösung Sie schaffen wollen. Jetzt geht es an die Umsetzung. Suchen Sie dafür Expertenrat. Finden Sie Partner und schaffen Sie Kooperationen und Netzwerke, die Ihnen an der Schnittstelle zum Kunden die Tür öffnen können. Partnerschaften sind der Schlüssel zu dauerhaftem Erfolg.

Die Systematik der Automotive-Clienting-Kundenstrategie ist klar und lässt sich schnell erklären. Die Herausforderung liegt darin, sie einzigartig umzusetzen. Wenn Sie jetzt noch einen weiteren Baustein berücksichtigen, sind Sie in der Lage, mit Ihren Kunden neue Wege zu gehen. Es geht um Konzentration – eines der wichtigsten Gesetze der Natur: Die Natur verschwendet keine Energien, sondern fokussiert sich. Und genau das können Sie auf Ihr Geschäft übertragen. Alle erfolgreichen Geschäftsmodelle haben ein klar ausformuliertes und deutlich erkennbares Kerngeschäft, auf das sich alle Energien richten. So können Sie Ihre Kundenstrategie konsequent und konzentriert umsetzen.

Auf den Punkt

- Grundlage für den Erfolg eines Unternehmens ist die richtige Strategie.
- Das operative Tagesgeschäft ist der Strategiekiller Nummer eins.
- Unternehmensstrategien sind out. Heute brauchen Sie eine Kundenstrategie.
- Produkte kommen und gehen. Kunden bleiben.
- Die vier Eckpunkte der Automotive-Clienting-Kundenstrategie: 1. Kundengruppe & Interessen – 2. Kittelbrennfaktoren – 3. Kundenlösung – 4. Partnerschaften.
- Konzentration ist ein wichtiges Gesetz der Natur. Und die Natur verschwendet keine Energie, sondern fokussiert sich.

Zum Nachdenken: »Nur drei Prozent aller Menschen schreiben ihre Ziele auf, die anderen 97 Prozent arbeiten für diese Menschen.«

6. Erster im Kopf des Kunden

»Vordenker sind Nachdenker.« *Georg-Wilhelm Exler*

In unseren Gesprächen mit den Marktteilnehmern stand immer wieder die Frage im Mittelpunkt: Wie erreichen wir unsere Kunden bei ihrer Nachfrage nach Serviceleistungen, nach Hilfestellung bei Unfall und Panne und beim Neu- und Gebrauchtwagenkauf? Viele Kunden wechseln ihre Werkstatt beziehungsweise ihren Händler aus völlig unterschiedlichen Motiven. Oft geht der Kontakt schon nach zwölf Monaten verloren. Verlängerte Wartungsintervalle und deutlich verbesserte Qualität führen zu ständig verringerten Touchpoints. Umso wichtiger ist es, bei allen Nachfragen Erster im Kopf des Kunden zu sein. Für die Betriebe der Automobilbranche geht es nicht um online oder offline, sondern um ein neues Verständnis des Geschäftsmodells. Die Digitalisierung macht das nur sichtbar. Die Digitalisierung erleichtert Zugänge. Sie hilft, ein Bewusstsein für Vielfalt und individuelle Angebote zu schaffen. Aber sie ist nicht der Zugang.

Wir müssen heute zur Kenntnis nehmen, dass der anspruchsvolle Autofahrer der »aktive Gestalter der Wertschöpfungskette« geworden ist. Die Notwendigkeit für Veränderungen im automobilen Kundenbeziehungsmanagement wirkt aus unterschiedlichen Richtungen. Ganz vorne steht die Marktsättigung im Neu-, Gebrauchtwagen- und Servicebereich. Dies ist mit Bedarfsdeckung gleichzusetzen. Deshalb unser Credo: Bedarfe wecken! Das erfordert von allen Mitarbeitern am Point of Sale aktives Verkaufen, situative und klare Kommunikation und gelebte Emotion. Und zwar im Detail.

Der anspruchsvolle Autofahrer ist der aktive Gestalter der Wertschöpfungskette geworden.

Wer Erster im Kopf seiner Kunden sein will, braucht eine starke Marke mit emotionalem Dienstleistungsnutzen. Um die Entscheidung des Autofahrers nicht allein auf die Fahrzeuge zu reduzieren und der preislichen Vergleichbarkeit zu unterliegen, muss die Marke jeweils vor Ort gelebt werden. Aha-Erlebnisse steigern die Chance, die Autofahrer dauerhaft zu gewinnen, und helfen den Betrieben, als Gewinner aus der digitalen Transformation hervorzugehen. Das Denken in Kundensegmenten ist Vergangenheit, heute ist die persönliche Ansprache des Einzelnen angesagt. Die Betriebe der Automobilbranche sollten sich durch Individualisierung und Personalisierung weiterentwickeln und damit zum lebenslangen Mobilitätsbegleiter ihrer Kunden werden.

Es geht hier auch um viel Geld. Man liest immer wieder, was ein Autofahrer in seinem automobilen Leben ausgibt, es werden Zahlen zwischen 200 000 und 400 000 Euro ohne Treibstoff genannt. Wir haben diese Werte noch nicht im Detail analysiert. Aber bei einer anzunehmenden Autofahrerkarriere von 55 Jahren wären das knapp 5500 Euro pro Jahr. Umgerechnet auf den Monat circa 454 Euro. Durchaus realistisch, wenn man den Fahrzeugkauf auf die einzelnen Monate umlegt. Hier entstehen durchaus Begehrlichkeiten, von diesem Kuchen möglichst viel abzubekommen und den Autofahrer umfassend in allen Bereichen an sich zu binden. Auf jeden Fall gilt: Maßgeschneiderte Dienstleistungsangebote und personalisierte Serviceangebote anstelle von preisgetriebenen und kurzzeitorientiertem Massengeschäft.

Wege in den Kopf des Kunden

Wie eine mittelständische Autohausgruppe in Brandenburg ihre Kunden erreicht, zeigt der Inhaber Frank Motejat: Bei seiner Autohausgruppe steht der Mitarbeiter im Mittelpunkt. Es wird viel Wert auf erstklassige und kontinuierliche Schulung gelegt und aus normalen Verkäufern sollen gute, aus guten sollen sehr gute gemacht werden. Außergewöhnlich persönlich: Die Mitarbeiter kennen die Wünsche der Kunden und wissen, wie sie sie ansprechen sollen. Alle Mitarbeiter halten ständig, mindestens zweimal im Jahr, Kontakt zu ihren Kunden.

Kürzlich konnten wir lesen, dass das Autohaus Saxe in Leipzig, ein Unternehmen der Wellergruppe, einen Kundenbeirat ins Leben gerufen hat. Einmal pro Quartal werden acht Kunden in den Betrieb geladen, um sich mit der Geschäftsführung auszutauschen. Unserer Meinung nach eine sehr wirkungsvolle Idee. Man zeigt Kundennähe und hat das Ohr am Kunden.

> »Unser Geschäft ist es, mit allen Möglichkeiten dafür zu sorgen, dass unsere Kunden selbst bessere Geschäfte machen.«

Diese Botschaft von Edgar K. Geffroy hat sich bei Bernd Behrens tief verankert und ist die entscheidende Grundlage seiner Beratungsaktivitäten. Gerade auch die Teile- und Nutzfahrzeughändler sowie Servicebetriebe sind gut beraten, diese Aussage in ihre Leitsätze einzubauen und in ihrer täglichen Arbeit anzuwenden.

Werte verändern sich immer wieder aufs Neue, auf Kundenseite genauso wie bei uns selbst. Was wir daraus machen, ist eine Sache der Einstellung. Und der Kunde ist ein guter Spiegel für das, was wir in uns tragen.

Als Edgar K. Geffroy begann, Vorträge zu halten, fragte er oft sein Publikum: »Wer von Ihnen ist Millionär?« Meist meldete sich niemand. Das war seine Chance, direkt die erste Idee zu präsentieren: Er bat alle Teilnehmer, sich zu melden. Denn jeder ist Millionär. Jeder hat seit seiner Geburt mehrere Millionen Nervenzellen in seinem Gehirn. Genau genommen sind es sogar Milliarden. Doch bleiben wir bei den Millionen. Uns ist ein Millionensystem in die Wiege gelegt worden – jeder ist demnach mit dem gleichen Grundrecht auf Erfolg ausgestattet. Kann Sie diese Tatsache motivieren, sofort loszulegen? Denn ehrlich gesagt müssen Sie jetzt durchstarten. Es ist noch alles offen. Sie können zu den Pionieren einer neuen Welt gehören, die gerade erst entsteht. Alles ist noch möglich.

Zu unserem Kundenkreis gehören 25-jährige Unternehmer genauso wie 67-jährige Familienunternehmer, die größten Konzerne Deutschlands einerseits, Einzelkämpfer andererseits. Was ist der gemeinsame Nenner? Sie sind Macher und wollen neue Wege gehen. Und sie haben das Gefühl und eine klare Vorstellungskraft, was es bedeuten kann, mit dem Kunden ganz anders umzugehen. Während wir an den letzten Korrekturen für dieses Buch arbeiten, erreichen uns bereits zwei neue Geschäftsideen.

Mit einer Technologie kann man ein völlig neues Kauferlebnis im Internet vermitteln, das so natürlich ist, dass es einen Einkauf in der klassischen Welt mehr als ersetzen kann, es noch emotionaler und besser sein wird als in einem Shop, wie wir ihn kennen. Es fängt gerade erst an, richtig Spaß zu machen, weil die Technologien jetzt erst in der Lage sind, wirkliche Innovationen umzusetzen. Uns wird jeden Tag bewusster, welches gigantische Chancenpotenzial auf jeden von uns wartet.

Sie müssen also nur den ersten Schritt wagen. Jeder ist für den Erfolg ausgestattet, und somit hat auch jeder das Grundrecht auf Erfolg. Das können Sie zwar ignorieren, aber nicht delegieren. Der Schalter für unsere Zukunftschancen hat nur zwei mögliche Positionen – links oder rechts. Die Mitte für »Abwarten« existiert nicht.

Mit der linken Position entscheiden Sie sich für die logisch-rationale Hirnhälfte mit allem, was dazugehört: Erklärungen, Zweifel und Analysen, warum Ihre Idee bestimmt keine Chance hat und der Markt ohnehin keinen Raum hergibt, weil die Wettbewerber schon längst alle Nischen besetzt haben. Das Ergebnis ist, dass Sie Ihren Erfolg aufgeben, bevor Sie versucht haben, mit Ihrer Idee die Kundenwelt zu verändern. Schalten Sie hingegen auf die rechte Position, ist das die beste Einstellung für Ihren Erfolg. Denn hier sind Intuition und Emotionen zu Hause. Hier finden Sie die kreative Kraft, um neue Kundenideen zu entwickeln. Und hier ist der Himmel die Grenze des Machbaren – der Ort, an dem Sie das Unmögliche denken dürfen und davon träumen können, was es alles noch geben könnte.

Immer wieder entstehen Situationen, in denen Kunden sagen: »Ach, es wäre so schön, wenn es das gäbe!« Wenn Sie Ihre rechte Gehirnhälfte auf Erfolg gepolt haben, hören Sie diese Zwischentöne sofort. Aus solchen Hinweisen entstehen die nächsten großen Geschäftschancen, denn unsere Gedanken haben die Macht, neue Ideen in funktionierende Geschäftschancen umzusetzen. Der Kunde liefert Ihnen zwar keine fertigen Kundenlösungen, aber er signalisiert Ihnen, was am Markt fehlt.

Der digitale Verkäufer

So berichtet Edgar K. Geffroy:

Genau so erging es uns und unserem Team, bevor wir eines unserer erfolgreichsten Produkte entwickelten: das Salesmonial. Bei einem Workshop für Marketing- und Vertriebsleiter baten wir die Teilnehmer darum, einmal jenseits der Normalität zu denken. Die Atmosphäre war hochkreativ. Viele außergewöhnliche Ideen wirbelten durch den Raum. Zum Schluss sagte ein Marketingleiter: »Wir leben heute in einer extrem schnellen Zeit. Jeder Kunde will heute praktisch alles in Echtzeit haben. Man müsste heute ein Produkt innerhalb von 24 Stunden einführen können.«

Der Kunde liefert Ihnen keine fertigen Lösungen, aber er sagt Ihnen, was am Markt fehlt.

Wir alle lachten über diesen Satz, schien uns doch die Realisierung dieser Idee unmöglich zu sein. Doch weit gefehlt. Einen Tag später kam einer meiner Mitarbeiter in mein Büro und sprach mich auf diesen Satz an: Produkteinführung in 24 Stunden. Er hatte weitergedacht und sagte, dass er genau das über das Internet als machbar ansehe. Die Idee war, ein Konzept direkt in ein vermarktungsfähiges Produkt zu verwandeln, um es dem Kunden schnell anbieten zu können.

Wie es der Zufall wollte, ergab sich auf einer Dortmunder Messe ein Gespräch mit einem Versicherungskunden, der ein dringendes Problem hatte. Es ist der Fall, den wir in Kapitel 2 schon beschrieben haben: Der Kunde musste innerhalb von vier Wochen 8000 Verkäufer über ein neues Produkt informieren und schulen, damit es aufgrund der Steuervorteile vor Jahresende verkauft werden konnte. Als ich ihm sagte, dass der Ideenträger für die Lösung seines Problems gerade vor ihm stehe, schmunzelte er und gab mir direkt drei Tage später einen Termin. Mit diesem Auftrag konnten wir unser erstes Salesmonial entwickeln. Heute nennen wir es den »digitalen Verkäufer«, der videobasiert und interaktiv die Topstory eines Produkts rüberbringt. Das ist die wirkliche Kunst und unser Kerngeschäft: die Kreation innovativer Topstorys.

Digitaler Verkäufer

Der digitale Verkäufer ist ein videobasiertes, interaktives und crossmedial einsetzbares Produkt der Geffroy GmbH. Entscheidend ist dabei die »digitale Sales-Story«, die ein Kundengespräch ganz oder teilweise ersetzen kann. So ist der digitale Verkäufer ein neuer Verkäufertyp, der rund um die Uhr Kunden für das Unternehmen gewinnt. Detaillierte Informationen über den digitalen Verkäufer finden Sie im Anhang.

Die Idee kam vom Kunden – daraus ein Produkt zu machen, lag bei uns. Umsetzen konnten wir es nur, weil wir unser Millionensystem richtig gepolt haben. Oft sind es die unsichtbaren Spielregeln, die zu überproportional messbaren Ergebnissen führen. Was ist das kollektive Millionensystem Ihres Unternehmens?

Erfolg ist eine Sache der Einstellung

Ein Satz kann alles verändern. In einem Ägypten-Urlaub besuchte Edgar K. Geffroy das Ägyptische Museum in Kairo. Er war müde an dem Tag, doch mit einem Mal war er hellwach. Die zierliche Reiseführerin hatte etwas gesagt, das die Art und Weise, wie er mit Unternehmen arbeitet, völlig verändern sollte. Sie sagte: »Unsere Pharaonen haben anders gedacht.« Er fragte nach, inwiefern sie anders dachten, und die Reiseführerin antwortete: »Unsere Pharaonen haben gedacht, dass ihr Leben erst mit dem Tod richtig losgeht.« Das Spannende daran ist, dass man bis heute noch nicht weiß, wie die Menschen damals den Bau der Pyramiden von Gizeh zustande brachten. Nicht umsonst gehören die Pyramiden zu den sieben Weltwundern.

Es geht darum, Chancen zu sehen statt Probleme.

Wenn Sie der Erste im Kopf Ihrer Kunden sein wollen, brauchen Sie eine andere Grundeinstellung – so wie die Pharaonen. Es geht darum, die Chancen zu sehen und nicht die Probleme. Es braucht eine andere Reihenfolge der Erfolgsschritte. Die meisten Menschen diskutieren und reden permanent darüber, wie sie bessere Geschäftsergebnisse erzielen können, wie sie mehr Kunden gewinnen können und wie sie ihre Gewinne erhöhen können. Kurz gesagt: In den meisten Firmen geht es um Zahlen, Daten, Fakten.

Natürlich wollen auch wir die Ergebnisse verbessern. Nur setzen wir einen anderen Fokus. Denn wenn wir andere Ergebnisse erreichen wollen, müssen wir zwei Schritte zurückgehen und dort beginnen. Der erste Schritt: Lassen Sie die alten Denkmuster los und denken Sie neu. Denn nur, wenn Sie anders denken, können Sie neue Ideen zulassen – zum Beispiel, dass der individuelle digitale Kunde unsere größte Chance darstellt. Unternehmen müssen lernen, eine Vorstellungskraft zu entwickeln, wie sie Erster werden können. Die Vorstellungen berühmter Gründer – wie etwa Bill Gates von Microsoft, der sich vorstellen konnte, dass es eines Tages auf jedem Schreibtisch einen PC geben würde, oder Jeff Bezos, der sich vorstellen konnte, dass Amazon eines Tages das größte Kaufhaus der Welt sein würde – sind eingetreten. Vergessen wir auch an dieser Stelle nicht den berühmten Henry Ford: »Ich fragte meine Kunden und sie verlangten schnellere Pferde.« Bei vielen Firmen und Privatpersonen sind diese beiden Unternehmen heute Erster im Kopf. Intuition, Wille und Vorstellungskraft – all das sind kaum messbare Größen. Und doch sind diese Größen der Schlüssel für ihre Erfolgseinstellung. Für Unternehmer, die mit Zahlen, Daten und Fakten an ihrer Seite in die Welt der Wirtschaft eingetaucht sind, ist das häufig allerdings erst auf den zweiten oder gar dritten Blick zu erkennen.

Ihr Glaube ist der Schlüssel zum Erfolg.

Vor einiger Zeit begleitete Edgar K. Geffroy ein Unternehmen aus der Finanzbranche und war auch dabei, als es an die Börse ging. In diesem Zusammenhang lernte er bei einer Tagung alle Vorstände kennen. Er beobachtete, wie engagiert und ausgiebig alle Teilnehmer über die Agenda diskutierten, als ob es nichts anderes zu tun gäbe. Bis ihm der Kragen platzte. Er schlug mit der Faust auf den Tisch und sagte in die Ruhe des Raumes hinein: »Wenn wir vor zehn Jahren alle so gedacht hätten, würde es dieses Treffen heute nicht geben.« Für einen Moment war es mucksmäuschenstill. Sein Impuls wirkte und es ging weiter – jetzt auf der Erfolgsspur. Geffroy hatte mit der Aktion für den Switch in den Köpfen gesorgt. Denn Erfolg ist zu über 90 Prozent Einstellungssache.

Doch das wichtigste Schlüsselwort – der zweite Schritt – fehlt noch: der Glaube. Sie müssen daran glauben, dass es möglich ist, anders als alle anderen in der Branche erfolgreich zu werden. Wenn Sie an Ihre Kraft glauben, Erster werden zu können, ergeben sich die Lösungen oft von allein. Erster im Kopf des Kunden zu sein hat viele Dimensionen. Sie können der Erste sein, der mit einer völlig neuen, innovativen Kundenlösung kommt. Oder Sie können Erster im Kopf des Kunden sein, weil Ihre Beziehung zum Kunden so gut ist, dass keiner dazwischenkommt.

»Erfolge entstehen im Kopf. Misserfolge genauso.« Dieser Satz hat sich bei uns fest verankert. Denn die Geheimnisse des Erfolgs sind unsere Fähigkeit zu denken und unsere Kraft, an den Erfolg zu glauben. Wenn Sie diese beiden Schritte gegangen sind, werden Sie automatisch anders handeln und somit auch andere, erfolgreiche Ergebnisse erzielen.

Zu Beginn unserer Arbeit mit Verkäufern und Serviceberatern ist uns immer wieder aufgefallen, dass das Verhältnis zwischen Bewusstsein und Unterbewusstsein falsch eingeschätzt wird. Heute wissen immer mehr Menschen, dass unsere Entscheidungen und unser Handeln nur zu zehn Prozent durch unser Bewusstsein und zu 90 Prozent über unser Unterbewusstsein gesteuert werden.

Auf den Punkt

- Der zentrale Satz im Automotive Clienting: Unser Geschäft ist es, mit allen Möglichkeiten dafür zu sorgen, dass unsere Firmenkunden selbst bessere Geschäfte machen und unsere Privatkunden besser leben.
- Unser Gehirn ist ein Millionensystem. Wer es richtig polt, kann nur gewinnen.
- Auch in gesättigten Märkten gilt es, Chancen statt Probleme zu sehen. Denn Erfolg ist eine Sache der Einstellung.
- Erster Erfolgsschritt: Lassen Sie alte Denkmuster los, damit neue Ideen möglich sind.
- Zweiter Erfolgsschritt: Glauben Sie an Ihren Erfolg.
- Dritter Erfolgsschritt: Schreiben Sie Ihre Ziele auf!
- Richtig argumentieren geht nicht logisch, sondern psychologisch. Denn unser Unterbewusstsein steuert unser Handeln zu 90 Prozent.

Das gilt für Sie genauso wie für Ihre Kunden. Richtig argumentieren geht nicht logisch, sondern psychologisch. Das ist Ihre große Chance, denn jedes Verkaufsgespräch läuft auf zwei Ebenen ab: auf der rationalen und auf der emotionalen Ebene. In jedem Menschen findet immer eine Paralleldiskussion statt. Wenn Sie jemanden loswerden wollen, dann lassen Sie sich irgendeinen Einwand einfallen. Wenn Sie allerdings Erster im Kopf Ihrer Kunden werden wollen, fragen Sie ihn doch einmal, was Sie tun müssten, damit die Zusammenarbeit für beide Seiten noch besser werden kann. Schalten Sie mental auf »Erster«. Vergessen Sie Plan B. Vertrauen Sie Ihrer Intuition. Es wird der Weg zum Kundenerfolg sein.

Richtig argumentieren geht nicht nur logisch, sondern psychologisch.

7. Wer kommt vor dem Kunden?

»In Zukunft bewerben sich die Unternehmer der Branche um Mitarbeiter, nicht umgekehrt!« *Die Autoren*

In Gesprächen mit Entscheidern, Inhabern und Personalverantwortlichen steht eine Frage immer im Mittelpunkt: »Wie finden wir die richtigen Mitarbeiter?«

Der Wettlauf um die Besten ist voll entbrannt. Früher hatte die Kfz-Branche noch Glück, der Beruf des Kfz-Mechanikers oder Mechatronikers stand und steht immer noch ganz oben auf der Wunschliste der jungen Menschen. Aber … durch den demografischen Wandel und die starke Verringerung der Geburtenjahrgänge sinkt die Anzahl der Bewerber dramatisch. Auf der anderen Seite steigen die Zahlen der Hochschulabsolventen stetig. Doch diese erreichen die Hersteller und großen Player, die mittelständischen Unternehmen der Automobilbranche eher nicht. Gleichzeitig steigt die Nachfrage nach qualifiziertem und gut ausgebildetem Personal immer mehr, und die auf den Kopf gestellte Alterspyramide spitzt die Situation weiter zu. Der Bundesverband mittelständischer Wirtschaft warnt: Künftig werden Firmen schließen, weil es keine geeigneten Nachfolger mehr gibt. Auch die flächendeckende Versorgung mit bestimmten Berufsgruppen ist in Gefahr.

Nehmen wir nur als Beispiel die Regionen mit attraktiven Arbeitgebern aus der Automobil- oder Zulieferindustrie. Ein mittelständischer Händler oder eine Werkstatt kann mit den Tarifen der IG Metall nicht im Entferntesten mithalten und geht bei der Suche nach qualifiziertem Personal oft leer aus. So wurde Gerd Heinemann auf einer Motorradmesse vom Inhaber eines erfolgreichen Motorradbetriebs gefragt, wie er denn an Mechaniker komme. Er habe schon alles versucht, zahle weit über Handwerkstarif. Alles umsonst. Auch Aktivitäten auf Facebook waren nicht von Erfolg gekrönt. Hier spontan eine Antwort zu finden, war schwer. Liegt es an der abnehmenden Bedeutung des Themas Motorrad, am Image des Handwerks oder einfach an der Strahlkraft der Großunternehmen? Vermutlich ist es ein Mix aus allem, der den handwerklich orientierten Unternehmen nur schlechte Chancen lässt. So konnte Gerd Heinemann zu diesem Zeitpunkt nur die Empfehlung aussprechen, das Unternehmen zielgruppengerecht nach außen zu präsentieren, die Emotionalität des Themas herauszustellen und die aktuellen Mitarbeiter des eigenen Unternehmens als Botschafter zu verpflichten. Das dauert einige Zeit, der Erfolg wird sich aber dann einstellen, denn die jungen Motorradinteressenten sind noch da. Weitere Tipps, dieses Problem zu lösen, lesen Sie nachfolgend, diese hatte Gerd Heinemann seinerzeit auf der Messe aber leider noch nicht präsent.

In Zukunft müssen sich Firmen um Mitarbeiter bewerben, nicht umgekehrt!

Diese Entwicklung hat dramatische Folgen, in vielen Unternehmen fehlt das Fachpersonal, das die immer komplexere Technik der heutigen und zukünftigen Fahrzeuggeneration souverän beherrscht. Besorgniserregend ist aber noch etwas anderes: Bis auf wenige Ausnahmen haben Firmen der Automobilbranche bisher diesen Wandel verschlafen. Dabei sind sie von dem Umschwung unmittelbar betroffen. In Zukunft müssen nämlich sie sich um ihre Mitarbeiter bewerben, nicht umgekehrt!

Firmen sollten deshalb neue Prioritäten setzen, sich auf das Phänomen einstellen – unabhängig davon, ob sie nun neue Mitarbeiter gewinnen oder alte halten müssen. Die Firma Hahn Automobile in Fellbach geht mit gutem Beispiel voran. Die Auszubildenden gehen sofort nach ihrer Abschlussprüfung auf die Suche nach neuen Startern, in die Schulen, in die Szene und Vereine. Sie können mehr als andere ihre positive Erfahrung rüberbringen. Heute kann sich der qualifizierte Mitarbeiter das Unternehmen nach seinen Kriterien aussuchen – und ist nicht mehr der Bewerber oder gar Bittsteller. Darum müssen Unternehmen verstehen, wie sie sich in Zukunft verkaufen. Überhaupt müssen sie dies neu lernen. Schließlich haben sich Personalabteilungen mit dieser Frage noch nie auseinandergesetzt. Bisher galt ja die Devise: Der potenzielle Mitarbeiter hat ein Anliegen und die Firma die Macht. Plötzlich stehen Unternehmer auf der anderen Seite. Wahnsinn!

Die Generation Y arbeitet anders

Wenn Sie diese Entwicklung so spannend finden wie wir, empfehlen wir Ihnen: Schauen Sie sich Studien zur Generation Y an. Gemeint sind damit die heute 25- bis 30-Jährigen. Sie werden feststellen: Diese Gruppe setzt deutlich andere Prioritäten als frühere Generationen. Geld war noch nie wirklich die Hauptmotivation. Jetzt ist der schnöde Mammon nur noch ein sogenannter Hygienefaktor. Mit anderen Worten: eine Grundvoraussetzung.

Generation Y

Als Generation Y (kurz: Gen Y) bezeichnen Soziologen den Teil der Bevölkerung, dessen Mitglieder zwischen 1990 und 2010 zu den Teenagern zählten. Gelegentlich wird diese Generation auch Millennials (auf Deutsch: die Jahrtausender) genannt. Sie gilt als Nachfolgegeneration der Babyboomer und der Generation X. Y wird auf Englisch Why (»Warum?«) ausgesprochen. Dies verweist auch auf ein charakteristisches Merkmal der Generation Y: das Hinterfragen.

Größeren Wert legt die Generation Y auf die persönliche Entwicklung. Die neuen Mitarbeiter wollen im Team aktiv sein. Die Welt der Automobile ist immer noch attraktiv, aber sie schauen sich die

Betriebe genauer an – vor allem ihre Werte: Wie wichtig sind dort Kollegialität und Teamarbeit? Deshalb sollte auf der Homepage eines zukunftsorientierten Unternehmens heute sofort deutlich werden, warum es attraktiv für seine Mitarbeiter ist, was es anders macht als die Wettbewerber und warum es sich lohnen würde, hier zu arbeiten.

Die Generation Y achtet also auf Werte, auf Anerkennung für die eigene Arbeit, auf eine gute Work-Life-Balance. Deshalb hat sie auch häufiger Probleme mit Chefs, die noch ganz anders denken. Ganz egal, aus welcher Generation Sie selbst stammen, Sie wissen: Wenn Mitarbeiter nicht motiviert sind, gibt es auch keine zufriedenen Kunden.

Wenn Mitarbeiter nicht motiviert und von der Firmenleitung inspiriert sind, gibt es keine zufriedenen Kunden.

Deshalb kommt der Kunde erst an zweiter Stelle. An erster Stelle steht der inspirierte Mitarbeiter! Und: Die Spielregeln des Automotive Clienting müssen demnach ebenso für Mitarbeiter gelten.

Mitarbeiter in den Mittelpunkt!

Ohne engagierte Mitarbeiter wird der Kunde nie zur Herzenssache! Die Motivation der Angestellten ist die Voraussetzung für begeisterte Kunden. Der Vorteil des gesamten Konzepts: Ich stelle Menschen in den Mittelpunkt, drinnen wie draußen. Das gilt übrigens auch für den Umgang mit Partnern an der Schnittstelle zum Kunden.

Die große Bedeutung von zufriedenen Kunden ist längst in aller Munde und gehört in der wettbewerbsintensiven Automobilbranche zum Standard. Trotzdem gibt es bei den Marktteilnehmern immer noch große Unterschiede und enorme Defizite. Kürzlich rief uns ein namhafter Importeur an und bat um einen Termin. Der Grund: Kundenzufriedenheitsstudien hätten ergeben, dass der Index gerade einmal bei 70 Prozent im Durchschnitt des Vertriebsnetzes lag. Das ist sicher verbesserungswürdig. Welche Faktoren beeinflussen diesen Wert am meisten? Eine firmeninterne Studie unseres Kunden hat gezeigt: Vergleichbare Produkte, vergleichbare Kunden und vergleichbare Märkte erzielten unterschiedliche Geschäftsergebnisse. Mit Mystery Shopping und anschließender Analyse der Ergebnisse konnten wir die Probleme identifizieren und durch gezieltes Coaching der Mitarbeiter bei den Schwachperformern wieder eine positive Entwicklung einleiten.

Doch schon in den 1990er-Jahren zeigten Vergleichsstudien, dass eine höhere Kundenzufriedenheit nicht automatisch eine höhere Profitabilität nach sich zieht. Zuerst kommt nämlich die Mitarbeiterzufriedenheit, dann die Kundenzufriedenheit und erst an dritter Stelle eine steigende Profitabilität. Anders ausgedrückt: Zufriedene Mitarbeiter sind das Fundament des Erfolgs. Sie bilden die Basis für die Herzenssache Kunde.

Es gibt einen Trend zum individuellen Kunden. Genauso wichtig aber ist der individuelle Mitarbeiter. Entsprechend müssen Unternehmen Angestellte als eigene Persönlichkeiten behandeln. Diese Forderung widerspricht freilich herkömmlichen Prinzipien der Mitarbeiterführung. Nötig sind deshalb neue Konzepte. Die Graf Hardenberg-Gruppe in Karlsruhe hat das erkannt und durch Einführung von »Vertrauensarbeitszeit« im Werkstattbereich die Leistungsbereitschaft und die Qualitätserbringung gesteigert. Das nutzt allen: den Mitarbeitern, der Firma und den Kunden. Hier zählt der Mensch.

Die Amerikaner sprechen von »Client Leadership«. Der Ansatz ist gut, aber noch nicht radikal genug.

Erlauben Sie uns einen Sprung aus Deutschland über den Atlantik. In den USA gibt es eine parallele Entwicklung. Die Amerikaner sprechen von »Client Leadership«, auf Deutsch: die Führung des Unternehmens aus der Sicht des Kunden. Dieser Ansatz ist gut, aber für unseren Geschmack ist er noch nicht radikal genug. Wir denken, wir müssen die Führung ganz grundlegend verändern. Denn die

Mitarbeiter sind »part of the game«. Über dieses Thema hat Edgar K. Geffroy einmal auch für IBM gesprochen – an einem verrückten Tag.

Ich will Spaß, ich will Spaß!

IBM gilt als Vorreiter, auch beim Thema Mitarbeiterführung. Der Technologiekonzern engagierte Edgar K. Geffroy für einen Vortrag vor Führungskräften. Eine Herausforderung. Er wollte unbedingt etwas Neues sagen. Also entschied er sich für einen Querdenker-Ansatz und suchte Antworten auf die Frage »Wie gelingt die Mitarbeiterführung von morgen?«.

Der Vortrag sollte am 11.11. um 11 Uhr in Mainz beginnen. Kein Scherz! Wenn Sie Karneval-Kenner sind, wissen Sie, was das bedeutet. An diesem Tag, zu dieser Stunde, beginnt die Narrenzeit. Der Veranstaltungsraum befand sich in der Mainzer Kongresshalle. Nebenan feierte die lokale Fastnachtsgesellschaft.

Versetzen Sie sich in die Lage von Edgar K. Geffroy: Er erhebt sich und auf dem Weg zur Bühne kommt ihm ein Einfall. Die Wanduhr zeigt 11.09 Uhr. Er stellt sich hinter das Rednerpult und sagt – nichts. Die Menschen im Publikum schauen sich verwundert an. Ein Teilnehmer ruft: »Schalten Sie das Mikrofon ein!« Edgar K. Geffroy erlebt jetzt die längsten 120 Sekunden auf einer Bühne. Doch es lohnt sich, sein Plan geht auf. Um 11.11 Uhr beginnen im Nebenraum Menschen zu lachen, zu klatschen, Rabatz zu machen.

Als der Lärm etwas abebbt, sagt Edgar K. Geffroy seine ersten Sätze: »Meine sehr verehrten Damen und Herren, ich kann jetzt wieder von der Bühne herunter. Das Führungsmodell der Zukunft haben Sie gerade drüben im Raum nebenan gehört: Spaß! Wenn es Ihnen gelingt, diesen Faktor in Ihre Firma zu integrieren, haben Sie gewonnen!« Selten hat er so verblüffte Gesichter gesehen wie in diesem

Moment. Was hat denn nun eine Karnevalsgesellschaft mit dem mittlerweile zweitwertvollsten Unternehmen der Welt zu tun? Wir meinen: sehr viel.

Überlegen Sie einmal: Was kann ein Unternehmen tun, damit Mitarbeiter nicht nur zur Arbeit kommen, sondern freiwillig länger bleiben und auch am Wochenende Ideen entwickeln? Wie kann es dazu beitragen, dass sie sich bei der Arbeit dermaßen ins Zeug legen? Ganz einfach: Gefragt ist eine neue Form der Führung!

Die Firma als Familie

> »Es gilt, die Bausteine einer erfolgreichen Familie über den Mitarbeiter in das Beziehungsmanagement zu den Kunden zu bringen.« *Frank Isselborg*

Im Führungsseminar eines unserer Kunden entwickelten wir eine Grundidee, die erstaunlich einfach ist: Schreiben Sie einmal auf, wie ein idyllisches Familienleben für Sie aussieht. Auf welche Wörter sind Sie gekommen? Vertrauen, gegenseitige Hilfe, offene Worte, Liebe? Mit genügend Zeit kommen Sie schnell auf über 20 Punkte. Nun schreiben Sie das Wort »Firma« über Ihre Liste. Würden Sie jetzt Wörter herausnehmen oder hinzufügen?

Im Grunde genommen gelten in der Firma die gleichen Spielregeln wie in der Familie.

Als wir diese Übung im Seminar ausprobierten, kamen wir zu dem Schluss: Im Grunde genommen gelten die gleichen Spielregeln der Zusammenarbeit. Bei uns im Unternehmen war damit ein neuer Führungsstil geboren: das »Family Concept«. Sowohl Familien als auch Firmen sollten das Wohl der Menschen im Blick behalten. Was heißt das konkret? Als Vorgesetzter habe ich das Ziel, dafür zu sorgen, dass meine Mitarbeiter selbst erfolgreicher werden. Die Führungskräfte von morgen sind keine Befehlsgeber, sondern Coaches. Sie gehen individuell auf ihre Mitarbeiter ein.

Jeder Mensch ist einzigartig. Dieses Wissen muss künftig im Vordergrund stehen. Es gibt sehr gute Methoden, die persönlichen Motive sowie Ziele eines einzelnen Mitarbeiters zu ermitteln. Als besonders praktikabel erwies sich in jüngster Zeit das Reiss Profile. Es ermöglicht, anhand von 16 Lebensmotiven individuelle Motivationsprofile zu erstellen. Nicht jeder Mensch ist für jede Aufgabe gleichermaßen geeignet. Frau Krause etwa verkauft lieber, als im Büro Kundenordner anzulegen. Herr Schneider motiviert die Produktionshelfer zu Höchstleistungen. Und Frau Bährens animiert Kunden gerne zum Kauf. Im Idealfall verrichtet jeder die Arbeit, die ihm oder ihr am meisten liegt. Wenn jedoch jemand dauerhaft eine Arbeit ausführt, mit der er sich nicht identifizieren kann, schadet er seiner Gesundheit. Ganz abgesehen davon, dass unter diesen Voraussetzungen die vom Unternehmen vorgegebenen Ziele selten erreicht werden. Auch deshalb ist der individuelle Umgang mit den Mitarbeitern so bedeutsam.

Die Führungskräfte von morgen müssen sowohl fordern als auch fördern, das ist wichtiger als Aufstieg und Gehaltserhöhung. Einst galt der Grundsatz »Wer seine Mitarbeiter motivieren will, muss ihnen mehr bezahlen«. In den 1990er-Jahren hat zum Beispiel die Druckerei einer Regionalzeitung in Nordbayern jedem Angestellten 300 D-Mark in die Hand gedrückt – als Dankeschön dafür, dass sie extra am Samstag zur Arbeit erschienen waren. Die Auftragslage war super und das Unternehmen wollte die Liefertermine unbedingt einhalten. In der heutigen wissensbasierten Welt ist Geld jedoch nicht unbedingt der wichtigste Wert. Firmenziele, Respekt und Arbeitsatmosphäre spielen für den Einzelnen eine weitaus bedeutendere Rolle als das Gehalt.

Die Führungskräfte von morgen müssen sowohl fordern als auch fördern.

Glücksforscher bestätigen: Der Mensch ist ein komplexes Wesen. Die Spezies ist nicht über einen Kamm zu scheren. Während sich etwa die Buchhalterin Frau Fischer über eine Gehaltserhöhung freut, weil sie bald mit ihrem Lebenspartner in den Urlaub fliegt, zuckt der

26-jährige Ingenieur bei 150 Euro mehr Einkommen nur mit den Schultern. Ihm wäre es wichtiger, freitags nur für seine Familie da zu sein.

Ein weiterer Aspekt ist ausschlaggebend für Erfolg: Wer heute High Potentials halten will, muss ihre Karrierepläne unterstützen. Viele Unternehmer sehen jedoch in den Berufszielen der Mitarbeiter eine Bedrohung. Dabei könnten sie wie ein Sesam-öffne-Dich für Firmen sein, ihnen die Chance eröffnen, neue Märkte zu erobern. Unternehmen, die das verstehen und verwirklichen, bekommen im Gegenzug motivierte – und treue – Mitarbeiter. Hier greift noch einmal die Erkenntnis von Xerox: Sind die Angestellten zufrieden, erhöht sich der Umsatz automatisch. Firmen, die diese Faktoren ignorieren, existieren bald nur noch auf dem Papier.

Doch der neue Führungsstil beinhaltet noch mehr für uns, unter anderem flexiblere Arbeitszeiten, die Erlaubnis, auch von zu Hause zu arbeiten, und eine an den Einzelnen angepasste Bezahlung. Uns ist bewusst, dass diese Punkte gegen bisherige Regeln verstoßen. Man denke nur an die Regularien der Gewerkschaften. Dennoch können wir uns vorstellen, dass neue Formen der Zusammenarbeit entstehen – wenn sich beide Parteien an einen Tisch setzen. Die Tage der autoritären Chefs sind gezählt. Nur mit einem neuen Führungsstil werden Vorgesetzte adäquat auf die aktuellen Entwicklungen reagieren. »Selbstverantwortung« wird dabei eines der wichtigsten Stichworte für die Gesellschaft von morgen sein.

Seit einiger Zeit ist zu beobachten, dass Burn-out-Fälle dramatisch zunehmen. Einer Studie der IG Metall von 2011 zufolge hat die psychische Belastung am Arbeitsplatz zugenommen. Das Statistische Bundesamt stellt fest: Der Arbeitsstress belastet die Krankenkassen jährlich mit 27 Milliarden Euro. Um diese tickende Zeitbombe zu stoppen, raten Interessengruppen wie die IG Metall zu mehr Prävention. Ein unglückliches Berufsleben wirkt sich auch auf die Gesundheit aus.

Den Trend zur Individualisierung erleben wir auch bei medizinischen Behandlungen. Während Ärzte früher Patienten mit den gleichen Symptomen die gleichen Arzneimittel verschrieben, gibt es künftig für jeden Patienten eine eigene Vorsorge, Diagnose und Behandlung. Dabei wird nicht nur die Verträglichkeit der verordneten Medikamente berücksichtigt, sondern auch die DNA-Sequenzierung des Patienten. So lässt sich anhand von DNA-Bausteinen sofort erkennen, wie etwa ein bestimmtes Eiweiß seine Funktion verändert, sobald ein Medikament seine Wirkung entfaltet. Nebenwirkungen können so noch gezielter vermieden werden. Diese neuen Diagnostikmöglichkeiten sind schon erschlossen. Deren flächendeckende Umsetzung ist nur eine Frage der Zeit. Aber der Trend zeigt bereits heute klar in diese Richtung. So differenziert arbeitet die individualisierte Medizin.

Was hat all dies mit dem Mitarbeiter zu tun? Nun, er wird künftig stärker dafür Sorge tragen, das Berufsleben mit seiner Gesundheit in Einklang zu bringen. Auch die Wirtschaft wird darauf reagieren müssen. Die McKinsey-Studie »Women Matter« aus dem Jahr 2012 zeigt: Viele große Unternehmen sind bemüht, besonders für Frauen flexible Arbeitszeitmodelle anzubieten, etwa indem eine frischgebackene Mutter die Arbeit nach der Elternzeit auch von zu Hause aus erledigen kann. Laut der Wirtschaftszeitung *Handelsblatt* setzt immerhin schon mehr als ein Drittel der mittelständischen Unternehmen diese Modelle um. Dazu zählen auch die Homeoffice-Lösungen. Im Augenblick sind solche Arbeitszeitmodelle bei den über 45-Jährigen sehr gefragt. Junge Menschen dagegen bevorzugen noch den Weg ins Büro, weil sie vor Ort Berufserfahrungen sammeln wollen. Aber ich bin überzeugt: In Zukunft wird auch die junge Generation flexible Arbeitszeitmodelle in Anspruch nehmen.

Der Mitarbeiter wird künftig stärker dafür Sorge tragen, sein Berufsleben mit seiner Gesundheit in Einklang zu bringen.

Haben Sie schon einmal darüber nachgedacht, wie sehr die Wohlfühlatmosphäre am Arbeitsplatz die Motivation von Mitarbeitern beeinflusst? Unternehmen, die überleben wollen, müssen jetzt umdenken und Erfolg neu definieren. Denn: Nur zufriedene Mitarbeiter sorgen für zufriedene Kunden. Kümmern Sie sich deshalb erst um Ihre Mitarbeiter, dann um Ihre Kunden. Erst kommt der Mensch, dann das Geschäft.

Wohlfühlfaktor Arbeitsplatz

Auf den Punkt

- Es fehlen nicht die Kunden, sondern die beziehungsfähigen Mitarbeiter als Botschafter.
- In Zukunft bewerben sich Unternehmer der Branche um Mitarbeiter, nicht umgekehrt!
- Das »Family Concept« ist ein neuer Führungsstil.
- Die Führungskräfte von morgen sind Coaches.
- Wer seine High Potentials halten will, muss ihre Karrierepläne unterstützen.
- Erst kommt der Mensch, dann das Geschäft.

8. Triumph des Individuums

> »Ein Produkt erzeugt nicht die Individualität, sondern hilft dem Einzelnen, seine Individualität zum Ausdruck zu bringen.« *Frank Isselborg*

Kunden kaufen Produkte. Glauben Sie das wirklich? Unsere Erfahrung zeigt etwas ganz anderes. Nämlich dass immer mehr Autofahrer Geld dafür ausgeben, ihre Fahrzeuge zu individualisieren, statt fertig konfigurierte Autos zu kaufen. Das gilt für den gesamten Lebenszyklus eines Automobils. So wird der Wagen durch nachträglich gekauftes Zubehör von seinem jeweiligen Nutzer zu »seinem« persönlichen Fahrzeug gestaltet. Die Kunden sind dabei immer kreativer geworden. Sie investieren viel Geld und erwarten von den Marktanbietern neben guter Beratung hohe Qualität bei der Montage. Auch beim Autoservice, der Wartung, verlangen sie Angebote nach ihrem persönlichen Geschmack. Sie wollen mitreden, mitentscheiden, mitgestalten. Führungskräfte und Mitarbeiter im Kundenbereich sollten sich diesen Trend zur Individualisierung zu eigen machen, die neuen Kundenwünsche erkennen und durch kreative Angebote erfüllen.

Wachstum in gesättigten Märkten – und der Automobilmarkt ist ein gesättigter Markt – erhält neue Chancen durch die Anregung von neuen Fantasien beim Autonutzer. Konfektionsware ist out, der individuelle Maßanzug ist in.

Wir empfehlen Ihnen: Machen Sie sich den starken Wunsch nach Individualität zur Herzenssache. Bei jedem Fahrzeugwechsel, das heißt bei circa sieben Millionen Gebrauchtwagenkäufen im Jahr, sucht der Kunde neben der gewählten Grundausstattung der von ihm favorisierten Marke und des Modells zusätzliches Zubehör für mehr Sicherheit, mehr Spaß und eine besondere Ausstattung für seine spezifischen Lebens- und Arbeitsumstände.

> Bernd Behrens: »Der alte Ausstellungsraum, die erlebnisfreie Kundendienstannahme hat ausgedient. Wenn Sie den Kunden zur Herzenssache machen wollen, müssen Sie Ihr Unternehmen zum Ort des sozialen Austausches entwickeln.«

Es geht um die neuen Wege, den Kunden bei der Umsetzung seiner individuellen Wünsche und Träume, aber auch seiner Bedürfnisse zu unterstützen. Holen Sie den Kunden aus der bunten digitalen Welt ab und führen Sie ihn in Ihre bunte Welt zum Anfassen, Riechen und Genießen und zum guten Gespräch. Bieten Sie ihm Entscheidungshilfen bei der Realisierung seiner persönlichen Wünsche. Gute Beispiele sind Reifen- und Felgen-Lounges, Sicherheitsberatung und Beratung zur Werterhaltung, innovative Freizeit- und Mobilitätslösungen.

Als Unternehmer/Geschäftsführer eines Marktteilnehmers empfehlen wir Ihnen die von BBE Automotive in Zusammenarbeit mit FSP/TÜV Rheinland herausgegebene Studie über den Young- und Oldtimer-Markt. Sie erfahren, wie die Kunden, die diese älteren Fahrzeuge fahren, ticken, warum sie ihr Auto lieben, was es ihnen wert ist, was ihnen beim Thema Fahrsicherheit und Spaß wichtig ist… und welche Renditechancen in diesem Wachstumsmarkt bestehen!

Ihr Kunde produziert selbst. Mit anderen Worten: Er ist kein Konsument, sondern ein Prosument.

Das wäre noch vor 20 Jahren völlig undenkbar gewesen. Heute ist es ein Geschäftsmodell – und die Zukunft. Warum? Weil der Kunde heute mehr erwartet. Weil er nicht das kaufen will, was alle haben. Weil er individuell leben will. Deshalb wird der Kunde heute selbst kreativ, er setzt seine eigenen Ideen um. Je besser ein Unternehmen ihn darin unterstützt, umso erfolgreicher wird es sein.

Wie und wo fangen Sie an? Am besten mit einer einfachen, aber elementaren Einsicht: Der Kunde von heute ist nicht der Kunde von gestern. Wir haben tatsächlich einen neuen Typus vor uns. Einen Kunden, der auch Partner ist. Der neue Deal beruht auf Interaktion, Passivität ist passé. Was heißt das konkret? Sie als Unternehmen stellen Equipment plus Know-how zur Verfügung. Und Ihr Kunde? Er produziert selbst. Mit anderen Worten: Er ist kein Konsument mehr, sondern ein Prosument.

An dieser Schnittstelle setzt der Markt der Zukunft an. Hier ergeben sich für Unternehmer die größten Chancen. Die wichtigste Voraussetzung: Sie behandeln Ihren Kunden wie einen Partner. Der heutige Kunde will keine Fließbandarbeit mehr. Er will nicht das tragen, was schon Tausende vor ihm auf Straße und Schiene zur Schau gestellt haben. Sein Produkt soll einzigartig sein, individuell, unverwechselbar. Kurz: ein Unikat. Und das am liebsten noch selbst produziert.

Zwischen zwei Welten

Haben Sie den Alltag ohne Internet noch erlebt? Wenn ja, dann wissen Sie, wie mühsam es manchmal war, an Informationen heranzukommen. Wo ist die nächste Tankstelle? Wann fährt der nächste Zug nach Zürich? Wie finde ich das Haus meiner neuen Freundin, nachdem ich den Stadtplan verlegt habe? Viele Dinge mussten wir persönlich regeln – und vor Ort. Die heutige Generation der Käufer ist anders groß geworden. Tag für Tag tragen sie ihren persönlichen Assistenten in der Tasche: das Smartphone, ihr Freund und Helfer. Mit diesem Gerät ziehen sie sich nützliche Informationen aus dem Internet, lesen vor dem Kauf eines Produkts Bewertungen anderer Kunden und entscheiden so immer wieder aufs Neue: gefällt mir – oder nicht.

Hier stoßen mittlerweile zwei Welten aufeinander. Das zeigt sich nicht nur auf der Ebene der Kunden. Auch Unternehmen stecken in puncto »Kunde der Zukunft« noch in den Kinderschuhen. Mehrheitlich nutzen sie klassisches Marketing. Sie versuchen mit althergebrachten Methoden, ihre Produkte und Dienstleistungen unter die Leute zu bringen. Ob sie es wahrhaben wollen oder nicht: Mit diesem Vorgehen stoßen sie mehr und mehr an ihre Grenzen. Warum? Weil sich mittlerweile dieses Paralleluniversum entwickelt hat, dessen Bewohner sich Wissen und Erfahrungen aus dem Internet holen, statt auf traditionelle Kanäle zurückzugreifen. So nimmt etwa der Anteil der Menschen, die regelmäßig vor der Mattscheibe sitzen, kontinuierlich ab. Und selbst wenn sie fernsehen, halten sie meist nicht mehr nur die Fernbedienung, sondern auch Smartphone oder Tablet in der Hand. Wir sprechen aus eigener Erfahrung.

Die Zeiten, in denen die gesamte Familie frisch gebadet eine Samstagabendshow sieht, sind vorbei. Wenn wir heute die nachwachsende Generation beobachten, bemerken wir: Sie sehen praktisch nicht mehr fern. Mittlerweile halten die jungen Erwachsenen selbst Vorträge über die Social Media der Zukunft und das Leben als Digital Native. Und wenn sie Unterhaltung suchen, klappen sie das Notebook auf. Ein wahnsinniger Wandel.

Für die Unternehmen der Automobilbranche geht es heute nicht in erster Linie darum, Neu- und Gebrauchtwagen anzubieten und Wartungs- und Reparaturservices über Marketing an die Frau, den Mann oder die Firma zu bringen. Der wahre Wert ist etwas anderes: die Aufmerksamkeit des Kunden. Um diese ist längst ein wilder Wettbewerb entbrannt. Wer es schafft, die Gunst des Kunden zu gewinnen, hat die Nase vorn. Ein Beispiel: Als Autovermieter haben Sie ein Interesse daran, dass sich Ihr potenzieller Kunde für das nächste Wochenende einen Ausflug mit seiner Freundin in einem schicken Cabrio leisten will, statt mit seiner Freundin die neue Staffel von *House of Cards* zu schauen. Verstehen Sie, was wir meinen? Ihre wahren Wettbewerber sind dann nicht all die anderen Autovermieter, sondern vielleicht das Kino, die Bowlingbahn oder das E-Book.

Dieser Wettbewerb um Aufmerksamkeit wird weiter zunehmen – und zwar drastisch. Während wir dieses Buch schreiben, bereitet sich das US-amerikanische Unternehmen Netflix, das zunächst als Onlinevideothek agierte, darauf vor, Deutschland zu erobern. Wie wird wohl hierzulande der zukünftige Kunde seinen TV-Konsum gestalten? Das bleibt eine spannende Frage.

Netflix

Netflix wurde 1997 von Marc Randolph und Reed Hastings als Alternative zu bisherigen Videoleihunternehmen im kalifornischen Los Gatos gegründet. Das Unternehmen startete mit 30 Mitarbeitern und einem Sortiment von 925 Filmen als Online-DVD-Verleih. Seit 2007 streamt das Unternehmen Filme für Abonnenten über das Internet. 2011 begann man mit der Eigenproduktion von Fernsehserien. Seit 2012 expandiert Netflix mit großem Tempo in Europa.

Sicher ist: Der Handlungsdruck in der klassischen Marketingwelt ist enorm. Die Onlinebudgets in globalen Konzernen werden immer weiter erhöht. Man will den Kunden dort abholen, wo er sich heute meist aufhält. Während noch alte Muster existieren, entwerfen wir die Modelle der Zukunft.

Wir sind eine Sandwichgeneration, die zwischen der alten und neuen Welt groß geworden ist.

Wir sind aufgewachsen mit Zeitungen, Fernsehserien und Anzeigen. Jetzt erleben wir, wie das Internet die Berufswelt, das Entertainment und die Werbung revolutioniert – und unseren Alltag gleich mit. Stellen Sie sich vor: Kürzlich wurden wir von Jugendlichen gefragt, wie wir uns eigentlich verabredet haben, als wir selbst Jugendliche waren.

Werbung für alle oder Werbung für mich?

In dieser Welt des Umbruchs entsteht etwas, was wir für den zentralen Trend der Zukunft halten: der individuelle Kunde. Zu beobachten ist diese Entwicklung in den verschiedensten Lebensbereichen. Ein besonders plastisches Beispiel ist die Werbung. Tag für Tag schlägt man Ihnen Reklame um die Ohren. Sie hören Jingles im Radio, lesen auf dem Weg zur Arbeit Anzeigen auf Litfaßsäulen und digitalen Displays, und wenn Sie im Internet surfen, ploppen unerwünschte Pop-ups auf. Viele Kunden haben darauf keine Lust mehr. Sie sind gelangweilt, haben es satt. Kurz: Sie wollen keine Werbung, die nicht zu ihnen passt und die nichts mit ihrem Leben, ihren Bedürfnissen oder ihren Träumen zu tun hat. Die Produkte und Dienstleistungen anpreist, die sie nicht brauchen – zumindest nicht jetzt, nicht heute, nicht hier.

Diese Art von Werbung nervt. So sehr, dass sie keine Kauflust mehr weckt, sondern Aggression. Kunden wollen durchaus konsumieren, sich aber nicht für dumm verkaufen lassen. Meist haben sie sowieso schon alles, was sie brauchen. Und mehr. All die Angebote, all die vermeintlichen Schnäppchen – wie oft haben sie sich schon als sinnlos herausgestellt, als Betrug und Bauernfängerei? Und jetzt glauben sie den Versprechungen der Werbung einfach nicht mehr.

Die Werbung der Zukunft weiß, was Sie wollen. Das klingt womöglich beunruhigend und erinnert ein bisschen an Science-Fiction. Tatsächlich ist Hollywood oft ein paar Schritte weiter, wenn es um Visionen geht, wie wir in Zukunft leben könnten.

Die Werbung der Zukunft weiß, was Sie wollen.

Vielleicht haben Sie den Film *Minority Report* gesehen, einen Thriller mit Tom Cruise in der Hauptrolle. Darin gibt es eine spannende Szene: Der Protagonist flüchtet vor seinen Verfolgern, rast atemlos durch ein Shoppingcenter. Und was sieht er? Werbung. Doch was hier angepriesen wird, ist nur für ihn wahrnehmbar. Das Gezeigte basiert auf dem Wissen darüber, was ihn interessiert. Das ist phänomenal – und bereits heute durch Tracking-Mechanismen beispielsweise von Google in abgeschwächter Form Realität. Und, wie wir glauben, die Werbung der Zukunft.

Früher galt das Prinzip: Ein Produkt für alle. Demnächst heißt es: Ein Produkt für mich. Dann gibt es keine Werbung mehr für die Masse, sondern nur noch Angebote, die individuell abgestimmt sind auf den einzelnen Menschen. Dieses Konzept löst nicht nur Begeisterung aus. Im Freundeskreis oder auch in öffentlichen Debatten gestehen Menschen manchmal, dass sie sich verfolgt fühlen, eingeschüchtert, ja dass es ihnen schlicht unheimlich ist, wenn andere wissen, was sie wollen. Doch es gibt auch viele Fans dieser Entwicklung. Insbesondere Angehörige der jüngeren Generation bewerten sie als Segen. Schließlich überrollt man sie nicht mehr mit sinnlosen Anzeigen. Endlich bekommen sie Informationen über das, was sie wirklich interessiert.

Alles ist auf Abruf verfügbar – wann und wie wir es brauchen. Wer glaubt, das sei immer noch Zukunftsmusik oder bestenfalls Stoff für Science-Fiction-Filme, wird feststellen müssen: Wir sind gar nicht mehr weit davon entfernt. Probieren Sie selbst: Schauen Sie auf Amazon einmal nach dem Buch, das Sie jetzt gerade in Händen halten. In diesem Zusammenhang klicken Sie dann noch einige andere Bücher an. Und was passiert? Am nächsten Morgen finden Sie auf anderen Webseiten eine Anzeige von Amazon. Der Inhalt? Exakt die Bücher, die Sie am Abend zuvor angesehen hatten.

Das bedeutet: Hier hat ein Lernprozess stattgefunden. Sie müssen sich das so vorstellen wie den Service in einem Fünfsternehotel. Wenn ein Gast das Haus betritt, gilt die Devise »Der Kunde ist König«. Das wussten Sie schon. Aber um erfolgreich zu sein, kommt es in diesen Spitzenhotels auch darauf an, diesen König samt Krone kennenzulernen. Was bestellt er gerne zum Frühstück? Liebt er harte oder wei-

Der Kunde ist König. Aber um erfolgreich zu sein, kommt es auch darauf an, diesen Kunden samt Krone kennenzulernen.

che Eier? Trinkt er seinen Campari mit Eis oder ohne? Präferiert der Gast ein spezielles Kissen?

Die Vorlieben und die Erwartungen der Kunden zu kennen, ist ein Muss. Die Vorlieben der Kunden abzuspeichern, ist ein Wettbewerbsvorteil. Deshalb behalten gute Häuser wertvolle Informationen über Gäste im Gedächtnis – respektive auf der Festplatte. Schließlich will der verwöhnte Kunde nicht jeden Abend aufs Neue gefragt werden: »Mit Kohlensäure oder ohne?«

Bessere Technik, besserer Service

Wie für Spitzenhotels gilt auch für Spitzenwerbung: Der Autofahrer ist ein Individuum. Die große Bedeutung dieses Satzes haben fast alle Marktakteure erkannt. Eine BBE-Automotive-Umfrage und Expertenbefragung unter mehr als 1000 Autofahrern, Herstellern, Verantwortlichen und Unternehmern der Automobilbranche ergab: Der individuelle Kunde ist eine der vier zentralen Herausforderungen für zukunftsorientierte Unternehmen.

Einer der befragten Vertriebsleiter sagte bei der Umfrage etwas Lustiges: »Natürlich wissen wir, dass es in Zukunft um den individuellen Kunden gehen wird, allerdings gibt es davon über 50 Millionen in Deutschland!« Große Unternehmen tun sich erfahrungsgemäß schwer, auf den einzelnen Kunden einzugehen. Hier ist aber nicht allein der Wille entscheidend.

Gute Kundenbetreuung ist auch eine Frage der Technik. Erst jetzt stehen uns Technologien zur Verfügung, die Einzelproduktionen erlauben. Vor einigen Jahren war es schlicht und einfach nicht möglich, ein Auto mit der Auflage eins zu produzieren. Das einzigartige Traumauto blieb eben genau das: ein Traum. Vor einigen Jahren war es auch noch undenkbar, Bücher mit der Auflage eins herzustellen. Das ändert sich nun.

Es entsteht eine neue Welt. Eine Welt, in der es möglich wird, ein Unikat zu produzieren – mit minimalen Kosten. Eine faszinierende Entwicklung. Vielleicht haben Sie schon einmal einen 3-D-Drucker in Aktion gesehen. Auch in dieser neuen Welt sucht der Kunde Aha-Erlebnisse, hier ein weiteres Beispiel aus der BBE-Automotive-Befragung: »Mir wird erklärt, wie sich mein neues Smartphone mit dem Fahrzeug verbinden lässt. Die Navi-Favoriten aus meinem alten Fahrzeug werden in das Neue übertragen. Die Sitze werden auf mich abgestimmt eingestellt. Der Kindersitz wird sicher befestigt und in seiner Funktion geprüft. Warnwesten, Parkscheibe und Eiskratzer befinden sich im neuen Wagen.«

Es entsteht eine neue Welt. Eine Welt, in der es möglich wird, ein Unikat zu produzieren – mit minimalen Kosten.

Führende US-amerikanische Kollegen sehen hier die nächste Revolution. Sie favorisieren eine neue Generation von 3-D-Druckern. Diese fertigen Produkte wie von Zauberhand. Mit der richtigen Blaupause am PC ist die Herstellung eigener Produkte mit der Auflage eins ein Kinderspiel. Bereits heute spekuliert man über die Möglichkeit, in nicht allzu ferner Zukunft mit speziellen 3-D-Druckern – und ausgefeilten Brennverfahren – ein Haus zu bauen. Ganz individuell. Willkommen im »Internet der Dinge«!

Die beste Nachricht aber ist: Diese Möglichkeiten haben nicht nur mächtige Konzerne. Jeder Kunde wird – wenn er es denn will – in die Lage versetzt, sein eigenes Produkt zu fertigen. Deshalb tritt der individuelle Kunde künftig auch als individueller Produzent in Erscheinung. Inzwischen besteht technisch sogar die kuriose Möglichkeit, sich selbst als 3-D-Modell zu drucken. Manche Menschen haben bereits ein digitales Alter Ego, demnächst können sie sich ein greifbares Modell ihrer selbst auf den Schreibtisch stellen.

Auf dem Weg zum individuellen Kunden ist die Technologie der zentrale Treiber. Was Ihnen jetzt vielleicht unmöglich oder wenig praktikabel erscheint, wird in Zukunft ganz normal sein. Wenn Ihnen in, sagen wir, zehn Jahren dieses Buch wieder in die Hände fällt, leben Sie in einer Welt, die sich dramatisch verändert hat. Und dann erinnern Sie sich möglicherweise daran, wie unrealistisch Ihnen damals erschien, was wir hier und heute schreiben.

Endlich wird auch die zentrale Forderung des Clienting-Konzepts von Edgar K. Geffroy Realität: Hier geht es um den Klienten, um das Individuum. Bei Wikipedia gilt das Clienting-Konzept als Beziehungslehre, obwohl Geffroy den einzelnen Menschen im Blick hatte. Offenbar ist die Zeit jetzt erst reif dafür.

Beispiel Opel Adam: Mit diesem Fahrzeug geht Opel auf die immensen Individualisierungswünsche der Kunden ein, was nahezu jedes Fahrzeug zu einem Unikat macht – und damit neue Zielgruppen erschließt, aber auch den Handel vor neue Herausforderungen stellt. Natürlich gibt es Skeptiker, wir sind aber überzeugt: Mit diesem Individualkonzept können Sie ganze Märkte revolutionieren. Die Kunden sind bereit für eine neue Idee.

Wie gut dieser innovative Ansatz funktioniert, möchte Edgar K. Geffroy Ihnen an folgendem Beispiel zeigen: der Bäckerei Dreschflegel aus Mosbach. Seit vielen Jahren führt die Familie Walter ihre Bäckereien auf bewährte Art und Weise: Sie bietet Brot mit höchster Frischequalität. Das kann Edgar K. Geffroy persönlich bestätigen – auch er genießt ihre Produkte. Doch Tradition hin oder her: Auch bei Bäckereien gibt es Billigwettbewerb. Das Unternehmen entschloss sich, auf diesen Druck kreativ zu reagieren. Die Mitarbeiter suchten nach neuen Wegen. Und was lag da näher, als die Chancen des Internets zu nutzen? Die Walters eröffneten also einen Onlineshop.

Brötchen backen kann jeder, aber nicht jeder backt für jeden ganz eigene Brötchen.

Das machen doch viele, könnte man einwenden, was natürlich auch stimmt. Aber gerade weil es auch in dieser Branche Onlinekonkurrenten gibt, war von Anfang an klar: Etwas Besonderes muss ins Angebot. Brötchen backen kann jeder, aber nicht jeder backt für jeden ganz eigene Brötchen! Die Walters schon. Über einen sogenannten Brot-Konfigurator bietet diese Bäckerei die Möglichkeit, Brote selbst zusammenzustellen. Sie kaufen als Kunde nicht einfach ein angebotenes Brot, sondern wählen selbst die kulinarischen Komponenten des Gebackenen aus, ganz nach Ihrem Geschmack. Zusätzlich bietet die Bäckerei mehr und mehr Spezialitäten an, die es in klassischen Brotgeschäften gar nicht mehr gibt – oder noch nie gegeben hat, zum Beispiel das Bananenbrot. Ebenfalls zu beziehen über den Onlineshop. Wie kam es dazu? Die schlauen Bäcker haben kreativ auf einen Trend reagiert. Das Stichwort Bananenbrot wird online über 8000 Mal im Monat gesucht. In Kanada und Amerika ist dieses Brot ein Bestseller. Hierzulande kennt man es kaum.

Bäckerei Dreschflegel

Die erste Filiale der Bäckerei Dreschflegel eröffneten Karin und Josef Walter im Jahr 1999. 2000 öffnete der Neckarelzer Dreschflegel seine Glasfronten, 2001 folgte die Filiale im Handelshof und zwei Jahre später die Eröffnung des nächsten Dreschflegels neben der AWG.

Die Walters verwirklichen die Idee des individuellen Produkts. Ihr Motto: »Brotkunst statt Kunstbrot«. Denn mittlerweile kann sich der Kunde auch das Bananenbrot aus verschiedenen Zutaten zusammenstellen. Wenn das kein Service ist!

Egal ob es nun Bäckereien oder Buchgeschäfte sind, der morgendliche Kaffee oder das Kinderprogramm – das Konzept der Individualität ist nicht mehr aufzuhalten. Versteht es ein Unternehmen, dem individuellen Kunden auch individuelle Produkte zu verkaufen, bringt dies viele Vorteile mit sich.

Und in der Automotive-Branche, wer backt hier individuelle »Brötchen«? Wir haben lange recherchiert und geprüft, wo die Innovationen in unserer Branche sind, wo man das gewünschte Produkt und die Dienstleistung absolut individualisieren kann. Man kann heute mittels Online-Fahrzeug-Konfigurator ein Auto individuell zusammenstellen, auch die äußere Farbgestaltung kann ausgesucht werden. Ist das aber alles?

Wahrscheinlich nein, neue Ideen und Konzepte, neue Vertriebs- und Serviceformate sind gefordert. Alle innovativen Unternehmer fordern wir hiermit auf, ihr Geschäftsmodell an uns zu melden. In der nächsten Auflage stellen wir die besten Ideen gerne vor. Es fehlt nicht an innovativen Ideen und deren Umsetzung, Sie haben schon einige lesen können, aber es müssen noch viel mehr folgen.

Maß für Maß bringt Erfolg

Der wichtigste Vorteil besteht in der guten Beziehung zum Kunden. Erfasst man ihn in seiner Einzigartigkeit, kommt er gerne wieder. Um einen Kunden im besten Sinne des Wortes betreuen zu können, müssen Sie viel über ihn wissen (denken Sie zum Beispiel an hervorragende Beispiele aus dem Fünfsternehotel). So viel, dass der Kunde nicht bereit ist, dieses Wissen immer wieder neu mit einem anderen Wettbewerber zu teilen.

Die aufmerksame Wahrnehmung und Erfassung aller Interessen der Kunden ist eine Grundvoraussetzung. Bei jedem Kontakt sollte und muss der jeweilige Verkäufer oder Servicemitarbeiter darauf zurückgreifen können. Normales CRM reicht heute nicht mehr.

- Gibt es bei dem Kunden Veränderungen in der Familie, der Karriere, im Beruf, in der persönlichen Einstellung zur Mobilität?

- Gibt es neue Sehnsüchte zur mobilen Selbstverwirklichung?

- Verändert sich der Stellenwert zum Auto?

- Verändert sich die Autonutzung?

Nur wer sich ganz tief und wirklich für diese relevanten Veränderungen beim Kunden interessiert, macht den Kunden zur Herzenssache! Und das lohnt sich, denn die Wertschöpfung aus einer funktionierenden Kundenbeziehung im Autobereich ist groß.

Bevorzuge ich zum Beispiel maßgeschneiderte Hemden und Anzüge, dann werde ich dem Unternehmen treu bleiben, das einmal meine Maße genommen hat – vorausgesetzt, ich bin zufrieden mit den neuen Klamotten. Gefällt es mir, wenn ich bequem bestellen kann und man mir weiterhin interessante Produkte vorstellt, dann entscheide ich mich womöglich wiederholt für Amazon, das den Kunden möglichst gut kennenlernen will. Mit anderen Worten: Wo man weiß, was mich interessiert, fühle ich mich wohl.

Wer hätte zum Beispiel nicht gern eine ganz individuelle Krawatte? Eine Krawatte ohne Kompromisse. Wenn wir Menschen dies fragen, reagieren sie meist erstaunt und sagen: »Darauf wäre ich ja nie gekommen!« So ist es oft. Wir fragen nicht nach Dingen, von denen wir keine Vorstellung hatten. Was noch nicht existiert, kann man sich nicht wünschen. Oder vielleicht doch? Ich meine, es ist möglich. Kreative Köpfe wissen lange im Voraus, was die Kunden wollen. Angenommen, es gäbe die Möglichkeit, die für Sie perfekte Krawatte zu finden, würden Sie diese kaufen?

Wo man weiß, was mich interessiert, fühle ich mich wohl.

ZiC'nZaC

Der »Näh-Szene-Store« wurde im Oktober 2010 auf 400 Quadratmetern in der Essener Innenstadt von Joachim Bürger gegründet. Es ist ein All-inclusive-Geschäft für alle Schneider und Schneiderinnen, mit Café, Näh-Akademie, Nähtec-Store und einem ausgewählten Angebot an Stoffen.

Genau diese Idee hat ein Geschäftspartner von Edgar K. Geffroy umgesetzt. Sein Name: Joachim Bürger. Sein Unternehmen: ZiC'nZaC.

In dem Essener Shop können Männer ihre eigene Krawatte schneidern. Ist das nicht cool? Als Edgar K. Geffroy zum ersten Mal von dieser Geschäftsidee erfuhr, hatte er erhebliche Zweifel. Kann das wirklich klappen? Springen Kunden tatsächlich darauf an, selbst zu schneidern? Machen gestresste Männer ihre eigene Mode? Er kann Ihnen sagen: Das Unternehmen floriert. Konkret: Die Umsätze sind monatlich fünfstellig.

Auf den Punkt

- Der neue Kunde ist auch Ihr Partner.
- Der Autofahrer als Kunde fährt sein individuelles Fahrzeug.
- Die individuelle Komfortzone des Kunden ist ein Erfolgsfaktor.
- Gute Kundenbetreuung ist auch eine Frage der Technik.
- Erfassen Sie den Kunden in seiner Einzigartigkeit, dann kommt er wieder.
- Klassische Werbemaßnahmen werden obsolet.
- Wir erleben einen Paradigmenwechsel von der Masse zur Individualität.
- Der First Mover besetzt den Markt.
- Es gibt nicht den individuellen Autokunden, sondern 50 Millionen davon.

Eines ist uns in diesem Buch besonders wichtig: Wir möchten nicht Visionen beschreiben, sondern konkrete Modelle und Maßnahmen vorstellen. Das zuvor genannte Beispiel Amazon zeigt, wohin der Zug der Zukunft fährt. In Edgar K. Geffroys Buch *Triumph des Individuums* hat er mehr als 80 Firmenbeispiele integriert. Diese arbeiten bereits überaus erfolgreich mit individuellen Kunden – und es werden jeden Tag mehr!

Wir erleben einen Paradigmenwechsel von der Masse hin zur Individualität. Klassische Werbemaßnahmen werden obsolet. Die Reklame der Zukunft kennt den Kunden. Der Kunde ist König – doch kein König gleicht dem anderen! Es entsteht ein Markt mit enormem Potenzial. Nutzen Sie Ihre Chance! Die größte Herausforderung besteht darin, der Erste zu sein. Wie immer gilt: Der frühe Vogel fängt den Wurm. Ich sage es einmal in meinen Worten: Der First Mover besetzt den Markt.

9. Der digitale Kunde

»Kaufentscheidungen fallen heute zunehmend digital oder werden zumindest digital vor- oder nachbereitet.« *Edgar K. Geffroy*

Was ist das Internet Ihrer Meinung nach: eine Vernetzungsplattform? Ein Unterhaltungsmedium? Eine Wissensmaschine? Aus unserer Sicht ist es der dritte Vertriebsweg – einer, der heute noch in den Kinderschuhen steckt, dessen Bedeutung aber in den nächsten Jahren sichtlich steigen wird. Über kurz oder lang wird dies sogar der wichtigste Vertriebsweg sein. Denn: Neben dem stationären Handel und Service hat der digitale Vertriebsweg auch in der Automobilbranche das größte Wachstumspotenzial.

Es gibt schon Unternehmen, die die Chancen der digitalen Welt erkennen. Einige von ihnen haben wir in den vorangegangenen Kapiteln bereits vorgestellt. Viele nutzen die neuen Möglichkeiten allerdings noch nicht. Und die allermeisten sehen sie nicht einmal!

Die eigene Webseite ist heute eine Notwendigkeit, aber kein Alleinstellungsmerkmal.

Einerseits ist heute fast jeder Kfz-Betrieb im Internet vertreten – andererseits bleiben die Unternehmen der Automobilbranche dort erschreckend passiv. Noch heute erklären wir Geschäftsführern und Unternehmensinhabern, dass es Sinn macht, sich mit dem Internet zu beschäftigen, weil es immer mehr »digitale Kunden« gibt. Zu diesem Zweck hat Edgar K. Geffroy sogar ein kostenloses E-Book entwickelt: *Internet ist Chefsache*. Eine digitale Kundenstrategie ist nämlich genauso bedeutend wie eine individuelle Kundenstrategie. Deshalb möchten wir Ihnen hier Möglichkeiten aufzeigen, die 98 Prozent der Unternehmer nicht nutzen. Und wir wollen Sie über die wichtigsten Irrtümer aufklären, die leider immer noch im Umlauf sind.

Automobilhersteller wie BMW oder Mercedes wagen schon erste Vorstöße in Richtung direkten Onlinevertrieb von Fahrzeugen. Dies macht auch Sinn bei im Grunde genommen austauschbaren Produkten wie Neuwagen, die sich der Kunde online zusammenstellen und konfigurieren kann. Fahrzeuge des Autobauers Tesla Motors lassen sich auf der Website des Händlers bestellen.

Die Autohausbetriebe machen auf diesem Gebiet erste vorsichtige Schritte, meist im Gebrauchtwagensegment. Die Autohausgruppe Beresa macht genau an der Stelle weiter, wo andere Betriebe aufhören – in der Fahrzeugsuchmaske kann man das Wunschauto direkt über die Website bestellen. Vertrauen beim Kunden schafft dabei eine Herstellergarantie für das Auto und das Rückgaberecht, das bei Internetkäufen den Kunden absichert.

Doch wie sieht die digitale Wirklichkeit bei den deutschen Kfz-Betrieben aus? 2014 und 2015 befragten der ZDK (Zentralverband des Kfz-Gewerbes) und die BBE Automotive mehr als 200 Autohäuser und Werkstätten zum Thema Onlinemarketing und soziale Medien in Kfz-Betrieben. Die Befragung war als Selbstcheck ausgelegt, nach Abschluss erhielten die Probanden eine kurze Auswertung ihres Ergebnisses. Erfreuliches Ergebnis: Alle Autohäuser hatten eine Website, 14 Prozent der freien Werkstätten aber keine. Die Studie zeigte, dass die Bedeutung des Onlinemarketings in der Zukunft durchaus erkannt wird – rund 80 Prozent der Studienteilnehmer meinen, dass sich das Rad Onlinemarketing auch für Kfz-Betriebe nicht mehr zurückdrehen lässt. Die Chancen werden aktuell aber unzureichend genutzt. Im Ergebnis ergab sich eine Drei-Drittel-Splittung. Ein Drittel macht alles und denkt, alles richtig zu machen, ein Drittel würde gerne, braucht aber Unterstützung. Das letzte Drittel hat höchstens eine Alibi-Website und sieht derzeit auch nicht die Notwendigkeit, beim Onlinemarketing und erst recht nicht bei den sozialen Netzwerken mehr zu tun. Als Kernergebnisse hielt der Autor Stephan Jackowski fest:

- Vielen Kfz-Betrieben ist die zukünftige Bedeutung von Onlinemarketingaktivitäten bewusst.
- Dennoch sind die bisher getroffenen Maßnahmen (noch) nicht immer ausgereift.
- Chancen werden zu wenig genutzt.
- Der Ruf nach Unterstützung ist groß – Autohersteller und Werkstattsystemgeber werden gefordert.
- Engagierte Betriebe haben verstanden: Soziale Netzwerke sind Dialogmedien und (derzeit noch) keine direkten Verkaufskanäle.

Manchmal lohnt sich ein Blick über den großen Teich. In den USA etwa sind viele Autohändler und Autoverkäufer bereits einen Schritt weiter. Auf den Internetseiten der Händler wird es den Kunden leicht(er) gemacht, Kontakt zum Händler aufzunehmen. Viele Autohändler sind selbst aktiv in Social-Media-Kanälen oder betreiben einen eigenen Blog zur Selbstvermarktung. Vertraute Gesichter im Verkauf schaffen mehr Vertrauen in den Autohausbetrieben.

Irrtum 1: Hauptsache, ein Internetauftritt!

»Ich bin drin«, sagte Boris Becker einmal in einem berühmten Werbespot. Gemeint war natürlich das Internet. Ja, es ist schön, gut und wichtig, auch als Unternehmen im World Wide Web präsent zu sein. Die eigene Webseite ist heute eine Notwendigkeit – aber kein Alleinstellungsmerkmal. Wenn Sie als Unternehmer online gehen, wissen Sie: Der Wettbewerber ist immer nur ein paar Klicks entfernt. Trotzdem denken viele Geschäftsleute: Hauptsache, ein Internetauftritt! Meine Webpräsenz ist die halbe Miete. Sie holen also mehr oder weniger berühmte Designer ins Boot, wählen sorgfältig Schriften und Farben aus, stellen Texte und Fotos online. Und lehnen sich dann zurück. Die Internetseite steht. *Mission accomplished.*

Nein, das ist sie nicht! Wer glaubt, es reiche, eine Webseite zu haben, sitzt einem gewaltigen Irrtum auf. Der Onlineauftritt allein ist nicht das Ergebnis, sondern nur der erste Schritt auf dem Weg zum Erfolg, zum letztlichen Ziel: einer guten Beziehung mit dem digitalen Kunden. Wer sich mit dem Erstellen einer Webseite begnügt, verhält sich wie ein Bauarbeiter, der die Kelle niederlegt und die Baustelle verlässt, sobald der Keller fertig ist. Sie können sich vorstellen, dass der künftige Hausbesitzer einigermaßen erstaunt reagieren würde: »Was ist mit dem Wohnzimmer, dem Schlafzimmer, der Küche? Wo ist mein Dachboden und wo bleibt der Balkon?«

Es genügt nicht, ein Unternehmen online zu präsentieren. Der Kunde muss sich vor Ort wohlfühlen und aufhalten wollen. Ich denke, die meisten Geschäftsleute wissen durchaus, wie wichtig die Präsenz im Internet ist, aber wenige können diese produktiv nutzen. Unternehmen brauchen eine Strategie. Sie sollten Wege zu ihrem digitalen Kunden bauen.

Irgendwo anwesend zu sein genügt nicht. In der Schule bekamen Sie Ihre guten Noten doch auch nicht dafür, dass Sie sich jeden Tag auf Ihren Stuhl setzten. Sie mussten vor Ort auch etwas leisten. Das gilt genauso für Unternehmer im Internet. Sie brauchen eine Strategie. Sie sollten Wege zu ihrem digitalen Kunden bauen. Genau an dieser Stelle gibt es noch enormen Handlungsbedarf. Oder sagen wir lieber: ein Chancenpotenzial.

Im Internet existiert immer noch ein Niemandsland für neue Geschäftsideen. Das heißt aber auch im Umkehrschluss: Sie leben in einer Goldgräberzeit. Wer jetzt durchstartet, kann phänomenale Erfolge erzielen. Aber was muss eine Internetseite in der Autobranche heute leisten? Stephan Jackowski, Autor der ZDK/BBE Automotive-Studie, zeigt das mögliche Spektrum und deckt gleichzeitig auf, dass die Umsetzung derzeit noch in den Kinderschuhen steckt.

Bevor wir Sie jetzt gleich auf den nächsten Irrtum aufmerksam machen, erlauben Sie uns noch eine Anmerkung für alle Unternehmer, die bis heute nicht im Internet vertreten sind und sagen: »Es geht doch auch so. Kunden kommen zu mir und kaufen.« Gut, es gibt noch Menschen, die beim Händler gerne persönlich erscheinen. Aber schon heute ist es im Automobilhandel so, dass das Internet bei allen Schritten des Kaufprozesses eine dominante Rolle spielt. Schon lange vor dem Besuch in einem Autohaus hat sich der Kunde mittels Suchmaschine über die Fahrzeugangebote oder Werkstattleistungen in seiner Region informiert. Wer hier nicht gefunden wird oder seine Angebote im Netz nicht ansprechend präsentiert, spielt beim Besuch vor Ort schon keine Rolle mehr. Und selbst wenn der Kunde bei Ihnen gekauft hat oder in der Werkstatt war, ist der Prozess noch lange nicht vorbei. Er kann seine Kauf- und Serviceerfahrungen über Social-Media-Kanäle oder Bewertungsplattformen kundtun und mit anderen teilen. Wollen Sie Ihre Kunden damit wirklich alleine lassen? Sie wissen ja: Mehr Kontakt bringt mehr Geschäft.

Irrtum 2: Am wichtigsten sind viele Besucher auf meiner Webseite!

Auf die Klicks kommt es an! Wie oft haben Sie diesen Satz schon gehört? Er wird nicht nur ständig wiederholt, er wird regelrecht gepredigt: »Achten Sie auf Ihre Besucherzahlen! Wer kommt auf Ihre Internetseite? Wer bleibt und wer klickt gleich weiter zum Wettbewerber?«

Menschen lieben Zahlen, denn sie sind so schön konkret. Mit den entsprechenden Einstellungen auf der Webseite kann jeder messen, wie viele Besucher er hat. Aus diesen Zahlen lassen sich dann feine Statistiken basteln. Statistiken wiederum eignen sich wunderbar für Präsentation. Aus Zahlen werden schwarze Kurven, die Kollegen auf Vorstandssitzungen stolz an die Wand werfen. Schwarze Kurven, die – möglichst steil – nach oben zeigen. Dazu eine sonore Stimme, die verkündet: »Letztes Jahr hatten wir 20 000 Besucher pro Monat, dieses Jahr sind es rund 100 000.« Wir geben zu: Das klingt erst einmal gut. Irgendetwas wurde richtig gemacht, wenn deutlich mehr Menschen eine Webseite besuchen. Aber erlauben Sie uns eine schnöde Gegenfrage: Was hat das mit Geld zu tun? Konnte das Unternehmen mit mehr Besuchern auch mehr verdienen?

Es hilft einem Unternehmen nichts, wenn seine Webseite viele Besucher hat. Das Einzige, was zählt, sind Abschlüsse.

Das ist eben bei Klickzahlen der Knackpunkt. Die Gretchenfrage, die so manchen PowerPoint-Speaker in Verlegenheit bringen dürfte. Es klingt wenig erfreulich, aber wir müssen es hier in aller Deutlichkeit sagen: Es hilft einem Unternehmen nichts, wenn seine Webseite viele Besucher hat. Das Einzige, was zählt, sind Abschlüsse. Erst wenn Sie aus Besuchern Kontakte machen und aus Kontakten Kunden, haben Sie eine zentrale Spielregel des Internets verstanden.

Für die Autohäuser und andere Händler bedeutet dies, dass der Nutzer auf der Seite auch finden muss, was er erwartet. Nur dann können auch die Nutzer zu Käufern werden. Über Onlinekanäle eingehende Leads dürfen nicht offline verschenkt werden.

Gleiches gilt übrigens ebenfalls für soziale Medien. Auch hier ist nicht allein die Anzahl an Facebook-Fans oder Followern ausschlaggebend. Es kommt auf die Qualität der Kommunikation mit der eigenen Community an.

Im Grunde genommen kennen Sie die Situation aus dem klassischen Vertrieb. Es geht nicht darum, wie viele Besuche ein Verkäufer bei potenziellen Kunden absolviert, sondern wie viele Abschlüsse er erzielt. Auch im Tante-Emma-Laden kommt es nicht darauf an, wie viele Kinder sehnsüchtig um die Süßigkeiten herumschleichen, sondern wie viele letzten Endes an der Kasse ihr Taschengeld zücken. Aus Besuchern Kunden zu machen, das muss Ihnen gelingen.

Irrtum 3: Ich muss einfach nur bei Google gefunden werden!

Wer suchet, der findet – aber nicht in der digitalen Welt. Das heißt: Man findet schon. Irgendetwas. Irgendwen. Aber nicht unbedingt Sie, Ihr Unternehmen, Ihr Angebot. Also denken Geschäftsleute gerne: Hauptsache Google! Wenn ich auf der magischen Liste erscheine, habe ich den Kunden so gut wie gewonnen. Eine weitere Erkenntnis aus der Online-/Social-Media-Studie ist aber folgende: Die Anzahl der Seitenbesuche monitoren nur 48 Prozent der Autohäuser und 37 Prozent der Servicebetriebe.

Wer denkt, es genüge, bei Google auf der Liste zu stehen, hat es sich wieder zu leicht gemacht.

Natürlich wollen wir hier nicht behaupten, dass Google keine Bedeutung hätte. Ganz im Gegenteil. Doch auch hier gilt: Wer denkt, es genüge, bei Google auf der Liste zu stehen, macht es sich zu leicht. Mit anderen Worten: Er hat beim Keller aufgehört zu bauen. Nach wie vor ist es entscheidend, ob Sie bei Google überhaupt gefunden werden. Aber noch viel entscheidender ist, ob Sie bei Google auf die erste Seite kommen! Und das – nebenbei gesagt – ohne dafür bezahlen zu müssen. Wichtig ist dabei zu beachten, wie der potenzielle Kunde sucht. Haben Sie schon mal ausprobiert, ob Sie bei Google mit den Stichwörtern »Autohaus«, »Autowerkstatt« oder »Autoteile« sowie Ihr Standort in den Ergebnissen ganz oben angezeigt werden? Der regionale Aspekt ist dabei entscheidend. Es bringt auch nichts, mit zu allgemeinen Keywords für Ihr spezielles Autogeschäft mittels Google AdWords zu werben. Der Wettbewerb im Internet ist hart. Deshalb müssen Sie schnell überzeugen.

Angenommen, Sie werden gefunden. Angenommen, der Kunde klickt auf Ihre Seite. Dann haben Sie genau zwei Sekunden Zeit für einen ersten positiven Impuls. Findet sich der User auf Ihrer Seite nicht wieder, spricht sie ihn nicht an, langweilt sie ihn sogar, weil sie uninteressant gestaltet wurde, ist er im Nu wieder weg.

Dumm gelaufen, oder? Aber es geht noch weiter: Google hat aufgepasst, Google merkt sich das. Und wenn so etwas häufiger passiert, wenn also Kunden kommen und sofort wieder gehen, ist das für Google wie ein rotes Lämpchen, ein wichtiges Signal: Diese Seite ist uninteressant! Diese Seite wird abgewertet! Denken Sie daran: Das hat nichts mit Ihrem Produkt zu tun, sondern einzig und allein mit dem ersten Eindruck, den Sie beim Kunden hinterlassen. Im Grunde ist es genauso wie im täglichen Leben. Der erste Eindruck ist entscheidend, der letzte bleibt.

Kürzlich wurde uns eine Internetseite präsentiert, die ungefähr 120 000 Euro gekostet hat. Und dennoch passierte nichts. Das ist kein kurioser Einzelfall. Viele teuer erstellte Webseiten sind heute tote Seiten bei Google. Woran liegt das? Ein entscheidender Grund lautet: Die Suchparameter haben sich verändert. Früher standen die sogenannten Keywords – Schlüsselwörter – im Mittelpunkt. Natürlich sind sie auch heute noch von Bedeutung, schließlich ist Google eine Maschine. Sie kann nicht wie Menschen Bilder sehen, sondern orientiert sich am Text. Allerdings lernt die Maschine Google sehr gut. Das bedeutet: Sie wird jeden Tag ein Stückchen schlauer. So kommt es, dass Google heute auch die Aktivität einer Seite messen und einstufen kann. Wesentlich oder unwichtig? Die Antwort, die Google auf diese Frage gibt, hat große Auswirkungen auf Ihr Geschäft.

Verzweifeln Sie jetzt aber bitte nicht angesichts der digitalen Macht dieser Maschine. Sie können ihren Mechanismus für sich nutzen, Sie können etwas tun! Es ist ein offenes Geheimnis: Je aktiver Sie das Internet mit Informationen versorgen, umso mehr wächst Ihre Attraktivität und umso besser werden Sie gefunden.

Je aktiver Sie das Internet mit Informationen versorgen, umso mehr wächst Ihre Attraktivität und umso besser werden Sie gefunden.

Genau genommen müssen Sie also heute im World Wide Web zwei Herren dienen. Zuerst einmal Google. Als Maschine hat Google einen anderen Blick und andere Bewertungskriterien als ein Mensch. Hier zählen Schlüsselwörter, aber eben auch die Informationen, die von anderen aufgegriffen und kommentiert werden. Google schaut sich den größten Wettbewerber Facebook wie auch andere Social-Media-Kanäle ganz genau an. Wie aktiv sind Sie auf diesen Plattformen? Google will es wissen. Anhand von über 200 Bewertungskriterien wird dann entschieden, wo Sie im Google-Ranking einsortiert werden. Das klingt erst einmal ziemlich überwältigend. Aber es gibt eine spannende Möglichkeit, die eigene Popularität in der Google-Welt zu steigern. Dazu komme ich später noch. Erwarten Sie aber bitte keine sofortigen Kunden bei Ihren ersten Aktivitäten in sozialen Medien wie Facebook und Co., diese brauchen Inhalte und Zeit. Google wird Sie aber sehr schnell viel besser finden.

Lassen Sie uns zunächst auf den zweiten Herrn zu sprechen kommen: den Kunden. Von Google unterscheidet er sich in einem zentralen Punkt: Er ist keine Maschine. Lachen Sie nicht. Wir müssen es wirklich so deutlich sagen. Der Kunde soll auf den ersten Blick sehen, was ihn wirklich interessiert. Er will fündig werden, will Dinge herausfinden, will wissen, wo er Hilfe bekommt. Im Gegensatz zu einer Maschine fühlt er sich auch von Design angesprochen. Und er entscheidet sehr schnell, ob er sich auf Ihrer Webseite wohlfühlt.

Irrtum 4: Meine Internetseite lebt von informativen Texten!

Wir verraten Ihnen jetzt ein kleines, aber wichtiges Detail: Die meisten Menschen informieren sich online und rufen dann an, um weitere Fragen zu klären – und zu bestellen. Warum tun sie das? Weil es für Menschen immer noch das Natürlichste der Welt ist, mit anderen Menschen zu kommunizieren. Vergessen Sie nicht: Erst kam der Dialog, dann der digitale Austausch!

Wer diese Wahrheit ignoriert, sitzt dem nächsten Irrtum auf: »Hauptsache, die Texte meiner Seite sind informativ!« Unternehmen beauftragen PR-Agenturen damit, ihre Inhalte in starke Worte zu verwandeln. Sie bezahlen viel Geld für werbewirksamen Lesestoff.

Verstehen Sie uns bitte nicht falsch. Wir haben nichts gegen gute Texte und erst recht nichts gegen eine informative Internetseite. Aber: Wer digitale Kunden anlocken und binden will, braucht mehr als einen Kanal. Und unsere Erfahrung hat uns gelehrt: Lesen ist gut, sprechen ist besser!

Lesen ist gut, sprechen ist besser!

Was heißt das konkret? Denken Sie an Ihre eigene Webseite – die Sie hoffentlich längst besitzen. Wo findet ein potenzieller Kunde die Telefonnummer Ihres Unternehmens, also den direkten Draht in Ihr Büro? Findet er sie schnell? Genügen ein oder zwei Klicks? Wenn nicht, ist es Zeit, aktiv zu werden. Machen Sie es Ihrem Kunden so einfach wie möglich, Kontakt herzustellen. Das zahlt sich aus. Menschlich und monetär. Wie oft sieht man Autohaus- oder Werkstattwebsites, auf denen die Kontaktmöglichkeiten gut versteckt sind? Warum erscheinen diese nicht oben auf der Startseite, und dies auch auf mobilen Endgeräten?

Seit Jahren lautet Edgar K. Geffroys These: Das Internet muss menschlicher werden. Was meint er damit? Je natürlicher Sie das Internet entwickeln, umso erfolgreicher gewinnen Sie den digitalen Kunden. Seit Langem empfehlen wir unseren Partnern: Gestalten Sie den aktiven Dialog so einfach wie möglich! Telefonieren Sie, reden Sie, chatten Sie!

Edgar K. Geffroy kann sich noch gut erinnern, wie geschockt er vor einigen Jahren war, als er nachts auf einer US-amerikanischen Internetseite surfte. Denn plötzlich meldete sich der CEO des Unternehmens – es war ein Start-up – im Livechat! Er kam wie der Geist aus der Flasche. Geffroy war geschockt, aber auch fasziniert. Nun konnte er direkt kommunizieren und Fragen stellen – ohne dafür zahlen zu müssen. Dieses Erlebnis hat ihn geprägt. Heute denkt er: Das ist die Zukunft! Gewinner sind Unternehmen, die das Internet nutzen, um ihre Beziehung zum Kunden zu vertiefen. Auf einem denkbar einfachen, natürlichen und menschlichen Weg: dem Dialog. Auch hier ist die Technik ein wichtiger Treiber.

Die Einführung eines neuartigen Systems durch einen der größten deutschen Konzerne ist realisiert. Dieses neue Produkt ermöglicht digitale Liveberatung, das heißt Dialog, Beratung, Verkauf. Alles läuft über das Livevideo. Das ist eine äußerst praktische Geschichte: Der Kunde sieht den Liveberater und entscheidet, ob er sein Videosignal sendet oder ausschließlich beim Ton bleibt. Da heutzutage Technik und Übertragungsgeschwindigkeit überall ausreichend vorhanden sind, ergibt sich dadurch eine neue Qualität der Beratung.

Wie häufig haben Sie es schon erlebt, dass Sie erst um 23 Uhr Zeit fanden, sich mit Shopping zu beschäftigen? Uns jedenfalls ist es schon oft so ergangen. Klassische Verkäufer stehen zu diesem Zeitpunkt nicht mehr zur Verfügung. Liveberater im Internet schon.

Jedes Unternehmen kann – unabhängig von seiner Größe – eine digitale Strategie entwickeln.

Beispiele wie dieses zeigen: Jedes Unternehmen kann – unabhängig von seiner Größe, denn Google kennt keine Größe, nur die Kategorie aktiv oder inaktiv – eine digitale Strategie entwickeln, ausgerichtet am aktuellen Bedarf der Kunden. Wie Sie gesehen haben, geht das viel weiter, als eine Homepage online zu stellen.

Wir haben es schon mehrfach betont: Die Entwicklung ist noch am Anfang. Noch ist nichts verloren. Noch haben Sie nichts verpasst. Allerdings sind wir auch überzeugt: Zukunftsorientierte Unternehmen müssen jetzt die Weichen stellen, sonst fährt der Zug zwangsläufig an ihnen vorbei. Es wundert uns zum Beispiel, wie wenige Unternehmen einen Onlineshop besitzen und wie viele ihre teuren Homepages ausschließlich als Visitenkarte nutzen. Denn damit verpassen sie die riesige Chance, neue Kunden unter Verkaufsgesichtspunkten zu nutzen. Der Vertriebsweg Internet liegt leider weitgehend brach. Sie haben die Wahl: Wollen Sie den Bedarf einfach nur decken oder wecken?

Irrtum 5: Ich verkaufe nur mein Produkt und meinen Service!

Edgar K. Geffroy hielt einmal einen Vortrag bei der Deutschen Bank. Sein Nachredner präsentierte einen Onlineshop bei Amazon sowie seinen eigenen Shop, mit dem er mittlerweile eine Million Umsatz pro Jahr erzielt. Spätestens da wurde jedem im Publikum klar: Es gibt keine Grenzen, den digitalen Kunden zu gewinnen.

Als Edgar K. Geffroy damals an dieses Thema herangegangen ist, trieb ihn eine feste Überzeugung an: Viele Spielregeln aus der Automotive-Clienting-Welt lassen sich auf das Internet übertragen. Er glaubte, dass zukunftsorientierte Unternehmen nur mit der Umsetzung digitaler Kundenkontakte langfristig erfolgreich sein konnten. Nach einer Weile stieß er auf ein spannendes Phänomen. Obwohl Unternehmer für sich in Anspruch nahmen, die Google-Spielregeln zu kennen, gab es eine vergessene Chance: Videos.

Der Einsatz von Videos ist eine Marktlücke.

Der Einsatz von Videos auf YouTube-Basis ist eine Marktlücke. Dabei will der digitale Kunde heute keinen Text. Zumindest nicht nur. Er will auch unterhalten werden. Und er mag es, wenn ihm die Welt der Produkte per Video erklärt wird. Deshalb wurden im Hause Geffroy im Laufe der letzten zehn Jahre annähernd 100 Videos für Kunden produziert. Was lag da näher, als diese Kernkompetenz online zu nutzen?

Parallel wurde getestet, ob es gelingen kann, mit einem Video auf die erste Seite bei Google zu kommen. Damals kam es zum Gespräch mit einem Experten für Suchmaschinen. Er bot an, für 500 Euro im Monat zwei Jahre lang die Keywords zu optimieren. Dieses Schlagwort ist ja bereits gefallen und wir haben Ihnen versprochen, auf diesen Punkt noch einmal genauer einzugehen. Eines der Keywords hieß »modern verkaufen«. Über Nacht wurde die Betreffzeile eines Videos, das bereits seit längerer Zeit auf dem eigenen YouTube-Kanal gezeigt wurde, umformuliert. Das Keyword lautete »modern verkaufen«. Dieses Video steht bei Google heute noch auf Platz eins.

Christian Rätsch, der ehemalige Leiter des Telekom-Mittelstandsmarketings und heutige Vorsitzende von Saatchi & Saatchi, hat diese Idee mit einem noch schwierigeren Wort umgesetzt: Einfachheit. Wenn Sie bei Google Videos mit diesem Begriff suchen, taucht auch Rätschs Video an erster Stelle auf.

YouTube

YouTube ist ein Videoportal des US-amerikanischen Unternehmens Google Inc. Es hat seinen Sitz im kalifornischen San Bruno. Gegründet wurde es im Februar 2005 von Chad Hurley, Steve Chen und Jawed Karim. Auf dem Portal können User kostenlos Videoclips ansehen, bewerten und selbst hochladen. Am 9. Oktober 2006 wurde YouTube vom Suchmaschinenbetreiber Google für umgerechnet rund 1,3 Milliarden Euro in Aktien gekauft.

Vielleicht geht es nicht immer so einfach, aber wir haben festgestellt: Ein Videokonzept im Internet, ein eigener YouTube-Kanal – der Ihnen übrigens kostenlos zur Verfügung steht – verschafft Ihnen echte Vorteile. Wenn Sie einmal verstanden haben, dass das Internet eigene Spielregeln hat, können Sie noch eine weitere Trumpfkarte ziehen. Merken Sie sich: Der Kunde will im Internet nichts verkauft bekommen – er möchte selbst etwas kaufen. Was meinen wir damit? In der Regel geht der Kunde gezielt auf die Suche: nach Produkten, nach Informationen, nach Ratschlägen. Tatsächlich ist ein digitaler Kunde zuallererst ein Ratsuchender. »Wie sieht mein Traumwagen aus?« – »Wie funktioniert eine Klimaanlage im Auto?« Der Kunde will alles Mögliche wissen. Die Nachfrage ist riesig, das Angebot – noch – dünn. Und das ist Ihre Chance!

Werden Sie in Ihrer Branche zum besten Ratgeber Ihrer Kunden! Platzieren Sie sich auf dem Markt, indem Sie Videos zur Verfügung stellen, in denen Sie bestimmte Dinge beschreiben und erklären. Auch hier sind die Autoverkäufer in den USA einen Schritt weiter. Manche Händler haben einen eigenen YouTube-Kanal, in dem laufend neue Fahrzeugmodelle in einem kurzen Film vorgestellt werden – ein Rundgang um das Auto oder eine gefilmte Probefahrt. In Deutschland ist dies noch die Ausnahme. Überraschen Sie Ihre Kunden mit einem Film zum Traumwagen – dies ist doch viel überzeugender als die schnöden Beschreibungen in den Fahrzeugsuchmasken. Oder erklären Sie die Funktion und Wartung der erwähnten Klimaanlage in einem Video. Glauben Sie uns, der Bedarf danach ist enorm.

Werden Sie in Ihrer Branche zum besten Ratgeber Ihrer Kunden! Platzieren Sie sich auf dem Markt, indem Sie Videos zur Verfügung stellen.

Internetportale wie wer-weiß-was.de oder Gutefrage.net boomen. Jeder kann für Interessierte zum Experten werden und so erst Kontakte knüpfen und später Kunden gewinnen. Sie müssen nur Ihren Fokus verändern – und der Verkauf läuft fast von allein.

Welche Rolle spielt der Kunde bei Google? Diese Frage hat uns eine Weile beschäftigt. Sie war der eigentliche Schlüssel zum Erfolg unserer digitalen Kundenstrategie. Bedenken Sie: Google interessiert sich am meisten dafür, wie Ihre Kunden denken, leider jedoch nicht dafür, wie Sie selbst denken. Das sollte Sie aber nicht weiter irritieren, denn Googles Know-how auf diesem Gebiet steht auch Ihnen zur Verfügung. Wenn Sie wissen, was Ihre Kunden im Internet suchen, können Sie Ihre Angebote gezielt darauf ausrichten. Dieser Durchbruch ist dramatisch. Denn Sie orientieren sich nicht nur am aktuellen Bedarf Ihrer Kunden. Viel besser: Sie wissen bereits vor Ihren Wettbewerbern, was Ihre Kunden suchen. Und dann besetzen Sie genau dieses Keyword im Internet. Das Tool zur Keyword-Analyse »Wie und was recherchieren Ihre Kunden im Internet?« finden Sie im Anhang.

Noch einmal, weil es so wichtig ist: Sie können sehen, was Ihre Kunden jeden Tag im Internet suchen und wie oft sie es tun. Google denkt, wie Ihre Kunden denken. Das ist der Durchbruch für Ihr Internetgeschäft.

Bevor Edgar K. Geffroy einen Vortrag hält, checkt er selbst immer gern: Was suchen die Kunden, vor denen ich reden werde? So ergeben sich immer wieder spannende Situationen. Vor einem Auftritt bei Möbelhändlern recherchierte er, wie oft »Möbel online kaufen« von Usern gesucht wird. Das Ergebnis: annähernd 35 000 Mal im Monat. Das erzählte er auch seinem Publikum. Da rief ihm ein Zuhörer zu, er würde doch wohl nicht ernsthaft glauben, dass man Möbel im großen Stil online verkaufen könne? Heute gibt es Onlineshops wie moebel.de. Dort gibt es 500 000 Produkte aus 150 Shops. Gerne würde Geffroy heute mit dem skeptischen Herrn aus dem Publikum noch einmal ein paar Worte wechseln. Ob er immer noch so denkt wie damals?

Das Internet ist der spannendste Marktplatz der Welt. Digitale Kunden können hier grenzenlos konsumieren. Mittlerweile sprechen wir nicht mehr nur vom Internet, sondern vom »Evernet«. Was verbinden wir damit? Das Evernet ist der Einstieg in die mobile Welt. Eine Welt, in der jede Information abrufbereit ist – wann Sie wollen und wie Sie wollen. Das verändert auch das Handeln und Denken der Kunden. Stellen Sie sich auf diese digitale Umwälzung ein. Wir sind keine Politiker, aber wir würden in Berlin gern neben dem Ministerium für Verkehr und digitale Infrastruktur ein Extra-Ministerium für Digitales einführen. Warum? Damit wir jedem Unternehmen einen »Digitalisierer« an die Seite stellen können.

Auf den Punkt

- Der Onlineauftritt ist nicht das Ergebnis, sondern der erste Schritt zum Erfolg.
- Es zählen nicht die Besucher, sondern die Abschlüsse.
- Je aktiver Sie das Internet versorgen, umso besser werden Sie gefunden.
- Machen Sie es Ihren Kunden so einfach wie möglich, Kontakt herzustellen.
- Machen Sie es Ihren Kunden noch einfacher zu kaufen.
- Der Einsatz von Videos auf YouTube-Basis und Google-Freund ist eine Marktlücke.
- Werden Sie in Ihrer Branche zum besten Ratgeber Ihrer Kunden.

10. Schneller, als der Kunde erlaubt

> »Nicht die Großen schlagen die Kleinen, sondern die Schnellen die Langsamen.« *Unbekannt*

Unsere Zeitgenossen sind mit ihm groß geworden und es galt als absoluter Qualitätsgarant: das Nokia-Handy. Lange Zeit war das finnische Unternehmen tatsächlich der unangefochtene Marktführer bei Mobiltelefonen. An der Börse wurde es bestens bewertet und seine Geschichte war spektakulär: von der Gummistiefelfabrik zum Weltkonzern.

Dann kam der 9. Januar 2007. An diesem Tag tauchte eine Firma, die bis dato auf dem Markt der Telefone noch kein bekannter Player war, mit einem neuen Gerät auf: einem Telefon mit Touchscreen und virtueller Software-Tastatur, das auch in der Lage war, hochauflösende Videos abzuspielen. Zwar wurde es begeistert gefeiert, doch keiner dachte zu diesem Zeitpunkt daran, dass es die Welt völlig verändern würde. Das war der Beginn von Nokias Niedergang.

Die Rede ist nochmals von Apple und dem ersten iPhone. Heute hat es jeder, der es sich leisten kann. Obwohl Google mittlerweile mit dem Betriebssystem Android erheblich mehr Kunden hat, gilt das iPhone als Kultobjekt. Telefonieren ist dabei fast Nebensache. Die Käufer nutzen das Gerät, um Nachrichten an ihre Liebsten zu tippen, Abfahrtszeiten von Zügen zu finden oder online einen Blumenstrauß für Tante Berta zu bestellen. Wer hätte 2007 daran gedacht, wie sehr sich die Welt mit diesem kleinen Gerät verändern, wie sehr es die Märkte revolutionieren würde? Wohl niemand, vielleicht nicht einmal Steve Jobs.

Niemand konnte sich vorstellen, dass mit dem ersten iPhone eine Revolution ins Rollen kommen würde.

Jedenfalls kursiert das Gerücht, dass die Manager von Nokia von Apples Auftritt gar nicht so überrascht gewesen sein sollen. Die App-Idee lag ihnen, so die Legende, sogar früher als Apple vor. Sie sollen sich sogar darüber lustig gemacht haben. Das neue Produkt, so will es das Gerücht, erschien ihnen als Spielzeug für Gamer.

Es konnte sich einfach keiner vorstellen, dass hier eine Revolution ins Rollen kommen würde. Erst Jahre später verstanden Unternehmer, dass Smartphones aufgrund ihrer Mobilität, der einfachen Bedienung und mehr als einer Million Apps inzwischen die wichtigsten technischen Helfer im Alltag waren. Und heute steht eine nächste Revolution in unserer Branche der Mobilität vor der Tür. Stichworte in Kurzform: Connected Car, Big Data, autonomes Fahren, Telematik. Für Nokia kam diese Erkenntnis zu spät. Die Telefonsparte von Nokia gehört heute zum Microsoft-Konzern, der damit seine neue Strategie der Businessintegration komplettiert. Sind Sie auf diese Veränderungen vorbereitet, bereiten Sie sich schon vor?

Stichwort »Vorstellungskraft«

Wir zählen uns zu den überzeugten First Movers. Das heißt: Wir lieben es, technische Neuerungen schnellstmöglich zu testen. Und wir können uns noch gut an unsere ersten Erlebnisse mit dem iPhone erinnern. Damals wurden wir belächelt. Der Blackberry hatte zu diesem Zeitpunkt bereits die Businesswelt erobert. Fast jeder Manager trug das kleine Gerät in der Tasche. Mit der Kombination aus Telefon und E-Mail besetzte der Blackberry eine eigene Nische. Damals behaupteten wir: Eines Tages würde der Blackberry keine Rolle mehr spielen, die meisten Manager würden – zumindest privat – ein iPhone nutzen. Das fanden viele unserer Gesprächspartner überzogen. Wenn Sie sich heute in einer Hotellobby umsehen, entdecken Sie fast nur noch Geräte von Apple, Google und neuerdings auch wieder häufiger von Microsoft.

Was wir mit dem Blackberry und dem iPhone sagen wollen: Manche Menschen sind überdurchschnittlich gut darin, Trends zu antizipieren, Entwicklungen aufzuspüren, die in der Luft liegen, und darauf mit dem passenden Produkt oder der passenden Dienstleistung zu reagieren. Der Fachbegriff für solche Reaktionen: Innovation. Jeder will sie, jeder sucht sie. Die Frage ist: Wie kommt Innovation zustande? Wenn wir uns anschauen, wie gefühlte 90 Prozent der Unternehmen ihre Produkte entwickeln, müsste die Antwort auf diese Frage lauten: durch Planung und Kundenbefragung. Nichts anderes ist ja die Marktforschung. Doch ist das wirklich ein Erfolgsfaktor?

Hatte der ewige Visionär Steve Jobs etwa ein Marktforschungsinstitut damit beauftragt, Kunden zu fragen, was sie noch suchen? Wir glauben, er hat das zu keinem Zeitpunkt auch nur annähernd in Betracht gezogen. Hätte er es dennoch gemacht, wäre mit hoher Wahrscheinlichkeit etwas sehr Enttäuschendes dabei herausgekommen. Denn den meisten Menschen fehlt schlicht die Vorstellungskraft für das, was sie nicht kennen. Für etwas, was es auf dem Planeten Erde noch nicht gibt.

Als einer der Ersten kaufte Edgar K. Geffroy ein Mobiltelefon, für – halten Sie sich fest – die stolze Summe von 12 000 D-Mark. Da fragte sein bester Freund: »Meinst du das wirklich ernst?« Er könne doch unmöglich glauben, dass man auch noch auf der Straße telefonieren müsse. Der Rest ist Geschichte. Aber die Frage bleibt: Wie entstehen Innovationen? Und wie können auch Sie die nötige Vorstellungskraft entwickeln, die Sie brauchen, um auf bloße Alibi-Marktforschung verzichten zu können? Denn Sie wissen es selbst: Marktforschung kann ein Millionengrad sein. Uns ist kein zukunftsweisendes, weltveränderndes, revolutionierendes Produkt oder Unternehmen bekannt, das durch per Standardfragebogen durchgeführte Kundenbefragungen entstanden ist.

Die vergessene Brieftasche

Edgar K. Geffroy berichtet: »An der Seite von Doktoren und Professoren saß ich einige Jahre in einem Beirat, der jährlich den Innovationspreis des Jahres vergab. Mit dem Schirmherrn Lothar Späth trat ein Gremium von Topexperten zusammen, um den jeweiligen Sieger zu küren. Die zentrale Frage lautete immer: Welcher Unternehmer ist es wert, Innovator des Jahres zu sein? Was macht eine Innovation wirklich aus?«

Denken Sie noch einmal an das Beispiel Apple: War das iPhone eine Innovation? Mit Sicherheit. Sogar eine Sensation! Was wurde dabei aber wirklich neu erfunden? Wie hoch war die Innovationskraft auf einer Skala von 0 bis 100? Bei genauem Hinsehen zeigt sich: Die einzelnen Bestandteile und Effekte des iPhones waren alle vorher schon da. Die Innovation bestand also nicht darin, etwas komplett Neues zu schaffen, sondern existierende Komponenten ganz neu zusammenzufügen. Entstehen also Innovationen einfacher, als wir denken? Auf keinen Fall! Nicht jede Neukonfiguration ist eine Innovation. Erst die Vorstellungskraft des Erfinders, der Gedanke, dass aus ihrer Zusammenführung ein völlig neues Produkt entstehen könnte, machte das iPhone zu dem, was es heute ist. Das bedeutet: Um innovativ zu sein, braucht es Vorstellungskraft, Fantasie, Spiellust und Experimentierfreude.

Um innovativ zu sein, braucht es Vorstellungskraft, Fantasie, Spiellust, Experimentierfreude.

Innovation kann aber auch ein Zufall sein. Ein anschauliches Beispiel ist die Geschichte – oder vielleicht auch nur Legende –, wie die Kreditkarte entstand. Ein Mann namens Frank McNamara vergaß einmal in einem New Yorker Restaurant seine Brieftasche. Also musste er quer durch die Metropole fahren, um Bargeld zu besorgen. Er ärgerte sich so sehr über seine Vergesslichkeit, dass ihm ein grandioser Einfall kam: die Kreditkarte. Zunächst war da die Überlegung »Wie könnte ich bargeldlos bezahlen?«. Mit einer vergessenen Brieftasche begann also eine kleine Revolution – sofern die Geschichte wahr ist. Denn es war die Geburtsstunde des Diners Club.

Das Zufallsprinzip ist ein Glücksgriff. So etwas passiert nicht jeden Tag. Und auch die Spezies Steve Jobs ist eher selten, vermuten wir. Marktforschung haben wir bereits abgehakt. Deshalb lautet die Schlüsselfrage: Wie entstehen Innovationen?

Durch unsere Arbeit in diversen Facharbeitskreisen wurde uns bewusst: Die Idee der Innovation muss neu hinterfragt werden. Eigene Erfahrungen und Erfolge machten es dann offensichtlich: Wir denken von der falschen Seite aus. Mit »wir« meinen wir jetzt vor allem Firmen. Und die Unternehmen der Automobilindustrie sind dafür ein gutes Beispiel. Sie denken von innen nach außen. Was heißt das genau? Zuerst wird etwas entwickelt und perfektioniert. Dann präsentieren es die Macher der Weltöffentlichkeit – in der Hoffnung, dass die Neuerfindung möglichst viele Kunden begeistern möge.

Frust ist im Grunde schon vorprogrammiert. Denn nicht selten fehlt ein wichtiges Feature, ein Detail, das man in der Entwicklung nicht berücksichtigt hat. Kein Wunder. Den Kunden hat ja vorher niemand gefragt. Wenn das Produkt öffentlich präsentiert wird, ist es für Änderungen zu spät. Wir selbst halten häufig Motivationsvorträge bei solchen Kick-off-Veranstaltungen und haben schon erlebt, wie hinter vorgehaltener Hand über Mängel eines brandneuen Produkts getuschelt wurde.

Auch hier wäre der Schlüssel für den Erfolg beim Kunden zu suchen. Schon der Begriff »Innovation« lenkt auf eine falsche Fährte. Denn hier steht Innovation im übertragenen Sinn für »von innen«. Wir erfanden ein anderes Wort und nannten es »Exnovation« statt Innovation. Damit haben wir uns harsche Kritik eingehandelt. Exnovation hat sich auch nicht durchgesetzt, dafür entstand der Begriff »Open Innovation«. Dieser Begriff lässt schon einmal eine neue Definition zu: »Ich bin offen. Offen für Einflüsse von anderen. Offen für Ideen von außen.«

Wir nannten es »Exnovation« statt Innovation. Der neue Begriff hat sich nicht durchgesetzt, dafür entstand der Begriff »Open Innovation«.

IBM stellte genau das in einer Studie fest: Von den drei wichtigsten Innovationstreibern befinden sich zwei außerhalb des Unternehmens. Wer soll das sein? Es sind Kunden und Partner. Der wichtigste Impulsgeber – so ergab die Studie – ist tatsächlich der eigene Mitarbeiter. Damit ergibt sich folgende Reihenfolge der Impulsgeber: Mitarbeiter, Kunden, Partner. Sie bilden zusammen die Grundlage zukünftiger innovativer Produkte und Geschäftsideen.

Konzentrieren Sie sich für einen Moment auf den Kunden. Als einer der wichtigsten Ideengeber stellt er Unternehmen in der Automobilbranche vor eine ganze Reihe von Herausforderungen. Wie tief will man ihn einsteigen lassen in die Entwicklung neuer Produkte, neuer Dienstleistungen? Wie viel darf er wissen? Ist der Kunde überhaupt bereit mitzuspielen?

Dreaming Sessions

Vor der Einführung einer neuen Strategie zu umweltverträglicheren Produkten diskutierte das Unternehmen General Electric (GE) mit Kunden. Im Sommer 2004 wurden Chefs aus verschiedenen Branchen zu zweitägigen »Dreaming Sessions« eingeladen, bei denen sie sich das Leben im Jahr 2015 vorstellen sollten – und die Produkte, die sie dann von GE brauchen würden.

Dies sind nur einige Fragen, die Unternehmen bewegen, die bei der Entwicklung neuer Geschäftsfelder Kunden integrieren. In der General-Electric-Welt nach Jack Welch, einem der erfolgreichsten Manager der letzten Jahre, wurde ein neues Programm entwickelt: die »Dreaming Sessions«. Das Ziel: Die Kunden sollten träumen. Dieser Begriff war ganz bewusst gewählt, denn die Mitarbeiter von GE wollten erfahren, was in den Köpfen der Kunden vor sich geht. Später war aus dem Unternehmen zu hören: Im Zuge dieser »Dreaming Sessions« konnten hochinteressante neue Lösungen entwickelt werden.

Ein anderes Beispiel: Autohersteller begleiteten eine Zeit lang Kunden in Indien. Sie lebten sogar in den Haushalten mit Kindern, um zu verstehen, wie ein indischer Kunde über Autos denkt. Das klingt nach sehr viel Aufwand. Doch entsprechend ist auch der Ertrag. Wer allein berücksichtigt, dass ein Inder mit einem Turban Auto fährt, denkt schon anders über die Frage nach, wie ein Dachhimmel gestaltet sein muss.

Es sind die kleinen Dinge, die den Erfolg ausmachen. Entscheidend ist immer die Bereitschaft, auf den Kunden zuzugehen, ihn zu integrieren, seine Ideen aufzugreifen. Dieser offenen Art, mit Kunden zu agieren, verdanken sich ganze Konzepte und Programme.

Entscheidend ist die Bereitschaft, auf den Kunden zuzugehen, seine Ideen aufzugreifen.

Wir selbst fragen permanent unsere Kunden. Wir hören darauf, was sie uns zu sagen haben. Wir laden auch immer wieder Kunden dazu ein, mit uns über die Zukunft nachzudenken. Es gibt viele erfolgreiche Unternehmen der Automobilbranche, die das Thema Kundenzufriedenheit auf ihre Art aufgreifen: Einmal im Jahr laden sie ihre Stammkunden zu einem Essen mit dem gesamten Führungspersonal ein. Das greift nach unserer Meinung noch etwas zu kurz. Gerade Unternehmen in dem anspruchsvollen Mobilitätsmarkt müssen heute sehr viel näher an dem dran sein, was die Kunden wirklich denken. Überlegen Sie einmal: Wann haben Sie sich das letzte Mal mit Ihren Kunden zusammengesetzt? Wie lange ist es her, dass Sie anlasslos gemeinsam mit ihnen darüber nachgedacht haben, wie sich die Märkte und Dienstleistungen der Mobilität und Produkte in Zukunft verändern, verändern müssen?

Nur wer sich Zeit nimmt und rechtzeitig reagiert, bekommt mit, wohin der Wind weht.

Dabei gilt: Einmal ist keinmal. Es genügt nicht, sich einmal jährlich mit Kunden zusammenzusetzen. Nur wer sich Zeit nimmt und rechtzeitig reagiert, bekommt mit, wohin der Wind weht – bevor es die Wettbewerber tun. Nokia hat die Warnsignale nicht gehört.

Zumindest ist es dem Unternehmen nicht gelungen, vor der Konkurrenz zu reagieren. Was bedeutet das nun konkret für interne Abläufe? Nun, es ist sicher nicht damit getan, Mitarbeiter mit Kundenkontakt auf Kommunikationsschulungen zu schicken, damit sie aktives Zuhören lernen. Nein, es geht vielmehr darum, dass jeder Mitarbeiter – auch der in der Buchhaltung oder in der letzten Ecke der Produktion – seine Arbeit anders sieht und versteht. Es reicht aber auch nicht, dass jeder Angestellte im Sinne des Automotive Clienting denkt. Wichtig ist zudem, im Unternehmen Prozesse zu etablieren, Abläufe zu gestalten, Methoden einzuführen. Das Ziel sollte immer sein, regelmäßig und rechtzeitig Fragen zu stellen:

- Was können wir unseren Kunden Gutes tun?
- Sind unsere Kunden noch bei uns oder schon auf dem Weg zum Konkurrenten?
- Was erwarten sie von uns und wie können wir auf diese Wünsche reagieren?

Service mit Aufmerksamkeit und Herz

Selbst zufriedene Kunden wechseln einmal die Marke. Aber der mit Abstand höchste Kundenverlust geht auf kommunikative Verhaltensfehler zurück. Und hier zeigen die Studien der BBE Automotive und die Erfahrungen der FSP, man lese und staune: Ganz weit oben steht die Forderung und Erwartung nach kurzen Wartezeiten! Die Konsequenz für jeden Betrieb in der Kfz-Branche ist die zentrale Bedeutung der Frage: Wie lassen sich systematisch Wartezeiten verringern? Wie gibt man dem Kunden das gute Gefühl, dass er gleich drankommt? An zweiter Stelle steht der individuelle Maßanzug, die Ermittlung und Kenntnis der persönlichen Bedarfe: An welchem Bahnhof holen die Mitarbeiter den Kunden ab? Welch vielfältige Chancen!

Nach einer Servicestudie staunten wir erneut: Die Fahrzeugreinigung nach dem Service ist mittlerweile Standard, meist begrenzt auf die Außenreinigung! Unsere Forderung: Außen und innen! Den Kunden zu seinem Fahrzeug begleiten (bei Regen natürlich mit Schirm!). Das führt zu einem Aha-Erlebnis. So finden Sie den Weg zum Herzen ihres Kunden. Der letzte Eindruck ist der Bleibende.

Nicht nur große Unternehmen können Großes leisten.

Autohaus Scharfenberg

Von 70 auf 1000 Gebrauchtwagen in wenigen Jahren: Der Kempener Škoda-Servicebetrieb hat dieses beachtliche Wachstum vor allem durch seine auf Geschwindigkeit ausgelegten Onlinevertriebsprozesse geschafft. Neben wettbewerbsfähigen Preisen ist es vor allem die schnelle Reaktionszeit auf Kundenanfragen. Alle internen Prozesse sind konsequent auf Schnelligkeit ausgelegt. Die Verkäufer sind von allen administrativen Aufgaben befreit und können und sollen sich auf die Schnelle Beantwortung von beziehungsweise Reaktion auf Interessentenanfragen konzentrieren. Das bringt Erfolg!

In diesem Unternehmen ist schon der Interessent eine Herzenssache. Jeder Verkäufer des Hauses ist motiviert, im Sinne des neuen Kunden zu handeln. Jeder Verbesserungsvorschlag wird sofort aufgegriffen, innerhalb des Teams diskutiert und – wenn möglich – schnellstens umgesetzt. Viele Kleinigkeiten addieren sich hier zu einem großartigen Gesamteindruck.

Sie sehen: Erfolg hat nichts mit der Größe des Unternehmens zu tun. Es zählt vielmehr die innere Einstellung gegenüber dem Kunden. »Start with the customer« lautet das Leitmotiv des Amazon-Gründers, der vor kurzer Zeit in den USA einen Liveberater-Service per Video eingeführt hat. Von der Deutschen Telekom gibt es mittlerweile eine Softwareplattform namens »Teamlike«. Sie funktioniert praktisch wie Facebook. Über eine interne Plattform können sich Mitarbeiter und Verkäufer austauschen und Ideen entwickeln. Kunden werden über den persönlichen Kontakt hinaus Partner bei der Entwicklung neuer Produkte. Eine moderne Form des Ideenaustauschs.

Finden Sie etwas Neues »out of the box«. Vielleicht einen Trend, der gerade auftaucht. Auf jeden Fall eine Technik, die jetzt erst bezahlbar ist. Eine Vertriebsform, an die noch keiner dachte. Stellen Sie das Normale infrage. Kombinieren Sie bestehende Produkte mit aktuellen Ideen. Gestalten Sie den Wandel mit. Und vergessen Sie nie: Der Kunde ist nicht nur König, sondern auch Ihre Energiequelle, Ihr Ideengeber. Kurz: Teil Ihres Entwicklungslabors.

Auf den Punkt

- Erwarten Sie von Ihren Kunden keine Lösungen, nur Ideen.
- Hören Sie aktiv zu!
- Innovation erfordert Vorstellungskraft.
- Seien Sie offen für Einflüsse von außen.
- Es sind die kleinen Dinge, die den Erfolg ausmachen.
- Der Kunde ist Ihr Ideengeber.
- Erhöhen Sie die Geschwindigkeit nur, wenn Ihr Kunde die Richtung vorgegeben hat.

11. Neukundengeschäfte als wichtige Ergänzung zur Stammkundenpflege

»Bring den Kunden ins Machen.« *Unbekannt*

Wie kann man mit Automotive Clienting Neukunden gewinnen? Diese – durchaus berechtigte – Frage hört Edgar K. Geffroy mehrmals pro Woche. Immer dann, wenn ein Interessent sich von der Geffroy GmbH beraten lassen möchte. Das Konzept des Automotive Clienting stellt den Einzelnen in den Mittelpunkt. Es zeigt Ihnen, wie Sie Kundenbeziehungen pflegen können. Aber was ist, wenn diese noch gar nicht bestehen?

Start-ups etwa müssen ganz neu akquirieren. Aber auch alteingesessene Unternehmen verlieren Kunden – selbst wenn sie alles richtig machen. Das muss an sich nichts Schlechtes sein. Eine natürliche Kundenfluktuation kann für Unternehmen durchaus vorteilhaft sein: Sie motiviert dazu, systematisch neue Kunden zu gewinnen. Nicht wenige Unternehmen scheitern, weil sie gänzlich von ein bis zwei Großkunden abhängig sind. Auch wenn Beziehung und Qualität der Arbeit bestens sind, passiert es immer wieder: Kunden brechen plötzlich weg. Das kann mit Umständen zusammenhängen, auf die das Unternehmen keinen Einfluss hat, wie etwa ein Strategiewechsel oder ein neuer Entscheider im Kundenunternehmen oder ein Modellwechsel, der nicht den Geschmack des Kunden trifft. Von einem Tag auf den anderen gerät das Unternehmen in Turbulenzen, womöglich ist sogar die Existenz gefährdet.

Eine natürliche Kundenfluktuation kann für ein Unternehmen auch vorteilhaft sein.

Das sollte Ihnen nicht passieren: Deshalb kommen wir jetzt zu einem Erfolgsmodell für einen gesunden Mix aus Stammkundenpflege und Neukundengewinnung. Den Anstoß geliefert hat Vilfredo Pareto – ein Italiener, der meist falsch interpretiert wird.

Wie Sie sich Ihren Erfolg ausrechnen

In erfolgreichen Unternehmen der Automobilbranche war Pareto unabdingbar, wenn es um die Planung des Geschäfts ging. Mittlerweile haben wir den Eindruck, dass diese Gesetzesregel kaum noch beachtet wird. Pareto hat Folgendes entdeckt: Bei einem Projekt werden 80 Prozent der Ergebnisse in 20 Prozent der zur Verfügung stehenden Zeit erreicht. Das Pareto-Prinzip besagt zudem: Viele Aufgaben lassen sich mit einem Einsatz von 20 Prozent so erledigen, dass 80 Prozent der Probleme gelöst werden.

Pareto-Prinzip

Das Pareto-Prinzip ist benannt nach Vilfredo Pareto (1848–1923), einem italienischen Ingenieur, Ökonomen und Soziologen. Das Pareto-Prinzip wird auch Pareto-Effekt genannt. Die 80/20-Regel besagt: 80 Prozent der Ergebnisse werden in 20 Prozent der für ein Projekt zur Verfügung stehenden Zeit erreicht. Die noch verbleibenden 20 Prozent der Ergebnisse erfordern 80 Prozent der gesamten Zeit, verursachen also die meiste Arbeit.

Wir verstehen Pareto so: Er hat einen natürlichen Prozess auf das Business übertragen. Die Natur verschwendet nämlich keine Energie. Im Gegenteil, sie muss Energie sparen und sinnvoll einsetzen, sonst würde unser globales System explodieren. Das Gleiche gilt auch im Business: Wer sich konzentriert, wächst. Wer sich verzettelt, droht zu implodieren.

Wer sich konzentriert, wächst. Wer sich verzettelt, droht zu implodieren.

Pareto präzisierte diese Erkenntnis. Er konnte nachweisen, dass die 80/20-Regel praktisch immer gilt – und zwar für die verschiedensten Bereiche. Mit 20 Prozent Ihrer Kunden machen Sie 80 Prozent Ihres Umsatzes oder Gewinns. Leider erzielen die verbleibenden 80 Prozent nur noch 20 Prozent des Geschäftsergebnisses. Unternehmern ist dieses Pareto-Gesetz zwar meist bekannt, allerdings ziehen sie daraus falsche Konsequenzen.

Pareto ist auch im automobilen Bereich jederzeit präsent. So machen Teile-Großhändler sehr oft mit 20 Prozent der Fahrzeugteile-Positionen 80 Prozent des Umsatzes. Aus der Stammkundenstruktur resultierend macht der Handel sehr häufig mit 20 Prozent aller Kunden 80 Prozent seines Umsatzes. Ohne es im Detail mathematisch übergreifend analysiert zu haben, kann die BBE Automotive aus der Beratungspraxis durchaus bestätigen, dass diese Regel sehr oft gilt und vielfach als Gedankenansatz anwendbar ist.

Betrachten Sie das Pareto-Gesetz wie ein Foto. Immer wenn Sie es schießen, stimmt die 80/20-Regel. Es ist eine Momentaufnahme. Ein Zeitpunkt, zu dem Sie klar definieren können, welche 20 Prozent Ihre Topprodukte sind. Die Waren also, welche die wichtigste Rolle für Ihr Geschäftsergebnis spielen. Genauso können Sie feststellen, welche 20 Prozent Ihrer Topkunden ausschlaggebend für Ihren Erfolg sind. Schon ein halbes Jahr später könnte diese Momentaufnahme anders aussehen. Die Pareto-Regel würde sicher wieder stimmen, doch inzwischen belegen womöglich andere Waren oder Kunden die Spitzenplätze. Bei dieser Betrachtungsweise fehlt also ein entscheidendes Element: die Zeit.

Deshalb schlagen wir vor: Fügen Sie den Faktor Zeit hinzu. So können Sie das Pareto-Prinzip besser für Ihr Geschäft nutzen. Dann lautet die Regel nicht 80/20, sondern 20/60/20. Legen Sie dabei Ihren Fokus künftig nicht nur auf bestehende Kunden und Produkte, sondern integrieren Sie auch den Faktor Entwicklungspotenzial.

Wenn Sie die 20/60/20-Regel beachten, unterteilen Sie die ersten 20 Prozent in Topkunden. Jetzt springen Sie zu den anderen 20 Prozent. Das sind die V-Kunden. »V« steht hierbei für »verzichten«. Das bedeutet: Verzichten Sie auf 20 Prozent Ihrer Kunden. Wir wissen, der Gedanke, Kunden (oder Dienstleistungen) aufzugeben, klingt zunächst befremdlich. Sie sollten es trotzdem tun, denn Sie gewinnen dadurch Zeit. Wertvolle Zeit, die Sie brauchen, um Ihr Programm »Herzenssache Kunde« zu realisieren – und zwar mit den richtigen Kunden!

Das größte Wachstumspotenzial liegt allerdings in der Mitte: bei den 60 Prozent. Diese Kunden laufen in der Regel einfach irgendwie mit. Sie machen Umsatz mit ihnen, das Potenzial einer wirklich großen Geschäftsbeziehung wird aber nicht ausgeschöpft. Warum nicht? Ganz einfach: Auf diese Kunden geht niemand gezielt zu. Mit systematischem Bestandskundenmanagement und kundenindividueller Ansprache haben Sie eine gute Chance, mit Ihren Kunden bessere Geschäfte zu machen und dabei deren Loyalität zu gewinnen.

Der Pareto-Regel mit 80/20 stellen wir die Erfahrungen von 20/20/40/20 gegenüber.

Unsere Erfahrung als Berater zeigt: Wenn Sie sich auf weitere 20 Prozent dieser High-Potential-Kunden fokussieren würden, gäbe es hier eine Chance auf zweistelliges Wachstum. Wenn Sie also 20 Prozent aus den 60 Prozent der besonders entwicklungsfähigen Kunden herausarbeiten, gibt es immer noch 40 Prozent mit Potenzial für die Zukunft. Der Pareto-Regel mit 80/20 stellen wir damit die Erfahrungen von 20/20/40/20 gegenüber: 20 Prozent sind heute schon top, 20 Prozent sind High Potentials und werden gezielt neu akquiriert, 40 Prozent bieten Zukunftspotenzial – und auf die letzten 20 Prozent verzichten Sie. Eigentlich ist es gar nicht kompliziert. Analysieren Sie so Ihr eigenes Unternehmen, Ihre Kundendatenbank.

Sie kennen sicherlich den Grundsatz, dass mehr Geschäft mit bestehenden Kunden immer einfacher ist als das klassische Geschäft mit

Neukunden. Das lässt sich gut begründen mit der Theorie des Automotive Clienting. Denn hier kommt die Beziehung ins Spiel. Diese haben Sie mit einem bestehenden Kunden bereits aufgebaut. Wir wundern uns immer wieder, wie sehr diese Geschäftsgrundlage vernachlässigt wird.

Wichtig ist noch ein weiterer Punkt: Gehen Sie nun neue Wege, um interessante Kunden zu gewinnen! Statt sich an klassischer Werbung zu orientieren, nutzen Sie ein Medium mit großem Wachstumspotenzial: das Internet. Stellen Sie eine – conversion-optimierte – Landingpage ins Netz, also eine Verkaufsseite, deren Ziel es ist, aus Besuchern Kontakte zu gewinnen. Und dann bieten Sie den Kunden etwas an, was diese wirklich interessiert. Schon können Sie sich über neue Kontakte freuen!

Die Google-Suche

Über die natürliche Suche bei Google besser gefunden zu werden und damit neue Kontakte zu generieren ist gar nicht so schwer. Beachten Sie nur die Spielregeln, die wir Ihnen in diesem Buch vorgestellt haben. Dann können Sie sich auch im Internet eine eigene – Achtung, Monsterwort! – Neukundengewinnungssystematik aufbauen. Kurz gesagt: Ihr Ziel ist es, immer leichter gefunden zu werden. Möglich wird dies, indem Sie Ihre Internetseite permanent optimieren. Je mehr Sie bereit sind, Ihr Wissen preiszugeben, je mehr Know-how Sie anbieten, das Ihren Kunden hilft, umso besser stehen Ihre Chancen, aus Kontakten neue Kunden zu machen.

In der digitalen Welt stehen Ihnen zudem praktische Schnellstartprogramme zur Verfügung. Google AdWords bietet etwa die Möglichkeit, gezielt für Keywords zu werben. Dies ist frappierend einfach. Und so funktioniert es: Sie bezahlen nur für die Weiterleitung auf Ihre Seite, wenn jemand dieses Keyword anklickt.

Tatsächlich investieren Unternehmen Hunderttausende von Euro, um über diese Keyword-Suche gefunden zu werden. Was auf der rechten Seite der Google-Ergebnisseite steht, wird schnell als Werbung erkannt. Wussten Sie aber auch, dass die drei oberen Treffer auf einer Google-Seite meist geschaltete Werbung sind?

Arbeiten allerdings alle mit dem gleichen Keyword, unterscheiden sie sich nicht. Wenn Sie über diesen Weg Kunden gewinnen wollen, sollten Sie sich etwas Neues einfallen lassen. Etwas, das zwar auf dem gesuchten Keyword basiert, aber nicht nur. Ein Beispiel: Googeln Sie einmal das Keyword »Inspektion« – das übrigens sehr teuer ist. Es werden Ihnen unzählige AdWords-Anzeigen geliefert. Ein regelrechtes Überangebot – von der Dekra, die in einer Werbeanzeige an prominenter Stelle private Werkstatttester sucht, über die nationalen Systemwerkstattketten bis hin zu vielen anderen Kfz-Werkstätten. Wir können Ihnen sagen: In diesen Service fließen Millionenbeträge. An Ihrer Stelle würden wir in der Formulierung der Anzeige, die unter dem Keyword »Inspektion« geschaltet ist, einen erkennbaren Nutzen bieten. Wählen Sie etwa die Wortgruppe »Inspektion Tipps«, wirkt dies schon als erstes positives Unterscheidungsmerkmal. Das Auge erfasst den Unterschied schnell. Und schon haben Sie Ihre Chance auf einen Klick erhöht. Ist der potenzielle Kunde erst einmal auf Ihrer Seite, gilt es, möglichst schnell eine Beziehung mit ihm aufzubauen.

Wussten Sie, dass die oberen Treffer auf einer Google-Seite meist geschaltete Werbung sind? Und wussten Sie, dass »Rohrverstopfung« eines der teuersten AdWords ist?

Auch allgemeine Begriffe wie »Gebrauchtwagen«, »Reifen« oder »Autoteile« werden als Keywords viel gebucht und kosten relativ viel Geld pro Klick. Ihre Aufgabe als Kfz-Betrieb ist es, dass Sie mit dem relevanten Sortiment lokal oder national auch ohne AdWords-Kampagnen gefunden werden. Prüfen Sie Ihren digitalen Außenauftritt und schauen Sie, dass die üblichen Keywords bei Ihnen immer exponiert, zum Beispiel als Headline, hervorgehoben sind. Und diese Keywords müssen Sie auch ins Web 2.0 tragen.

Die Facebook-Kampagne

Wenn es Ihnen zu lange dauert, über die natürliche Google-Suche gefunden zu werden und/oder Google AdWords zu teuer sind, können Sie in die Social-Media-Welt gehen. Denn Facebook und Co. sind eine interessante Alternative zu Google.

Facebook hat zum Beispiel mittlerweile ein recht genaues Profil von vielen Nutzern. Zum gegenwärtigen Zeitpunkt gibt es über eine Milliarde Menschen, die Facebook nutzen. Ihnen als Unternehmer bietet Facebook die Möglichkeit, ein Profil Ihres Idealkunden zu definieren. Je konkreter Ihre Vorstellung von dem Kunden ist, den Sie gewinnen wollen, umso genauer können Sie Ihr Wunschkundenprofil festlegen.

Sobald das Profil steht, schaltet Facebook bei den passenden Usern Ihre Anzeige. Obwohl der potenzielle Neukunde nicht aktiv gesucht hat, erhält er ein Angebot. Mit ein bisschen Glück interessiert es ihn auch. Die Anzeige selbst wird meist so geschickt verpackt, dass Sie schon genau hinschauen müssen, um zu erkennen, ob es sich hier nun um den Post eines Freundes handelt oder doch um Werbung.

Bieten Sie nun einen sofortigen Nutzen? Dann erhöht sich die Wahrscheinlichkeit, dass User Ihre Seite anklicken. Sie sehen: Je genauer Sie wissen, wen Sie suchen, desto größer sind die Chancen, diesen Kunden zu finden.

Dazu noch ein wichtiger Hinweis von Gerd Heinemann: Facebook und andere soziale Netzwerke sind keine Verkaufskanäle. Seien Sie nicht enttäuscht, wenn Sie nicht direkt nach den ersten Aktivitäten Umsatz machen. Facebook hilft Ihnen aber, Ihr Unternehmen und Ihre Aktivitäten in die Welt zu tragen und Ihr Image nachhaltig zu pflegen. Nachgelagert kommt der Umsatz.

Topentscheider gewinnt man anders

Alle aufgezeigten Wege bieten Möglichkeiten, neue Kunden zu akquirieren, eine Beziehung aufzubauen und einen Abschluss zu erzielen. Wir haben uns hier bewusst auf Google und Facebook konzentriert. Natürlich gibt es online noch weitere Optionen, wie etwa Netzwerke wie Xing oder LinkedIn, Twitter, YouTube, Instagram, Pinterest, Auto-Foren und Bewertungsportale. Nach unseren Erkenntnissen liegt der Erfolg in der Kombination von Offline- und Onlineaktivitäten.

Welche Möglichkeiten aber haben Sie, wenn Sie Kunden einer sehr speziellen und schwierigen Zielgruppe zu gewinnen suchen? Beispielsweise Topentscheider, also Unternehmensinhaber, Manager, Vorstandsvorsitzende. Diese Menschen werden sich eher nicht auf Ihrer Homepage oder Facebook-Seite tummeln. Wie also bauen Sie erfolgreiche Beziehungen mit hohen Tieren, die von Assistenten abgeschottet werden, auf?

Meist geht das nur über Empfehlungen und persönliche Referenzen. Ist Ihr Angebot extrem attraktiv, kann es auch passieren, dass Sie von alleine angesprochen werden – an dieser Stelle ein Hoch auf die Mundpropaganda! Sicherlich sind auch persönliche Netzwerke hilfreich. Sie können auch bei einem Networking-Treffen Glück haben und einen neuen Kunden gewinnen. Am besten ist immer, Ihr guter Ruf eilt Ihnen voraus.

Am besten ist immer, Ihr guter Ruf eilt Ihnen voraus.

Doch wie können Sie diesen erwerben? Natürlich gibt es dafür kein Patentrezept. Eine Empfehlung von uns lautet: Schreiben Sie! Es ist kein Zufall, dass die meisten Kunden von Edgar K. Geffroy auf seine Anregung hin ein Buch verfasst haben. Beispielsweise hat Konrad Reiber, Inhaber der Firma Reico Vital-Systeme, bereits zwei Bücher veröffentlicht: *Auf dich kommt es an* und *Entdecken Sie Ihre Gesundheit neu*. Das erste Buch dürfte inzwischen ein Bestseller sein. Mit einer Publikation können Sie Ihre Kompetenz unterstreichen. Prospekte sind gut, Bücher sind besser!

Vielleicht könnten Sie einem renommierten Player auch eine eigene App anbieten. Inzwischen gibt es dazu gute und kostenlose Software. Diese ermöglicht es Ihnen, Ihre Facebook-Seiten in eine eigene App zu integrieren. Ohne Mehraufwand. Ohne Kosten. Topentscheider sind allerdings nicht selten Menschen mit hohen Ansprüchen. Entwickeln Sie eine spannende Idee für den ersten Kontakt. Schicken Sie etwa statt eines Flyers eine Dollarnote und bauen Sie eine Sales-Story drum herum. Genau das ist unser Job seit 30 Jahren: kreative Akquisitionskonzepte.

Und noch ein Tipp von BBE Automotive und FSP: Es gibt für Männer kaum ein emotionaleres Thema als Oldtimer. Wenn Sie damit richtig spielen, erreichen Sie Topentscheider auf allen Ebenen. BBE Automotive hat deshalb den ersten Oldtimer angeschafft und präsentiert den Fortgang der Restaurierung pressewirksam auf allen Kanälen. FSP begleitet das Projekt als kompetente Sachverständigenorganisation.

In sieben Schritten zum Kunden

Jetzt möchten wir Ihnen noch eine Methode für die notwendige Akquisition von neuen Kunden im Neu-, Gebrauchtwagen, Teile- sowie Servicegeschäft geben. Stellen Sie sich vor, Sie stoßen auf einen potenziellen Kunden, doch er wirkt nicht interessiert. Was tun? Auf keinen Fall aufgeben! Studien belegen, dass Interessenten im Schnitt sieben Kontakte brauchen, bis sie bei einem komplexen Produkt Ja sagen und Kunden werden.

Sie brauchen sieben Kontakte, bis der Kunde bei einem komplexen Produkt wie dem Automobil und dem Service Ja sagt.

Wir betonen: Es geht hier um einen Neukunden, der Sie, das von ihnen angebotene Produkt oder Ihren Service bisher noch nicht kennt.

Bei einem bereits gewonnenen Kunden sind keine sieben Kontakte erforderlich. Um beispielsweise Ihrem besten Kunden ein neues Modell vorzustellen, genügen in der Regel ein oder zwei Kontakte. Ist Ihre Beziehung zum Kunden nicht so eng, brauchen Sie vielleicht drei bis vier. Nur bei Neukunden gilt es nun, über sieben Brücken zu gehen.

Interessant ist in diesem Zusammenhang auch eine vergessene Zielgruppe: Kontakte, bei denen es zu keinem Abschluss kam, obwohl mehrere Gespräche geführt worden sind. Die Zielgruppe »Kontakt ja – Abschluss nein« ist bereits in ein »Beziehungsaufbausystem« mit Ihnen eingestiegen, sie befindet sich vielleicht auf Stufe drei oder vier. Dazu etwas zum Nachdenken: 74 Prozent aller Besucher eines Ausstellungsraumes, die mit einem Verkäufer ein Gespräch führen, wollen an diesem Tag ihr Wunschauto bestellen. Nur 26 Prozent kaufen. Erfahrungsgemäß wird zu diesem Zeitpunkt meist die systematische Neukundengewinnung gestoppt. Denn es ist der Eindruck entstanden: Dieser Kontakt führt nicht mehr zum Ziel. Ein Fehlschluss. Unsere Erfahrung zeigt: Allein die konsequente Fortführung des Kontakts bringt mehr Geschäft. Führen Sie in jedem Fall eine systematische »Lost Customer«-Analyse ein, um im Rahmen eines kontinuierlichen Verbesserungsprozesses Ihr Angebot, die Kommunikation und die Nutzendarstellung weiterzuentwickeln.

74 Prozent aller Interessenten, die den Ausstellungsraum besuchen, wollen am selben Tag kaufen.

Webinar

Webinar oder auch Web-Seminar nennt man ein Seminar, das über das World Wide Web gehalten wird. Es wird interaktiv gestaltet. Das heißt, eine beidseitige Kommunikation zwischen Teilnehmern und Veranstaltern ist vorgesehen.

Wie kommen Sie nun zu sieben Kontakten? Sie können ein siebenstufiges Beziehungssystem über das Internet aufbauen, indem Sie beispielsweise zu einem Thema Ihrer Wahl kostenlos einen siebenteiligen E-Mail-Lernkurs anbieten, möglicherweise auch in Kombination mit einem Webinar.

Callcenter und langweilige Werbemailings haben weitgehend ausgedient, neue Wege sind gefragt! Wichtig ist vor allem: Der potenzielle Kunde sollte schon mit dem ersten Kontakt begeistert werden. So sehr, dass er einem ersten Termin zustimmt. In der klassischen Akquise haben wir dafür eine spannende Variante entwickelt: den Eyecatcher.

Die Probefahrt lebt

Ein Auto kommt – mit der Post!

Wir hatten eine besondere Beipack-Idee und verschickten diese in Form eines klassischen Briefs. Gemeint ist hier kein Prospekt oder Flyer – das wäre ja Werbung. Nein, im Umschlag steckte ein Geschenk. Natürlich passend zum Thema.

Konkret: Als Werbung für einen neuen SUV verschickten wir jeweils ein originalgetreues Modell an die erfolgversprechendste Zielgruppe. Dahinter steht der Gedanke: haptisch und spielerisch Aufmerksamkeit für ein neues Auto zu wecken. Die angesprochenen Kunden reagierten schnell auf diese Art der Kontaktaufnahme. Sie suchten sogar von sich aus einen Termin beim Verkäufer. Warum hat das so gut funktioniert? Wir denken, weil der eigene Händler sie auf das Thema bisher nicht angesprochen hatte. Zudem gefiel ihnen die kreative Idee.

Auch Gerd Heinemann berichtet von einer guten postalischen Aktion eines Anbieters von Coaching. Dieser packte einen Fünf-Euro-Schein in einen Bilderrahmen und legte ein ansprechendes Anschreiben bei. Mit etwas Geschick konnte man diesen Schein entnehmen. Die ungewöhnliche wertige Form der Ansprache führte zu einem erinnerungswürdigen Moment des Erstaunens beim Auspacken. Hier kam es nach erfolgtem Anruf des Absenders dann auch zu einem Gesprächstermin.

Im Anhang finden Sie per QR-Download einen weiteren Akquisitionsbrief. Er erzielte einen sensationellen Rücklauf von 90 Prozent und gilt als der erfolgreichste Werbebrief aller Zeiten. Er bestätigt ein Prinzip, das im Automotive Clienting berücksichtigt wird: Geschenke bringen positives Feedback. Aber schauen Sie selbst!

Noch ein paar Beispiele: An ein marktführendes Immobilienunternehmen verschickte Edgar K. Geffroy ein Kinderspielzeug, einen kleinen Zug mit drei Anhängern, verbunden mit der Idee »Springen Sie auf den Europazug auf«. Für Jaguar Deutschland wurden 16 000 original englische Marmeladentöpfe in die Post gegeben. Damit sagten wir den Empfängern: »Stellen Sie sich vor, Ihr neuer Jaguar steht vor Ihrer Haustür. Sie genießen gerade Ihr Frühstück mit original englischer Marmelade und sehen, wie die Morgensonne Ihr neues Auto anstrahlt.« Die Resonanz war phänomenal. Merken Sie sich: Der neue Kunde ist auch ein Mensch, der begeistert werden will.

Auf den Punkt

- Beachten Sie die 20/20/40/20-Regel.
- Starten Sie eine Kampagne im Internet.
- Sie brauchen bis zu sieben Schritte, bis der neue Kunde Ja sagt.
- Emotionale Themen sind Türöffner.
- Schenken mit Nutzwert führt zu positivem Feedback.
- Der Kunde will verblüfft werden!

12. Kairos – die Sekunde, die entscheidet

»Wer den Kunden nicht kennt, verpasst den richtigen Zeitpunkt zum Abschluss!« *Gerd Heinemann*

Hohe Qualität, toller Service, ein gutes Preis-Leistungs-Verhältnis – einst waren das die wichtigsten Erfolgsfaktoren für aufstrebende Unternehmen. Inzwischen sind das Standards. Was einmal als Auszeichnung galt, wird heute als selbstverständlich erachtet. Ohne Spitzenqualität, ohne Topservice und ohne ein sehr gutes Preis-Leistungs-Verhältnis sind Unternehmen schnell wieder weg vom Markt. Diese Bilanz wirft drängende Fragen auf: Wenn alle früheren Wettbewerbsvorteile eines Unternehmens nun zu Basics geworden sind, was ist dann noch ein Alleinstellungsmerkmal? Wie können Sie sich als Unternehmer überhaupt noch einen Wettbewerbsvorteil verschaffen?

Unserer Überzeugung nach gelingt dies über den Umgang mit dem Prinzip »Nur der qualifizierte Kontakt zum richtigen Zeitpunkt bringt mehr Geschäft!«

Nur der qualifizierte Kontakt zum richtigen Zeitpunkt bringt mehr Geschäft!

Faktor Zeit. Seit Jahrzehnten ist Zeit in der Wirtschaft ein wichtiges Thema. In den 1990er-Jahren boomten Zeitmanagementseminare und Zeitplanung, allen voran das Time/system. Den Grundstein dafür legte der Däne Ole Berg. Es entstand ein Organisationswerkzeug, das die wichtigsten Informationen wie Kalender und Kontaktdaten auf kleinstem Raum unterbrachte. Der Kollege Lothar Seiwert wiederum schuf sich eine eigene Erfolgswelt, indem er als Autor neue Standards setzte – mit dem Weltbestseller *Mehr Zeit für das Wesentliche.*

In dieser Ära schien die Welt noch übersichtlich, organisierbar, planbar. Eine ganze Managergeneration lernte, Prioritäten zu setzen, zu delegieren und zeitsparend zu arbeiten. Die angesagten Schlagworte lauteten Effizienz und Produktivität. Auch Edgar K. Geffroy profitierte von diesem Boom. Denn in dieser Zeit gründete er seine eigene Unternehmensberatung. Schon damals war klar: Die Zeit, die ein Unternehmer Auge in Auge mit einem Kunden verbringt, ist erschreckend gering. Oftmals liegt sie weit unter 20 Prozent. Also entwickelte er Programme, um mehr Zeit für das Verkaufsgespräch zu schaffen. Schnell stellten sich Erfolge ein, getreu der Devise »Mehr Kontakt bringt mehr Geschäft«.

Erinnern Sie sich an das Just-in-time-Prinzip? Ursprünglich stammt dieses Konzept von dem japanischen Automobilhersteller Toyota. Mit diesem Ansatz wurden Produktions- und Belieferungsprozesse in der Automobilindustrie revolutioniert. Dank dem spanischen Manager José López hatte dieses Konzept, das er für VW umsetzte, auch in Deutschland Konjunktur. Anfangs galt es gemeinhin noch als Gängelung der Lieferanten, doch es entwickelte sich dann zu einem erfolgreichen Modell für die künftige Autoproduktion. Entscheidend dafür war der Erfolgsfaktor Zeit. Dieser wurde als Schlüssel genutzt für neue Perspektiven und bessere Chancen auf gute Geschäfte.

Just-in-time-Prinzip

Das Just-in-time-Prinzip ist ein Organisationsprinzip für produzierende Einheiten, bei dem das Material nur in der Stückzahl und zu dem Zeitpunkt produziert und geliefert wird, wie es die Kundenaufträge erfordern. Angestrebt ist dabei, die Durchlaufzeiten zu verkürzen und Materialbestände zu verringern. Das Prinzip erfordert hohe Flexibilität und Kooperation von Herstellern, Lieferanten und Abnehmern.

Bei der Belieferung von Kfz-Werkstätten mit Ersatzteilen wird das Just-in-time-Prinzip erfolgreich umgesetzt. Bis zu siebenmal täglich beliefern die Teile-Großhändler die Werkstätten, sodass Kundenfahrzeuge in der Regel zuverlässig am selben Tag fertig repariert sind. Und als positiver Nebeneffekt bleibt die eigene Lagervorhaltung schlank.

Nach dem Boom von Effizienz und Produktivität veränderte sich das Bild in der Wirtschaftswelt erneut. Mit einem Mal entstanden Work-Life-Balance-Modelle. Diese englischen Begriffe werden bis heute genannt, um auf die Bedeutung des Gleichgewichts zwischen Beruf und Privatleben zu verweisen. Während es vorher darum ging, so viel wie möglich so schnell wie möglich zu erledigen, galt nun die Devise: Über Glück und Erfolg entscheidet die gesunde Mischung aus Arbeits- und Lebenszeit.

Die digitale Revolution verändert die Art, wie Menschen mit der Zeit umgehen.

Ist dieser Gedanke heute realisiert? Haben die Menschen in der westlichen Welt ein gesundes Gleichgewicht gefunden? Das sollen andere beurteilen. Wir denken, letzten Endes ist die Zeitplanung eine private Entscheidung: andere Persönlichkeiten, andere Prioritäten. Sicher ist: Alle bisherigen Ansätze für den guten Umgang mit der Zeit genügen noch nicht. Denn sie berücksichtigen nach wie vor den größten Wandel unserer Wirklichkeit, die digitale Revolution, nicht. Sie hat die Art und Weise verändert, wie Menschen arbeiten und entspannen. Wie sie reisen und recherchieren. Vor allem aber, wie sie mit ihrer Zeit umgehen. Und mit dem Internet.

Schnell, schneller, Streichholz

Über das Internet haben User pausenlos – Tag und Nacht – Zugang zu Informationen aller Art. Stichwort »Evernet«. Der Mensch im digitalen Zeithalter ist es gewohnt, grenzenlos zu recherchieren. Stunde um Stunde wächst das online verfügbare Wissen. Die Möglichkeiten erweitern sich, die Geduld der Menschen dagegen nimmt ab. Das zeigt sich in der Kommunikation. Vielleicht erinnern Sie sich noch, wie viel Zeit früher zur Verfügung stand, um etwa ein Fax zu beantworten oder auch einen Brief. Inzwischen erwartet jeder sofort eine Antwort. Schnelle Reaktionen sind heute Routine.

Wird eine E-Mail nicht innerhalb einer Stunde beantwortet, wird man schon leicht nervös. Und wenn jemand lange braucht, um auf eine private WhatsApp-Nachricht oder SMS zu reagieren, sind Konsequenzen zu befürchten. Besorgte Freunde oder Familienangehörige nehmen dann schon einmal Kontakt zu den lokalen Krankenhäusern auf – weil ein Unfall wahrscheinlicher erscheint als schlicht die Unlust des Adressaten, schnell zu reagieren. Nein, wir übertreiben nicht. Tatsächlich haben wir solche Geschichten im Bekanntenkreis bereits erlebt.

In dieser neuen, schnellen Welt ergeben sich aber auch Chancen. Deshalb: Willkommen in der Echtzeit! Kunden werden bald kein Verständnis mehr dafür aufbringen, wenn sie eine Support-Anfrage schicken und die Antwort erst zwei Tage später kommt. Schlaue Unternehmer haben längst erkannt: Echtzeitreaktionen sind künftig unabdingbar. CosmosDirekt etwa hat einen 24-Stunden-Telefonservice installiert. Die Firma schreibt es sich auf die Fahnen, Kundenanfragen – egal ob per Brief, Fax oder E-Mail – spätestens innerhalb einer Stunde zu beantworten. Unabhängig von der Uhrzeit.

Und die Erfahrungen der BBE Automotive aus Tausenden von Mystery-Mailings (Testmails mit konkreter Anfrage) sind ernüchternd: Von allen Anbietern (Teilehandel, Werkstatt, Autoverkauf) reagieren etwa 20 Prozent überhaupt nicht und 30 Prozent mit deutlicher Zeitverzögerung. Eine automatische Nachricht, dass die Mail angekommen ist, ist zumeist Fehlanzeige. Auch wenn insbesondere die Autohersteller extrem großen Wert auf schnelle Reaktionen und Leadbearbeitung legen und oftmals gute Baukastensysteme für die Beantwortung bereitstellen, werden diese zu selten eingesetzt und die Antwort auf die Kundenabfrage ist dann inhaltsleer und keineswegs besuchsanimierend. Gerd Heinemann sieht auch diverse Gründe, warum die Leadbearbeitung oft nicht klappt. Es fehlt an klaren Zuständigkeiten, das Thema wird nebenher bearbeitet, es mangelt einigen Mitarbeitern an einer verkaufsfördernden Sprache oder fehlerfreier Rechtschreibung und die Chefs sehen selbst nicht den Wert dieser Leads.

Pfiffige Unternehmen erkennen Echtzeitmodelle als Chance und nicht als Gängelung durch ungeduldige Kunden. Es kann ganz einfach sein, durch den intelligenten Umgang mit dem Faktor Zeit Kunden Vorteile zu verschaffen – und damit die Nase vorn zu haben. Einige Karosserie- und Lackbetriebe sicherten sich einen Wettbewerbsvorteil, indem sie Unfallfahrzeuge von Handwerkern und anderen Dienstleistern im Rahmen eines Acht-Stunden-Instandsetzungsprogramms wieder einsatzbereit machen. Für die Kfz-Betriebe eine echte Innovation. Im Autoteile-Großhandel wurden bereits siebenmalige Belieferungen pro Tag in einzelnen Großstädten ausprobiert. Hier dürfte das Notwendige überschritten sein, so häufig erwartet kein Kunde eine Belieferung.

Pfiffige Unternehmen erkennen Echtzeitmodelle als Chance – nicht als Gängelung durch ungeduldige Kunden.

Egal ob Sie von den neuen Entwicklungen gestresst oder angeregt sind, Echtzeitmodelle werden Stück für Stück unseren Alltag erobern – die Businesswelt sowieso. So hat Amazon in den USA bereits einen Videoberatungsservice eingeführt. Auf Knopfdruck stehen Kundenberater sofort zur Verfügung. Einige unserer eigenen Kunden erwarten bereits den Start der Liveberater-Software eines deutschen Unternehmens. Soweit ich weiß, gibt es bereits erste Großkonzerne, die dieses Konzept gebucht haben. Sicher ist: Im Internet wird es mehr und mehr Echtzeitberatung und Echtzeit-Conversion geben. Auch bei Bestellungen in Shops spielt Schnelligkeit bald die entscheidende Rolle. Trotzdem ist Zeit immer noch der am meisten unterschätzte Erfolgsfaktor.

Hier ein kleines Experiment, das die enormen Dimensionen der neuen Echtzeitwelt veranschaulicht: Nehmen Sie ein Streichholz, zünden Sie es an und stoppen Sie, wie lange es brennt. Wir kommen auf etwa sieben Sekunden. Angenommen, Sie haben gerade ein Produkt auf den Markt gebracht. Stellen Sie sich nun vor, Sie müssten einem potenziellen Kunden erklären, warum er den brandneuen Artikel kaufen soll – und warum ausgerechnet von Ihnen. Entzünden Sie jetzt ein weiteres Streichholz. Die Zeit läuft. Haben Sie eine Antwort parat, die in sieben Sekunden überzeugt? Wenn nicht, sollten Sie daran arbeiten. Wer nicht sofort auf den Punkt kommt, verkauft ein Produkt nur schwer. Wer weit ausholen muss, hat schon verloren.

Sie haben genau eine Streichholzlänge Zeit, um die Vorzüge Ihres Produkts zu präsentieren.

Wir geben zu: Diese Schlüsselfrage in wenigen Sekunden zu beantworten ist eine echte Herausforderung.

Dieser Ansatz, möglichst schnell auf den Kern zu kommen, ist schon länger bekannt, wird jedoch erstaunlich selten umgesetzt. Die Amerikaner reden in diesem Zusammenhang vom *Elevator Pitch*. Gemeint ist: Sie haben genau eine Aufzugfahrt Zeit, um die Vorzüge Ihres Produkts zu präsentieren. Und die Rede ist hier von drei Stockwerken, nicht von Wolkenkratzern! Wir persönlich halten das immer noch für zu lang und bevorzugen den »Match Pitch« (Deutsch: Streichholz-Pitch), der wesentlich kürzer ist. Dazu hat Edgar K. Geffroy übrigens auch ein Video produziert. Rufen Sie es einfach über den Anhang ab!

Und wie präsentieren Sie ein Auto in sieben Sekunden? Kommt auf den Kunden an! Etwa »Die optimale Alternative bei Ihrem Mobilitätsbedarf«, »Mehr Spaß geht nicht«, »Das ist Ihr Auto«. Oder bei Reifen: »Für Ihren Fahrzeugeinsatz optimal«, »Sie brauchen einen sicheren Reifen«, »Bei Ihrem Tempo nur der«. Wenn Sie den Kunden kennen und ihn nach seinem Profil gefragt haben beziehungsweise dieses kennen, ist es ganz leicht, die Streichholzlänge einzuhalten.

Zurück in die Zukunft – mit Chronos und Kairos

Unser Umgang mit der Zeit verändert sich – aber einige alte Vorstellungen haben auch in der Gegenwart Gültigkeit. Was meine ich damit? Nun, die Zeit hat zwei Dimensionen. In unseren bisherigen Ausführungen haben wir uns auf die erste konzentriert: den Ablauf der Zeit. Für Unternehmer bedeutet das: Wer seinen Wettbewerber beim Faktor Zeit übertrumpft, verschafft sich Vorteile. Wer die eigene Reaktionszeit verkürzt, steigert seinen Erfolg beim Kunden.

Ein Beispiel aus Australien zum Nachahmen

Capital S.M.A.R.T. Repairs haben die Unfallinstandsetzung und die komplette Schadenabwicklung von kleineren bis mittleren Schäden systematisch mit Lean-Management-Methoden und Innovationen verkürzt, sodass sie ihren Kunden – vornehmlich aus dem Firmenbereich – die Fertigstellung in der Regel am selben Tag garantieren, mit Haus-zu-Haus-Service! »Wir helfen unseren Kunden, bessere Geschäfte zu machen.«

Für Geschäftsleute lohnt sich ein Blick zurück zu den alten Griechen. Diese hatten nämlich zwei echte Zeitexperten. Der erste ist der Experte für den Ablauf der Zeit: Chronos.

Seine Welt war die Zeitschiene. Sie könnten von ihm einiges darüber lernen, wie Sie Ihre Produktivität steigern. Fragen Sie uns jetzt aber bitte nicht, wie! Leider haben wir keinen so guten Draht nach oben in die Welt der griechischen Götter. Aber wir alle kennen die Geschichte von Henry Ford. Er hat Chronos wohl nicht konsultiert, aber mit einer Erkenntnis die Automobilwelt revolutioniert: Wenn Menschen immer die gleiche Tätigkeit ausführen, steigt die Produktivität erheblich. Natürlich muss nicht jeder dieser Meinung sein. Dennoch: Ford schuf ein neues Arbeitsmodell – und ermöglichte so die Massenproduktion von Autos. Weil er mit der Zeit anders umging als seine Zeitgenossen und so die Leistung seiner Mitarbeiter steigern konnte. Heute erledigen Roboter die Arbeit, die früher Fords Angestellte übernahmen. Doch Anerkennung gebührt Ford nach wie vor.

Chronos

Chronos (von griechisch Χρόνος = Zeit) ist in der griechischen Mythologie einer der beiden Götter der Zeit. Er versinnbildlicht den Ablauf der Zeit – auch das Verstreichen der Lebenszeit der Menschen. In der ältesten Darstellung aus hellenistischer Zeit zeigt er sich als Figur mit großen Flügeln. In der bildenden Kunst erscheint er seit Mitte des 14. Jahrhunderts mit Sichel und Stundenglas.

Wir alle haben schon oft darüber nachgedacht, wie sich Zeit effektiver nutzen lässt, wie sich Abläufe reibungsloser organisieren lassen. Edgar K. Geffroy kam früh zu dem Ergebnis: Chronos schien ihm der wichtigste Ratgeber. Doch er vergaß zunächst seinen faszinierenden Kollegen Kairos, den zweiten griechischen Gott der Zeit.

Kairos

Kairos (griechisch Καιρός) ist ein religiös-philosophischer Begriff für den günstigen Zeitpunkt einer Entscheidung, dessen ungenutztes Verstreichen nachteilig sein kann. In der griechischen Mythologie wurde der günstige Zeitpunkt als Gottheit personifiziert. In der Renaissance wurde Kairos auch als Occasio – günstige Gelegenheit, auch zur Sünde – in Form einer Frau dargestellt.

Heute denken wir, Kairos ist die noch spannendere Figur. Genau genommen ist er gar kein Gott der Zeit, sondern der Gott des günstigen Zeit*punkts*. Salopp gesagt ist Kairos der Gott des richtigen Timings. Der Kairos-Moment kann in einer einzigen Sekunde alles entscheiden. Möglicherweise haben Sie solche besonderen Augenblicke selbst schon erlebt. Es wird etwas präsentiert

Kairos bedeutet, dass es nur ein bestimmtes Zeitfenster gibt, um Chancen zu nutzen.

und sofort wissen Sie: Hier entsteht Neues. Hier muss ich einsteigen. Oder der berühmte Geistesblitz schlägt ein. Was tun Sie dann?

Es kommt jetzt darauf an, rechtzeitig zu reagieren. Kairos bedeutet nämlich auch, dass es nur ein bestimmtes Zeitfenster gibt, um Chancen zu nutzen. Zuvor hätte es Ihnen nichts gebracht – und auch danach wäre es wieder sinnlos. Nur in einem ganz bestimmten Moment eröffnen sich geniale Möglichkeiten. Wer zu früh einsteigt, erlebt womöglich, dass der Markt noch nicht reif ist – vielleicht fehlen zum Beispiel passende Technologien oder auch der Bedarf aufseiten der Kunden. Auf diesem Gebiet musste Edgar K. Geffroy selbst Lehrgeld zahlen: In den 1990er-Jahren versuchte er nämlich, Videokonferenzsysteme zu vermarkten. Allerdings musste er feststellen: Weder gab es die Technik, um Videobilder ruckelfrei zu übertragen, noch wollten Entscheider zu diesem Zeitpunkt auf den persönlichen Kontakt verzichten. Mit anderen Worten: Der Kairos-Moment war noch nicht gekommen.

Als das iPhone auf die Welt kam, standen die Sterne dagegen günstig. Ja, wir glauben wirklich, der Erfolg des iPhone wurde erst dadurch möglich, dass zum Zeitpunkt seiner Produktion erstmalig die Bandbreite zur Verfügung stand, um größere Datenmengen zu übertragen. Das war bei einem Vorgänger mit dem Namen Newton nicht der Fall – und unter anderem deshalb floppte er auch. Nutzen Sie also Ihre Kairos-Chance!

Wir sind überzeugt: Das Konzept des Automotive Clienting basiert auf einer solchen Kairos-Chance. Bereits Mitte der 1990er-Jahre war spürbar: Wer in stagnierenden Märkten überleben will, muss etwas Neues in die Businesswelt bringen. In dieser Zeit bot es sich an, den Kunden anders zu betrachten, ihn als wichtigsten Wert eines Unternehmens einzustufen. Der Umgang mit Kunden war damals einfach katastrophal – egal, wohin ich schaute. Das war der Kairos-Moment für Geffroy. Er war nicht der Einzige, der den Kunden entdeckte, aber er machte ihn zum Mittelpunkt seiner Clienting-Lehre. Zwar gab es vorher bereits Publikationen zu vergleichbaren Themen, doch aufgrund seines Buchs *Das Einzige, was stört, ist der Kunde* führten Buchhandlungen einen neuen Reiter ein. Nämlich »Kunde«. Vorher gab es nur »Verkauf« oder »Marketing«.

Diese Beispiele zeigen: Timing entscheidet alles. Der richtige Zeitpunkt bestimmt wesentlich den Erfolg eines Geschäftsmodells. Vielleicht ist er sogar der wichtigste Faktor.

Wenn die innere Stimme spricht

Doch nichts geht gut ohne den Kunden. Was will er? Qualität, Service, gute Preise – und mehr. Er will von Produkten angenehm überrascht werden. Zugegeben: Nicht immer zeigt er sich Neuem gegenüber aufgeschlossen. Dies sagen wir ganz speziell allen Start-up-Unternehmen als kleine Ermutigung. Denn immer wieder präsentieren sie Geschäftsideen, bei denen der Kunde eigentlich aufspringen, loben, jubilieren müsste. Er tut es aber nicht. Bedenken Sie immer: 90 Prozent der Menschen haben Angst vor Veränderungen.

90 Prozent der Menschen haben Angst vor Veränderungen.

Aber sie haben auch eine Intuition, ebenso wie die Geschäftsleute. Sie als Unternehmer sollten Ihre Intuition nutzen. Gerade in schwierigen Situationen, wenn der nächste Schritt schwerfällt. »Gehe ich jetzt mit meinem Produkt auf den Markt oder warte ich noch? Schließe ich die Arbeit ab oder füge ich weitere technische Features hinzu?« Hier können Sie auf Ihre innere Stimme hören. Sie ist geschult, erfahren durch tägliche Eindrücke, durch Gespräche mit Kunden und Geschäftspartnern.

Jeder besitzt eine intuitive Vorstellungskraft. Diese hilft uns dabei, Entscheidungen zu treffen. Wer seiner inneren Stimme folgt, empfängt Signale, die das Bewusstsein gar nicht verarbeitet hat. In gefährlichen Situationen etwa verlässt sich der Mensch auf die Intuition. Auch im beruflichen Alltag legt die innere Stimme von Zeit zu Zeit nahe: »Mach besser keine Geschäfte mit diesem Kunden!« Später bestätigt sich nicht selten: Die Intuition hatte recht.

Hier schließt sich der Kreis von der inneren Stimme zu den Göttern der Zeit. Behalten Sie Chronos in Erinnerung als eine Art Schutzpatron für Erfolge in der Echtzeitwelt und Kairos als die Chance für neue Ideen, Wege, Märkte. Kommunizieren Sie in Echtzeit, nutzen Sie Ihre Kairos-Momente!

Auf den Punkt

- Qualität, Service und gute Preise sind heute Standard.
- Der qualifizierte Kontakt zum richtigen Zeitpunkt bringt mehr Geschäft.
- Wer die Reaktionszeit verkürzt, steigert den Erfolg.
- Denken Sie über Argumente nach der Streichholzregel nach.
- Wenn die Zeit nicht reif ist, floppen neue Produkte.
- Nutzen Sie Ihre Kairos-Momente!

13. Partner statt Kunde

»Die besten Partner sind die, die bleiben, weil sie nicht müssen.« *Barbara Wegmann*

Was wird die nächste große Welle auslösen? Sie wissen ja: Jeder Tag bringt neue Themen. Einige verschwinden schnell wieder, andere bleiben. Es gibt die Eintagsfliegen und die Dauerbrenner und dazwischen kurz- oder langlebige Trends. Uns interessieren die großen Wellen. Sie passieren nicht plötzlich, sondern basieren auf tief greifenden Veränderungen in der Gesellschaft.

Bernd Behrens: »Das bisherige Geschäftsmodell der Automobilbranche beruht auf der unsicheren Grundannahme einer endlosen Boom-Periode.«

Gerade in schweren Zeiten sind treue Kunden das Wichtigste für die Unternehmen in dieser Branche, seien es Teilehändler, Autohäuser, freie Kfz-Werkstätten, Reifenhändler oder K&L-Fachbetriebe. Der größte Schatz der Autobetriebe ist eine gut gepflegte Kundendatenbank. Doch da gibt es immer noch großen Handlungsbedarf.

Unsere These zur nächsten Welle: Der Kunde wird sie auslösen, genauer gesagt ein völlig anderer Umgang mit ihm. Die Entdeckung oder besser Wiederentdeckung des Kunden ist ein Prozess, der schon ein paar Jahre im Gange ist. Betrachten Sie allein das Business des vergangenen Jahrzehnts: Pioniere aus verschiedenen Branchen haben ihre Organisationen auf den Kopf gestellt. Warum? Um im Sinne der Kunden zu arbeiten.

Noch Mitte der 1990er-Jahre hatten 96 Prozent der Unternehmen keine kundenorientierte Organisation. Bereits zehn Jahre später nannten 72 Prozent der Unternehmen den Kunden als erste Priorität. Mit einem Mal stand Kundenorientierung also auf Platz eins der internen Wunschliste. Selbst staatsnahe Unternehmen wie Post, Bahn oder Behörden haben den Kunden als Erfolgsfaktor erkannt.

Selbst staatsnahe Unternehmen wie Post, Bahn oder Behörden haben den Kunden als Erfolgsfaktor erkannt und die Stärken des Familienbetriebs auf diese großen Unternehmen der Branche übertragen.

Potenzial erkannt, Gefahr gebannt? Leider nein. Die gewonnene Erkenntnis ist wertvoll, die Umsetzung bleibt eine Herausforderung. Trotzdem zeigt dieser Wandel: Ohne den Kunden läuft in Zukunft gar nichts mehr. Jetzt ist es an der Zeit, die nächste Stufe einzuleiten. Es genügt nämlich nicht, wenn alle Kundenorientierung an die erste Stelle setzen. Der Kunde selbst muss im Mittelpunkt stehen. Das werden wir nicht müde zu betonen. Wenn Sie uns jetzt sagen: »Aber Kundenzufriedenheit ist doch längst gebongt!«, entgegnen wir: Natürlich legen viele Firmen heute Wert auf gute Kundenbeziehungen – oder behaupten dies zumindest. Aber trotz der guten Vorsätze agieren nach wie vor viel zu viele am Kunden vorbei.

Um deutlich zu machen, was wir meinen, möchten wir den Istzustand betrachten. »Den Kunden in den Mittelpunkt stellen« – das ist leider nicht das, was all die Kundenzufriedenheitsapostel predigen. Statt wirklich auf den Kunden zuzugehen, begnügen sie sich mit Ersatzhandlungen. Doch irgendwann, spätestens nach der 43. repräsentativen Befragung und Eintragung in ein Kundenbarometer oder in einen Kundenzufriedenheitsindex, merken sie, dass sie in einer Sackgasse stecken. Das iPhone etwa wäre nie erfunden worden, wenn Unternehmer immer nur Kunden befragt hätten.

Seien wir ehrlich: Kundenbefragungen haben oft nur eine Alibifunktion. Sie kommen zum Einsatz, weil die »Herzenssache Kunde« nicht gelebt wird. Lieber befragen Unternehmer Kunden, geben Marktforschung in Auftrag und gehen dann mit einem mehr oder weniger zufriedenstellenden Ranking nach Hause. Wir fragen uns, was das Theater soll. Die meisten Fragebögen lassen nicht einmal Platz für eigene Bemerkungen, Anregungen oder Kritik. Und wenn Sie einfach trotzdem aufschreiben, was Ihnen auf den Nägeln brennt, gibt es keine Antwort. Zumindest haben wir das immer wieder so erlebt.

Natürlich muss hier wieder der Einwand der an diesem Buch mitwirkenden BBE Automotive kommen. Marktforschung ist in der Autobranche ein wichtiges Instrument zur Quantifizierung von Potenzialen, Analyse von Marktstrukturen, zur Wettbewerbsbeobachtung und zur Werbewirkungsmessung. Flankierend liefern intelligente qualitative Ansätze auch wesentliche Erkenntnisse. Und in der BBE Automotive fragt man sich immer wieder: Warum werden Millionen in die Befragung der Kunden gesteckt, warum nicht in die Befragung der Nichtkunden, das heißt derer, die aus oft nicht bekannten Gründen woanders gekauft haben? Ein solcher Ansatz wird in der BBE Automotive »Why not?«-Analyse genannt. Die Berater der BBE Automotive konnten auch feststellen, dass die Marketingverantwortlichen die Ergebnisse einer solchen Analyse gar nicht wissen wollten, da diese schonungslos aufzeigen, wo beispielsweise bei einer Produktneueinführung gravierende Fehler gemacht wurden. Eines gilt aber auf jeden Fall: Externe Marktforschung kann Ihre eigene Auseinandersetzung mit dem Kunden und seinen Bedürfnissen nicht ersetzen.

Verabschieden Sie sich von Kundenorientierung, Kundenzufriedenheit und Kundenbindung.

Zudem fallen immer wieder Modeworte, die aber kaum ernst genommen werden: Kundenzufriedenheit, Kundenbindung, Kundenorientierung – Begriffe aus der Frühzeit der Kundenära, die heute niemanden mehr hinter dem Ofen hervorlocken. Unser Vorschlag lautet: Verabschieden Sie sich von Kundenorientierung, Kundenzufriedenheit und Kundenbindung. Schöne Schlagworte bringen Sie nicht weiter. Wenn Sie die Grundregeln Ihres Geschäfts verändern wollen, müssen Sie komplett umschalten. Definieren Sie Ihren Kunden neu!

Willkommen in der Servicewüste!

Sehen Sie den Menschen, der bei Ihnen kauft oder bestellt und bezahlt, einmal mit neuen Augen. Auf den ersten Blick gehört er zu einer anderen Spezies. Ich konzipiere, er kauft. Ich biete an, er akzeptiert. Ich gebe, er nimmt – gegen Karte oder Bares. Was wünscht er sich aber wirklich? Wie will er leben, heute und in Zukunft? Da gibt es zwischen Ihnen und Ihren Kunden doch mehr Gemeinsamkeiten als Unterschiede. Auf den zweiten Blick ist dieser Mensch am anderen Ende der Theke, der Leitung oder Videoschaltung ein Partner. Ja, Ihr Kunde ist Ihr Partner – wenn Sie es wollen. Eine Beziehung entsteht durch beidseitiges Engagement. Sie wissen ja: Keiner gewinnt allein.

Zunächst einmal müssen Sie Ihre Kunden überhaupt erst als Partner gewinnen. Das ist leichter, als Sie jetzt vielleicht denken. Denn Deutschland ist nach wie vor eine Servicewüste. Nicht an allen Orten, aber immer noch an zu vielen. Wenn Sie hierzulande morgens an einer Käsetheke stehen und ein Lächeln im Gesicht des Händlers sehen, sind Sie schon happy. Wenn die Bedienung dann auch noch schnell und freundlich ist und der Käse schmeckt, schweben Sie praktisch im siebten Kundenhimmel. Denken Sie nur an die aktuelle Edeka-Werbung: »Wir lieben Lebensmittel.«

Wir meinen das wirklich ernst. Überlegen Sie mal: Wie einfach könnte das Kundenleben sein, wenn Sie eine Tankstelle betreten und einen lächelnden Tankwart sehen. Das ist keine banale Kleinigkeit, sondern ein Beispiel, wie eine Beziehung zwischen zwei Menschen entsteht.

Probieren Sie es selbst aus. Was passiert, wenn Sie Menschen anlächeln? Genau, sie lächeln zurück. Anschließend gehen Sie beide anders miteinander um. Und weil viele Unternehmer das noch zu wenig berücksichtigen, wird es ein Leichtes für Sie sein, sich positiv abzuheben. Mit anderen Worten: eine Oase in der Servicewüste zu werden. Wenn Sie Ihren Kunden wie einen Partner behandeln – mit

Umsicht und Respekt –, können Sie gar nicht mehr verhindern, dass die Umsätze steigen. Das beweisen die Beispiele von cleveren Unternehmern, die ich Ihnen in einzelnen Kapiteln schon vorgestellt habe. Grinsen ist gut fürs Geschäft.

Wir gehen aber noch einen Schritt weiter. In den nächsten fünf Jahren wird nichts mehr so sein, wie wir es aus den letzten 50 Jahren kennen. Unsere These: Wer gewinnen will, muss das Ende des Kunden einleiten und den Beginn einer langen Partnerschaft feiern – mit seinen Partnern, nicht Kunden.

Wir haben es früher selbst nicht geglaubt, dann aber bei den besten Unternehmern der Welt gelernt. Es ist wirklich wahr: Verkaufssteigerungsprogramme werden durch Partnersysteme abgelöst – oder zumindest massiv unterstützt. Kundenbindung hat hier allerdings nichts verloren. Das ist keine Partnerschaft. Systembildung in der Autobranche ist zwar vorhanden, aber noch nicht zu Ende gedacht. An echten Win-win-Partnerschaften fehlt es.

Kundenbindung ist keine Partnerschaft.

Um den Unterschied deutlich zu machen, überraschte Edgar K. Geffroy früher bei Vorträgen seine Zuhörer gerne mit einer kleinen Einlage. Alles, was er dazu brauchte, war ein langes Seil.

Der gefesselte Zuschauer

Vielleicht wunderten sich die Zuhörer schon zu Beginn des Vortrags: Warum hat der Mann ein Seil in der Hand? An einer bestimmten Stelle verließ er die Bühne – und wickelte es um einen arglosen Zuhörer. Die betroffene Person reagierte nicht begeistert, was er gut verstehen konnte.

Können Sie sich vorstellen, um welches Thema es ihm dabei ging? Wir verraten es Ihnen: Kundenbindung. Den Begriff hat jeder im Saal schon unzählige Male gehört. Gemeint ist eigentlich eine positive Sache. Kundenbindung bedeutet meist: Unternehmen ergreifen Maßnahmen, um ihre Kunden daran zu hindern, zum Konkurrenten zu wechseln. Denken Sie an das Kulanzverhalten einiger Hersteller, welches an zum Teil überteuerte Wartungsarbeiten gebunden wird. Doch wer lässt sich schon gerne binden? Noch dazu ohne vorher gefragt worden zu sein. Kundenbindung ist also ein einseitiger Akt. Großunternehmen sprechen zwar gelegentlich von Partnerschaft, meinen aber in der Regel eine einseitige Einbindung. Der Kunde will sich aber nicht binden lassen. Warum auch? Die Welt ist groß und gute Angebote gibt es überall.

Es muss also eine echte Partnerschaft her! Eine Beziehung, die dauerhaft lebendig bleibt, wie im Privatleben auch. Die Transformation Ihrer Kundenkontakte eröffnet Ihrem Unternehmen neue Perspektiven. Definieren Sie die Grundregeln Ihres Geschäfts neu. Setzen Sie die zukunftsweisenden Spielregeln der Wirtschaft um, bevor es Ihre Wettbewerber tun, und Ihre Umsätze werden steigen.

So betont er es noch einmal: Die Zufriedenheit des Kunden ist als Ziel des Unternehmers nicht ehrgeizig genug. Die Ära des Kunden geht zu Ende, die Zeit der Partnerschaft beginnt. Und mit ihr kommt eine neue Wirtschaftsform. Wie aber sieht eine gelungene Partnerschaft eigentlich aus?

Partnerschaft in der Automobilbranche für Fortgeschrittene

Zunächst einmal: Mit Partnern gehen Geschäftsleute anders um als mit Kunden. Wie zeigt sich das? Partner haben Privilegien, eine besondere Stellung. Partner sind nicht nur Publikum, Partner sind Akteure – auf die eine oder andere Art.

Sie genießen Vorzugsrechte, Boni, besondere Angebote. Den Unterschied machen in Unternehmen auch die drei Cs aus: *Club, Cards,*

Communitys. Das heißt also: Partner behandeln Sie auf besondere Art. Partner sind übrigens auch Ihre besten und wichtigsten Verkäufer. Aber: Partnerschaften müssen gelebt, nicht in Verträgen ausformuliert werden. Sie müssen glaubwürdig sein und immer wieder unter Beweis gestellt werden. Eine der für uns interessantesten Arten, eine Partnerschaft zu leben, bedeutet, sich für den Partner verantwortlich zu fühlen.

Partnerschaften müssen gelebt, nicht in Verträgen ausformuliert werden.

Auto Saxe

Die Firma Auto Saxe in Leipzig hat in den letzten Jahren nicht nur die Bestandskundenpflege perfektioniert, sondern auch den Mitarbeitern den tagtäglichen besonderen und partnerschaftlichen Umgang mit seinen Kunden eingetrichtert. Der Geschäftsführer: »Wenn ihr in die Arbeit kommt, betretet ihr eine Bühne.« Mitarbeiter, die sich nicht wohlfühlen, bleiben entweder zu Hause oder arbeiten an diesem Tag im Backoffice. Die partnerschaftliche Beziehung zum Kunden pflegen die Mitarbeiter im Hause Saxe durch den persönlichen »Geburtstagsanruf«. Um neue Anregungen zu erhalten und Dingen auf die Spur zu kommen, die nicht ganz rund laufen, hat Auto Saxe einen Kundenbeirat ins Leben gerufen. Einmal im Quartal werden acht Vertreter der Kunden in den Betrieb zum Gedankenaustausch mit den Führungskräften eingeladen. Auch Interessenten verlassen nicht so einfach den Hof des Autohauses, sondern erhalten zum Beispiel zwei Stunden nach einer Probefahrt eine E-Mail mit einem Dankeschön für das Interesse. Fünf Tage später schreibt noch einmal der Geschäftsführer eine Nachricht. So wird der Kunde, aber auch der Noch-nicht-Kunde zur Herzenssache gemacht. Das zeigt Wirkung: Auto Saxe wächst, gegen den Trend der vertretenen Marke.

Je mehr Unternehmen sich jetzt und in Zukunft für die eigenen Partner verantwortlich fühlen, desto größer sind auch die Chancen, das Geschäft zu intensivieren. Mit dieser Schlussfolgerung kommen wir nun zu einem der wichtigsten Sätze unserer Geschäftsphilosophie: Keiner gewinnt allein.

Leben Ihre Kunden noch?

Für einen partnerschaftlichen Umgang mit den eigenen Kunden ist die sorgfältige Erfassung und Pflege der Kundendaten erste Priorität. Auf der Grundlage der Kundendaten beantworten sich auch folgende Fragen:

- Gewinnt Ihr Unternehmen jedes Jahr ausreichend viele Neukunden?
- Ist die Serviceloyalität Ihrer Kunden gerade auch bei älteren Fahrzeugen überdurchschnittlich?
- In welchen Kundengruppen sind Sie aktiv?
- Wie lang ist der Kontakt zu einer bestimmten Kundengruppe beziehungsweise einzelnen Kunden her?
- In welchen Gebieten wohnen Ihre Kunden, wo stehen welche Fahrzeuge und wo haben Sie weiße Flecken?
- Kennen Sie die Erwartungen, Vorlieben, Hobbys Ihrer Kunden?
- Kennen Sie Ihre Stammkunden und Botschafter Ihres Unternehmens im Marktumfeld?

Auf das Zusammenspiel kommt es an!

Genau aus diesem Grund bietet sich für Unternehmer eine schöne Spielart der Partnerschaft an. Menschen kommen zusammen, um ihr Wissen zu teilen, um gemeinsam laut zu denken. Wir sprechen von Kundenakademien. In der heutigen Zeit ist der Bedarf an Wissen enorm hoch – in allen Bereichen. Edgar K. Geffroy hat selbst 14 Jahre lang eine Akademie in der Finanzdienstleistung geführt und in dieser Zeit mit vielen Kollegen Tausende von Partnern trainiert. Für neue Partner war diese Akademie ein wesentlicher Grund für die Zusammenarbeit mit dem Unternehmen. Durch die Kundenakademie hat das Unternehmen bewiesen: Es ist uns ernst mit der Partnerschaft.

FSP

Ein praktisches Beispiel, wie das Zusammenspiel bei den Akteuren im Unfallschadenbereich durch elektronische Kostenvoranschläge (Telekalkulationen) verbessert wird, ist die FSP. Die FSP, ein bundesweit tätiger Dienstleister im Bereich Automotive, hat speziell für Autohäuser und Kfz-Werkstätten, die Unfallschäden instand setzen, den elektronischen Kostenvoranschlag im Schadensfall – kurz Telekalkulation – entwickelt.

Die Idee dahinter ist, die Fahrzeugannahme zu entlasten. Der Serviceberater geht mit dem Kunden zum Fahrzeug und besichtigt den Schaden, fotografiert mit dem FSP-Tablet den Schaden und beschreibt Besonderheiten. Im Hintergrund bewerten Sachverständige den Schaden und kalkulieren den Aufwand. In dieser Zeit kann sich der Kundendienst um die weiteren Prozessschritte im Autohaus kümmern, besser noch: dabei den Kunden betreuen und ihn informieren. Auf der Basis der kurze Zeit später eintreffenden Auswertung aus dem FSP-Kalkulationszentrum und deren Empfehlung kann dann die weitere Vorgehensweise festgelegt werden. Ein Nebeneffekt ist die elektronische Fahrzeugakte, in der zukünftig alle Schadenshistorien zum Fahrzeug angelegt werden können. Ein gutes Beispiel für ein neues Zusammenspiel in der Partnerschaft.

Was bedeutet echte Partnerschaft für Sie persönlich? Edgar K. Geffroys Antwort lautet: Fairness, Vertrauen, Akzeptanz, Toleranz, Authentizität, Hilfsbereitschaft, Glaubwürdigkeit. Und Glaubwürdigkeit heißt konkret: Ein Mensch glaubt an etwas, hat ein Ziel und setzt sich dafür ein. Das ist gelebte partnerschaftliche Verantwortung. Doch daran mangelt es leider noch. Letztendlich ist dies eines der großen Probleme in Unternehmen und auch eines der größten

Hindernisse bei der Verbesserung der Servicequalität. Nicht wenige Menschen im Business – gerade auch Entscheider – denken: Ihr Problem interessiert mich nicht. Oder: Das ist nicht mein Problem. Das geht so lange gut, bis die Firma irgendwann selbst ein Problem hat – nämlich ein Existenzproblem.

Wer nicht an den anderen denkt, trägt letztlich selbst die Schuld, wenn alles den Bach hinuntergeht. Und vielleicht ist das sogar besser so. Denn wer sich zukünftig der Probleme anderer nicht annimmt, wer nicht bereit ist, Verantwortung zu übernehmen, wird irgendwann selbst zum Problem. Diese Erkenntnis bildet die Grundlage für die Egoless Corporation. Eine Firma, die immer den Nutzen für die Kunden, die Mitarbeiter, also für die Menschen, sieht. Natürlich ist das kein selbstloses Unterfangen. Denn wer hilft, wird Partner haben, die bereit sind zu zahlen. Am Ende profitieren beide. Die Grundregeln des Automotive Clienting gelten übrigens nach innen wie nach außen. Auf das Zusammenspiel kommt es an. Auf die Partnerschaft mit Mitarbeitern und die Partnerschaft mit Kunden.

Wer sich zukünftig der Probleme anderer nicht annimmt, wer nicht bereit ist, Verantwortung zu übernehmen, wird irgendwann selbst zum Problem.

Doch Vorsicht: Es gibt auch Zeitgenossen, die dieses System missbrauchen, indem sie es nur für sich selbst nutzen. Dabei lautet eine der Grundregeln der Partnerschaft: Geben und Nehmen. Automotive Clienting heißt auch, sensibel unterscheiden zu können. Werden Sie als Mensch gebraucht oder *miss*braucht? Auch wir haben damit unsere Erfahrungen gemacht. Immer wieder einmal verwechselte uns jemand mit einem Selbstbedienungsladen ohne Zahlungsverpflichtung.

Deshalb raten wir Ihnen: Klären Sie auf partnerschaftliche Art, ob eine Partnerschaft gelebt wird. Das heißt: Was gebe ich und was nehme ich? Allerdings ist beim »Gebrauchtwerden« ebenfalls Vorsicht geboten. Denn auch wer gebraucht wird, kann nicht überall einspringen, sondern nur dort, wo er die erforderlichen Fähigkeiten mitbringt. Kein Zahnarzt würde den Job eines Herzchirurgen übernehmen. Beide können nur auf ihrem jeweiligen Spezialgebiet helfen.

> Bernd Behrens: »Die ›Herzenssache Kunde in der Automobilbranche‹ bleibt die Herausforderung für die nächsten Jahrzehnte.«

Das gilt auch für den Satz »Menschlichkeit gewinnt«. Aber den Unternehmen, die diese Ideen umsetzen – am besten vor den Wettbewerbern –, winken beste Wachstumschancen. Das Kerngeschäft ist und bleibt der Mensch.

Auf den Punkt

- Ohne den aktivierten Kunden läuft in Zukunft gar nichts mehr.
- Entwickeln Sie den Kunden zu Ihrem Partner!
- Keiner gewinnt allein.
- Nur echte Partnersysteme öffnen zusätzliche Chancen für die Automobilbranche.
- Kundenakademien stärken die Partnerschaft.
- Die Egoless Corporation ist kein selbstloses Unterfangen.
- Das Kerngeschäft ist der Mensch.
- Pflegen Sie Ihre Kundendatenbank!

14. Die neuen Marktplätze

»Der Markt ist immer da, wo sich Anbieter und Nachfrager begegnen.« *Erstes Semester allgemeine Betriebswirtschaftslehre*

Beziehungen leben von Kontakten. Deshalb sind die Marktplätze der Zukunft die Marktplätze der Beziehungen. Ja, es wird, wie es schon vor Hunderten von Jahren war – nur besser. Die Menschen landen alle wieder auf Marktplätzen. Dort wollen sie sich treffen, austauschen und Neues mit nach Hause nehmen, sei es nun ein greifbarer Gegenstand oder eine geniale Idee. Die große Aufgabe besteht darin, ein passendes Konzept zu entwickeln: »Wie finde ich den Marktplatz, auf dem mich die passenden Menschen finden?«

Wie sieht es mit den Marktplätzen in der Automobilbranche aus? Gibt es hier nur den stationären Handel und die verschiedenen Onlinekanäle? Eigentlich ja, sieht man einmal von einigen Gebrauchtteilemärkten insbesondere für Oldtimer ab. Mancher Autohändler präsentiert sich aber auch auf Regionalmessen. Das Paradebeispiel ist die Freiburger Messe Automobil, die sogenannte kleine IAA. Dort wird der Handel durch die Arbeitsgemeinschaft Freiburger Autohäuser vertreten. Im Mittelpunkt stand wieder der »Deutsche Meister« im regionalen Messeverkauf: Ford-Händler Siegfried Ernst. Ihm gelang es auch in diesem Jahr, von Freitag bis Sonntag 128 Neufahrzeuge zu verkaufen. Aus der Sicht der BBE Automotive ein tolles Beispiel, wie gemeinsame regionale Aktionen neue Marktplätze schaffen.

Ein weiteres schönes Beispiel ist der bereits angesprochene innovative und crossmedial angelegte Ansatz der AHG-Gruppe. So werden auch Autos mit dem Satz »Jetzt Probe fahren« beklebt und im öffentlichen Parkraum abgestellt. Per Handy kann der interessierte Kunde eine Probefahrt bestellen, den Schlüssel bringt ein Vertriebsmitarbeiter des Autohauses bei ihm vorbei. Hier schafft es ein Händler, den öffentlichen Raum als Marktplatz zu nutzen und die Kunden »auf der Straße abzuholen«.

Ein neues Forum muss her, auf dem sich Kunden begegnen und bereichern können. Das börsennotierte Unternehmen, das Edgar K. Geffroy 14 Jahre lang begleiten durfte, war eines der ersten, die diese Idee realisierten. Jedes Jahr wurde ein Forum veranstaltet. Die Ziele: Wissen vermitteln, Informationsvorsprung schaffen, neue Kontakte knüpfen, bestehende Beziehungen vertiefen. Wir können Ihnen sagen: Dieses Forum wurde zum Highlight des Jahres. Bereits wenige Jahre nach dem Start gab es so viele Interessenten, dass gar nicht mehr alle eingeladen werden konnten. Doch man erhöhte nicht die Teilnehmerzahl, sondern entwickelte das Forum zu einem Treffen der besten Partner.

Nicht Sie müssen den Weg zum Kunden finden, sondern der Partner findet den Weg zu Ihnen.

Wissen Sie, was für uns dabei am spannendsten war? Eine neue Erkenntnis: Nicht Sie müssen den Weg zum Kunden finden, sondern der Partner findet den Weg zu Ihnen. Endlich gibt es die Möglichkeit, eigene Marktplätze zu schaffen. Laden Sie Ihre Kunden ein, sich regelmäßig mit Ihnen zu treffen! Kreieren Sie einen Klassiker! Jedes Jahr ein Event, ein Forum, bei dem sich Ihre Kunden wohlfühlen und Wissen erwerben!

Autoservice daheim in der Garage

Der VW-Konzern kündigt für das neue Flaggschiff der Tochter Audi, den neuen Audi A8, schon an, dass dessen nächste Generation ab 2017 bis Tempo 60 per Autopilot fährt. Später sind per Update sogar bis zu 140 Stundenkilometer möglich, sagte der VW-Chef Martin Winterkorn über eine mögliche geänderte Gesetzeslage.

Software-Updates dürften also einen ähnlichen Stellenwert bekommen wie Werkstattbesuche, bei denen neue Teile eingebaut werden. Experten glauben, dass Programmerweiterungen künftig über das WLAN daheim in der Garage erfolgen. Das ist übrigens auch für kosmetische Überarbeitungen von Autos denkbar, dem sogenannten Facelift. So könnten Leuchtdioden in den Scheinwerfern nach einem Update neu angeordnet erstrahlen.

Software-Updates können in Zukunft über Dongle und WLAN daheim in der Garage stattfinden.

Die Kundenakademie, der König unter den Marktplätzen

Viele Wege führen zum Kunden. Manche sind mehr, manche weniger Erfolg versprechend. Die neuen Marktplätze zählen unserer Meinung nach zu den spannendsten Möglichkeiten. Sie verbinden persönliche und virtuelle Präsenz, sie sind wesentliche Schritte auf dem Weg zu einem erfolgreicheren Unternehmertum. Der König unter den Angeboten ist für uns die in einem früheren Kapitel schon erwähnte Kundenakademie. Warum? Sie schlagen hier mehrere Fliegen mit einer Klappe. Sie übernehmen Verantwortung für den Erfolg Ihrer Partner. Sie vermitteln Knowhow systematisch durch Seminare – online und offline. Last, but not least verbessern Sie die Beziehungen und lernen Mitarbeiter im Kundenunternehmen näher kennen. Somit profitieren beide Seiten. Eine eigene Kundenakademie ist ein klarer Wettbewerbsvorteil. Denn so etwas ist bisher noch alles andere als eine Selbstverständlichkeit.

Mit dem Angebot einer Kundenakademie schlagen Sie mehrere Fliegen mit einer Klappe.

Kundenevents, Foren, Onlineseminare und Akademien sind also die wichtigsten Marktplätze der neuen Welt. Bei den virtuellen Marktplätzen hat Google übrigens wieder einmal die Nase vorn. Google+ bietet die Möglichkeit, Onlineveranstaltungen durchzuführen, Stichwort »Hangout«. Das bedeutet: Hier können sich Interessierte zu einem bestimmten Zeitpunkt treffen und sogar mit mehreren Videopartnern gleichzeitig Hunderte von Teilnehmern erreichen. Wenn das keine schlaue Strategie ist! Sie kennen ja eine unserer Schlüsselaussagen: Mehr Kontakt bringt mehr Geschäft!

Auf den Punkt

- Marktplätze der Zukunft sind Marktplätze der Beziehungen.
- Holen Sie den Kunden auf der Straße ab.
- Suchen Sie Partner für einen neuen Marktplatz.
- Eine eigene Akademie ist ein Wettbewerbsvorteil.
- Laden Sie potenzielle Neukunden Ihrer Branche ein.

15. Beziehungsmanager statt Verkäufer

> »Eine sympathisch gelebte Kultur guter und aufmerksamer Beziehung ist die wichtigste Grundlage einer lebenslangen Partnerschaft.« *Bernd Behrens*

Lucky Luke, Titelfigur der belgischen Comicserie des Zeichners Morris, ist nun schon seit knapp 80 Jahren auf Verbrecherjagd. Einsam und heimatlos zieht er auf seinem Pferd Jolly Jumper durch den Wilden Westen. Er hilft den Armen und Benachteiligten – und steht natürlich immer auf der Seite des Gesetzes. Der einsame Cowboy mit dem schnellen Colt ist beliebt bei Jung und Alt und – wen wundert's – extrem erfolgreich. Man könnte meinen, er schafft das aus eigener Kraft, schließlich ist er allein unterwegs. Kenner wissen aber, dass sein treues Pferd über besondere Fähigkeiten verfügt und seinen Herrn mehr als einmal aus einer schwierigen Situation gerettet hat.

Warum erzählen wir Ihnen das? Weil wir glauben, dass es ganz viel mit Ihrem Geschäft zu tun hat. Unsere Erfahrung zeigt, dass es in der Wirtschaft immer noch eine Einzelgängermentalität gibt.

Der leider verstorbene Mitherausgeber der FAZ Frank Schirrmacher hat in seinem Buch *Minimum* gezeigt: Alte und gebrechliche Menschen haben in einer Gemeinschaft immer noch eine höhere Überlebenschance als junge und starke Menschen, die sich alleine durchschlagen. Die ersten Trecks, die von der amerikanischen Ostküste zur Westküste zogen, haben genau von dieser Gemeinschaft profitiert. Die vielen Strapazen und Entsagungen konnten sie nur überleben, weil sie miteinander rechnen konnten. Hundertprozentig.

Die Gemeinschaft schützte alle, jeder übernahm Verantwortung. Und so schafften sie es, selbst Kleinkinder oder gebrechliche alte Menschen. Anders als derjenige, der nur auf sich allein gestellt war. Seine Überlebenschancen gingen bei so einem Wagnis gegen null. Als Edgar K. Geffroy das Buch las, war er sehr beeindruckt und darin bestärkt, auch im Automobilbusiness Beziehungen und Partnerschaften in den Mittelpunkt zu stellen.

Gebrechliche Menschen in einer Gemeinschaft haben höhere Überlebenschancen als junge, starke Menschen, die sich alleine durchschlagen.

Sicher, die Grundlage menschlichen Denkens und Handelns ist der Egoismus. Ein gesunder Selbsterhaltungstrieb lässt uns so manche unwirtliche Steppe durchwandern. Würde allerdings jeder ausschließlich egoistisch handeln, gäbe es keinen Fortschritt. Glücklicherweise bleiben wir bei allem Eigensinn doch soziale Wesen und wissen um die Bedeutung der Gemeinschaft. Denn eines ist gewiss, auch wenn Sie den Satz schon kennen: Keiner gewinnt allein. Gemeinschaft pflegen wird – da sind wir uns sicher – auch das Erfolgsgeheimnis im Businessalltag werden.

Eigentlich ist der Gedanke gar nicht neu. Beziehungen haben schon immer eine wichtige Rolle für den Erfolg eines Menschen und auch für den Erfolg von Unternehmen gespielt. Schauen Sie sich einige der erfolgreichsten Firmen einmal genauer an: One-Man-Show? Fehlanzeige. Die Initialzündung entstand im Teamwork: Bill Gates hat mit Steve Ballmer und einigen anderen sein Unternehmen Microsoft aufgebaut. Steve Jobs und Steve Wozniak haben in einer Garage getüftelt und Apple auf die Beine gestellt. Sie müssen gar nicht über den großen Teich schauen, auch in Deutschland lassen sich genug Beispiele finden. Denken Sie nur an die Brüder Albrecht, die die Aldi-Gruppe gegründet haben. Auch Edgar K. Geffroy hat sich Verstärkung geholt und sein Unternehmen gemeinsam mit Hias Oechsler gegründet. Leider starb dieser sehr früh. Geffroy wäre heute nicht dort, wo er ist, wenn es Oechsler nicht gegeben hätte.

Gemeinschaft pflegen ist das Erfolgsgeheimnis im Automobilbusiness.

Wirtschaft ist menschlich

Jedes Jahrhundert hat seine Revolution, und dieses Jahrhundert steht für eine Revolution von der Industrie- zur Informationsgesellschaft.

Informationsgesellschaft

Der Begriff »Informationsgesellschaft« beschreibt die heutige Gesellschaft, in der Informations- und Kommunikationstechnologien wie Telefon, Internet und Onlinemedien auf breiter Basis genutzt werden und somit in allen Lebensbereichen präsent sind. Die Entstehung der »Informationsgesellschaft« wird auf die 1980er-Jahre datiert, ihre Ausdifferenzierung auf die 1990er-Jahre, als das Internet immer breitere Nutzung fand und die »Informations-« oder »Wissensexplosion« deutlich spürbar wurde.

Quelle: Wikipedia

Das ist jedoch unserer Meinung nach zu kurz gedacht. Sicher verändern das Internet, die Mobilität und neue Technologien insgesamt unser Leben dramatisch. Die Revolution geht aber sehr viel weiter. Es ist die Revolution der Menschen selbst und der Menschlichkeit. Es ist das Jahrhundert, in dem der Mensch die Schlüsselrolle innehaben wird.

Es ist die Revolution der Menschen selbst – und der Menschlichkeit.

Wenn also Unternehmen in der Automobilbranche ihr Überleben in den Fokus rücken, ist das in Ordnung und nur zu verständlich. Alles andere wäre purer Altruismus und hat mit Geldverdienen nichts zu tun. Wichtig ist aber, dass sich die Kfz-Unternehmen bewusst machen, dass sie langfristig dabei immer auf die Unterstützung anderer angewiesen sind.

Will es eine Zukunft haben, muss das Kfz-Gewerbe heute den Menschen in den Mittelpunkt seiner Unternehmensstrategie stellen. Konkret: Wer überleben und darüber hinaus eine führende Rolle innehaben will, muss alle Aktivitäten an Menschen und nicht nur an Produkten, Dienstleistungen und Profit ausrichten.

Wie wichtig der Mensch im Wirtschaftsgetriebe ist, wird besonders deutlich, wenn Sie sich ansehen, wie bewegt der Wirtschaftsalltag heute ist. Da werden Unternehmen gekauft, verkauft, zusammengelegt oder auch zerschlagen. Überall liest man von Fusionen, von freundlichen oder feindlichen Firmenübernahmen. Und dann? Erfolgsnachrichten? Nein. Was danach kommt, dreht sich immer wieder um das Scheitern solcher Megadeals. Weit über 50 Prozent der Fusionen gehen schief. Warum? Was steckt dahinter?

Firmen und deren Entscheider denken nicht in Partnerschaften, sondern in Mehrheiten.

Bei genauerem Hinsehen sind es die Menschen, die offensichtlich nicht mitziehen. Es scheitert nicht an den Konzepten. Nein, das Scheitern ist völlig hausgemacht. Der ausschlaggebende Fehler ist immer wieder der gleiche: Firmen und deren Entscheider denken nicht in Partnerschaften, sondern in Mehrheiten. Das bedeutet: Übernimmt eine Firma die Mehrheit an einer anderen, so hat der eine gewonnen und der andere verloren. Das spielt sich dann auch in den Manager- und Mitarbeiterköpfen ab: »Bin ich auf der Verlierer- oder auf der Gewinnerseite?« Und genau so verhalten sie sich. Für ein wirkliches Miteinander ist so kein Raum mehr.

Für eine Kehrtwende ist es zu spät, weil die wichtigste Fusionsgrundregel nicht beachtet wurde: Partnerschaft und Beziehungsfähigkeit.

Sie kennen sicher den Spruch »The winner takes it all«. Die Übernahme wird generalstabsmäßig vorbereitet, auf Menschen wird dabei relativ wenig Rücksicht genommen. Schließlich wollen die Entscheider das Bild vom Reißbrett hineintragen ins echte Leben. Nun soll die Umsetzung gelingen. Bis dahin ist aber schon so viel Porzellan zerschlagen worden, dass die wirklichen Talente das Unternehmen längst verlassen haben. Der Human- Capital-Schaden ist schwer oder gar nicht mehr aufzuholen, die Performance des Unternehmens lässt nach, die Wirtschaftlichkeit sinkt und das Führungspersonal wird ausgetauscht. Für eine Kehrtwende ist es zu spät, weil die wichtigste Fusionsgrundregel nicht beachtet wurde: Partnerschaft und Beziehungsfähigkeit.

Alles eine Frage des Miteinanders

Wenn wir von Partnerschaft und Beziehungsfähigkeit sprechen, meinen wir das ganz grundsätzlich. Hier geht es nicht nur darum, eine ganz konkrete Partnerschaft, beispielsweise zum Kunden, aufzubauen, auch wenn dieser omnipräsent ist und an Macht gewinnt. Nein, hier geht es um eine Einstellung des Unternehmens. Es geht darum, ob das Unternehmen in der Lage ist, Beziehungen aufzubauen und glaubwürdig zu leben. Der Druck dafür kommt von sämtlichen Beteiligten.

Ganz vorn dabei ist natürlich der Mitarbeiter. Talente schauen heute sehr genau hin, bei wem sie anheuern. Befehl und Gehorsam haben ausgedient. »Goodies« wie mobile Massage oder Diensthandy locken vielleicht noch Leute hinter dem Ofen hervor, die schlicht einen Arbeitsplatz suchen, nicht jedoch eine wirkliche Aufgabe. Mittlerweile zählen andere Faktoren: der Sinn hinter der Arbeit oder die Unternehmenskultur. Hier werden Fragen nach der Gemeinschaft wichtig: Ziehen alle an einem Strang? Ist der Umgang lösungsorientiert oder wird an allen Ecken und Enden politisiert? Wer die richtigen Leute an Bord holen will, kann die Hochglanzbroschüren einstampfen. Er muss hundertprozentig authentisch sein und vor allem im Miteinander überzeugen. Dieser Druck wird im Kampf um Talente weiter zunehmen.

Mit »Goodies« wie Diensthandys locken Sie Mitarbeiter, die einen Job wollen, an. Nicht aber Menschen, die eine Aufgabe suchen.

Auch Inhaber oder Gesellschafter sind nicht mehr zufrieden mit oberflächlichem Profitstreben oder Strategien, wie man den Markt »zu bearbeiten« gedenkt. Sie wissen: Diese Perspektive auf dem Markt entzündet nur ein Strohfeuer, aber keine Glut.

Das ist die wirkliche Revolution der Menschheit – sich darüber im Klaren zu sein, dass unser gesamtes Denken und Handeln von Beziehungen geprägt ist, und zwar mehr denn je. Denn das Internet ermöglicht in einem gigantischen Maß die globale Vernetzung der Menschen. Das kann keine Gesellschaft, keine Firma, kein Staat und keine Institution mehr aufhalten.

Diese Entwicklung hat weitreichende Konsequenzen: Der Erfolg eines Unternehmens wird zukünftig davon abhängen, wie es mit den Menschen umgeht, die an seinem Geschäftsmodell unmittelbar beteiligt sind. Die zentrale Rolle hierbei spielt der Kunde. Er hat in seiner ursprünglichen Empfängerrolle ausgedient. Heute hat Kundenbeziehung vielmehr mit echter Gemeinschaft als mit bloßem Business zu tun. Es werden Partnerschaften mit Lieferanten entstehen, um gemeinsam an Kundenprojekten zu arbeiten. Manchmal wird man sogar mit Wettbewerbern zusammenarbeiten, um an der Schnittstelle zum Kunden zu besseren Lösungen zu kommen. Damit Sie das hinbekommen, müssen Sie eine überholte Businessregel in die Flucht schlagen: das Dominanzstreben.

Erfolg ist letztlich nicht auf eine Idee oder eine Person zurückzuführen, sondern – wie in der Natur – auf ein Zusammenspiel mehrerer Faktoren. Beobachten Sie einmal Ihren Körper. Wissen Sie, wie oft Sie in der Minute atmen, wie hoch Ihr Pulsschlag gerade im Augenblick ist? Wissen Sie, wie Sie über Ihre Haut atmen? Mit hoher Wahrscheinlichkeit können Sie diese Fragen nicht beantworten. Trotzdem fühlen Sie sich pudelwohl. Ihr Körper funktioniert intuitiv. Selbst Ihr Herz – in diesem Buch das wichtigste Wort und zweifelsfrei das lebenswichtigste Organ – würde sich nicht aufspielen, den anderen Organen zu sagen, was sie zu tun und zu lassen haben.

Also: Den »längeren Hebel« können Sie einmotten. Auf lange Sicht klappt es nur zusammen. Sicher, das erfordert ein ziemliches Umdenken. Schließlich sind Sie und wir mit einem völlig anderen Mindset groß geworden. Aber am Ende werden Sie es leichter haben und erfolgreicher sein. Wir gehen sogar so weit zu sagen, dass der zukünftige Erfolg davon abhängig sein wird, möglichst viele echte Beziehungen zu leben. Früher ging es darum, Betriebe aufzubauen – heute spielen die Menschen die entscheidende Rolle.

Der neue Verkäufer

Der Star in diesem neuen Stück ist der Verkäufer – nach wie vor und doch ganz anders. Wie läuft es heute in der Regel? Der Verkäufer drückt das Produkt oder seine Dienstleistung mit aller Kraft in den Markt. Immer öfter wird das zur Einbahnstraße. In der Gegenrichtung läuft nicht viel. Impulse vom Kunden aufnehmen und ins Unternehmen tragen? Das machen bisher nur die wenigsten. Kommt dann der Auftrag vom Kunden, ist der Verkäufer in der Regel raus aus dem Spiel und die Aufträge werden von anderen abgearbeitet. Das Ding wird durchgezogen, idealerweise bis zum gewünschten Liefertermin. Dann wird geliefert. Ende und aus. Neues Spiel, neues Glück.

Der typische Verkäufer wird in der neuen Welt, in der es immer mehr virtuelle Verkäufer gibt, keine Überlebenschance haben.

Digitale Revolution

Die »Digitale Revolution« bezeichnet den gesellschaftlichen Umbruch, der durch die Digitalisierung und die flächendeckende Nutzung von Computern ausgelöst wurde. Die Forscher Martin Hilbert und Priscilla López schätzen, dass es im Jahr 2002 der Menschheit erstmals möglich war, mehr Informationen digital als im Analogformat zu speichern: Das »digitale Zeitalter« hatte begonnen. Um die Millenniumswende war die Digitalisierung der Informationen weltweit fast komplett vollzogen: Angefangen bei lediglich drei Prozent im Jahr 1993 waren 2007 bereits 94 Prozent der Informationen digital gespeichert.

Quelle: Wikipedia

Digitales Zeitalter und virtueller Marktplatz hin oder her – kein Konzept lässt sich ohne Menschen verkaufen. Wir brauchen sie also, die Verkäufer, aber anders. Gerade weil es die digitale Entwicklung gibt, wird der Mensch das Gespräch suchen. Vielleicht sogar noch mehr als in der Vergangenheit. Und genau dafür braucht der Verkäufer dringend ein paar zusätzliche Qualifikationen. Die Verkäufer der Zukunft sind echte Kommunikationsprofis, die ihr Fach verstehen.

Verkaufstechniken haben ausgedient. Erfolgreiche Verkäufer führen Kundengespräche »wie unter Freunden«.

Den Grundkurs des verkäuferischen Handwerks setzen wir erst einmal voraus. Auch heute noch muss der Verkäufer an der richtigen Stelle die richtige Abschlussfrage stellen, wenn der Kunde nicht von allein unterschreiben will – und das wird er selten. Bei unseren Marktuntersuchungen und Besuchen in den Automobilbetrieben fiel uns auf, dass die besten Verkäufer nach anderen Regeln vorgingen: Nicht das perfekte Führen eines Verkaufsgesprächs nach allen Regeln der Technik stand im Vordergrund, sondern eher das Gespräch unter Freunden. Wir waren schon etwas geschockt, als wir einen Spitzenverkäufer dabei beobachteten, wie er seinem Kunden permanent ins Wort fiel und so manche Meinung als Unsinn abtat. Heute wissen wir es besser: Was wir da sahen, war eine tiefe Vertrautheit zwischen ihm und seinem Kunden. Die beiden hatten Masken und Floskeln gar nicht mehr nötig.

Genau da muss es hingehen. Der Verkäufer der Zukunft ist Beziehungsprofi. Er betreut letztlich keine Kunden, sondern er entwickelt und pflegt ein Netzwerk. Er entwickelt und lebt Partnerschaften. Und auf den zweiten Blick sind seine Kunden viel mehr. Seine Kunden sind seine Verkäufer. Daher kann sich unser Verkäufer eigentlich als Vertriebsleiter einer eigenen Vertriebsmannschaft fühlen. Das ist ein enormes Potenzial. Angenommen, Sie haben 100 Kunden und ein zufriedener Kunde erzählt es drei weiteren, dann haben Sie ein Potenzial von 300 Kunden! Wenn Sie sie alle in den Mittelpunkt Ihres Strebens setzen, wenn Sie die Beziehung zu ihnen pflegen, dann ist unendlich viel drin für Sie!

Welche Voraussetzungen braucht es, damit Ihre Kunden Sie weiterempfehlen? Die Antwort ist einfach: letztlich keine, die Sie nicht schon aus dem privaten Bereich kennen. Auch hier können Sie es nicht jedem recht machen. Sie können nicht Everybody's Darling sein – und das ist auch nicht empfehlenswert. Sicher kennen Sie den Spruch »Everybody's Darling is Everybody's Depp«. Das tut weh, bringt es aber auf den Punkt. Es lohnt sich nicht, sich komplett zu verbiegen. Sie müssen lernen zu verzichten, zum Beispiel auf Kunden. Weil Sie schlicht nicht mit allen Menschen klarkommen. Doch erfahrungsgemäß wird Sie dieser Verzicht nicht ruinieren.

Beziehungsarbeit

Was muss der Beziehungsmanager der Zukunft tun? Beziehungen aufbauen, dauerhaftes Vertrauen aufbauen und Netzwerke aufbauen. Und wer Netzwerke aufbauen will, braucht Verbündete. Aus diesem Grund ist der Verkäufer auch eingebunden in das gesamte System des Unternehmens. Er kann ja letztlich nur das versprechen und umsetzen, was sein Unternehmen auch bieten kann. Das Unternehmen wiederum kann seinem Verkäufer entweder Steine in den Weg legen – oder ihm diesen bestmöglich ebnen. Indem es beispielsweise Marktplätze schafft, auf denen sich Kunden treffen können, wird das seine Arbeit sehr erleichtern. Wenn das Unternehmen zudem ein Kundenerfolgssteigerungskonzept hat und seinen Kunden aktiv etwas anbietet, dann kann der Verkäufer aus dem Vollen schöpfen.

Was muss der Beziehungsmanager der Zukunft tun? Netzwerke aufbauen!

Beziehungsmanager wird man nicht über Nacht. Im Gegenteil: Beziehungsarbeit will gelernt sein. Ein Teilnehmer eines Seminares hat einmal gesagt: »Wenn in Deutschland fast jede zweite Ehe geschieden wird, sind wir wohl nicht unbedingt alle begnadete Beziehungsexperten.« Es gibt also viel zu lernen. Beziehungen haben mit Glaubwürdigkeit und Verantwortungsbereitschaft zu tun, ebenso mit

Fairness und Verlässlichkeit. Eine Beziehung muss auf beidseitigen Nutzen achten. Keine Beziehung klappt dauerhaft, wenn nur einer profitiert. Das geht nur mit offenen Karten.

Verstehen Sie uns nicht falsch: Ein Beziehungsmanager ist kein Softie. Lieb haben, zuhören und über alles reden – das greift eindeutig zu kurz. Natürlich achtet ein guter Beziehungsmanager auch darauf, dass der Erfolg stimmt. Er lässt sich nicht ausnutzen und er erwartet eine Gegenleistung. Für uns ist er ein Vollprofi – auf mentalem Gebiet – und in der digitalen Welt zu Hause. Denn wir leben in einer Echtzeitwelt und nur die Daten, die wir just in time abrufen können, schaffen den nötigen Informationsvorsprung. Daher hat ein Verkäufer ohne Kenntnis und Einsatz modernster Technologien wie Tablet Selling keine dauerhafte Überlebenschance. Genauso wenig, wenn er sich nicht in den Kunden hineinversetzen kann.

Verkaufserfolg stellt sich ein, wenn Sie eine gute Beziehung mit Ihren Kunden pflegen und Ihr Management gekonnt einhakt.

Ein Beziehungsmanager ist also der ideale Verkäufer. In mehreren Welten gleichzeitig zu Hause, paart er höchste Emotionalisierung und Empathie mit profunder Fitness in der digitalen Welt. Dazu eine ordentliche Portion Sensibilität und Spontanität, gemischt mit den guten alten Tugenden Ordentlichkeit und Verbindlichkeit, denn die braucht er für seinen systematischen Jahresaktionsplan für Kundenkontakte. Solch ein Verkäufer löst auch einen alten Erfolgsmythos ab, nämlich dass Erfolg das Ergebnis harter und systematischer Arbeit sei. Mit anderen Worten: Wenn Sie handwerklich gut und fleißig arbeiten, wird am Ende alles gut. Doch das war gestern. In Zukunft wird es lauten: Verkaufserfolg stellt sich dann ein, wenn Sie eine erfolgreiche Beziehung mit Ihren Kunden pflegen und Ihr Management und Ihr Unternehmen hier gekonnt einhaken.

Übrigens: Der Verkäufer wird mit seinem Anliegen, eine gute Beziehung zu seinen Kunden aufzubauen und zu pflegen, immer offene Türen einrennen. Ja, wir sind überzeugt, dass Kunden in der heutigen Welt noch mehr als früher an glaubwürdig gelebten Beziehungen auf Geschäftsbasis interessiert sind. Wer hätte es noch vor Jahren für möglich gehalten, dass eine Milliarde Menschen Beziehungen knüpfen, halten und ausbauen – und bereit sind, ihr Wissen kostenlos preiszugeben? Facebook hat uns gelehrt, dass genau das völlig in Ordnung ist, zumindest für die meisten. Was in der digitalen Welt offensichtlich sehr erfolgreich funktioniert hat, können wir jetzt auf jedes Unternehmen übertragen: Beziehungen statt Verkaufstechnik.

Die persönlichen Kundendaten und Fahrzeugdaten stellen zwar nur einen immateriellen, aber fundamentalen Wert für jedes Unternehmen im Automobilmarkt dar. Dieser Markt ist nicht unendlich. Jeder Betrieb steht daher in direkter Abhängigkeit von einem gewissen Bestand an Kunden und Fahrzeugen. Sie bilden das wichtigste Kapital für jedes Unternehmen im Automarkt. Es ist deshalb aus unserer Sicht eine unternehmensweite Verantwortung von der Führung bis zum Auszubildenden, die relevanten Kundendaten, die Informationen über die Erwartungen und Wünsche der Kunden, in der eigenen Kundendatenbank zu erfassen.

Kundenbeziehungsmanagement ist nur mit einer »lebendigen« Kundendatenbank möglich.

> Bernd Behrens: »Die Vorlieben der Kunden zu kennen, ist ein Muss. Die Vorlieben der Kunden abzuspeichern, ist ein Wettbewerbsvorteil. Deshalb behalten gute Häuser wertvolle Informationen über ihre Kunden im Gedächtnis – respektive auf der Festplatte. Schließlich will der Kunde, der auf einen Ersatzwagen angewiesen ist, nicht jedes Mal aufs Neue gefragt werden: ›Benötigen Sie einen Ersatzwagen?‹«

Wir leben in einer freien Gesellschaft. Unsere Kunden sind frei in ihren Entscheidungen, das heißt alles andere als auf Realisierung angelegt. Deshalb empfehlen wir eine zukunftsorientierte Kundenbindung, die die individuellen Kundenprofile berücksichtigt, und eine differenzierende Kundenbeziehung anzustreben. Im Durchschnitt verliert jeder Kfz-Betrieb pro Jahr circa 20 Prozent seiner Kunden. Die meisten dieser verlorenen Kunden haben sich über schlechten Service geärgert und verabschieden sich stillschweigend. Es gibt natürlich auch andere Gründe, wie zum Beispiel Markenwechsel, Wegzug des Kunden in eine andere Stadt oder Region oder gar dessen natürliches Ableben. Doch wir empfehlen – und das mit aller Dringlichkeit –, Ihr Unternehmen mit seinen gesamten Beziehungsinstrumentarien auf Ihre Stammkunden auszurichten, die passiven Kunden zur Rückkehr zu aktivieren, systematisch nach neuen Kunden zu suchen und sie mit dem Automotive Clienting für Ihr Unternehmen zu erhalten.

In unserem Buch geht es nur um Sie, Ihre Mitarbeiter im Betrieb und insbesondere um Ihre heutigen und zukünftigen Kunden. Im Mittelpunkt steht dabei die Beziehung, die Sie tagtäglich zu Ihren Kunden pflegen, und mit welchen Mitteln Sie diese verbessern können. Dabei sehen wir die Kundenbeziehung in einer echten Partnerschaft. Nehmen Sie alle Signale, die Ihnen Ihre Kunden senden, ernst und nutzen Sie diese für die neue partnerschaftliche Beziehungsarbeit.

Auf den Punkt

- Erfolg geht nur in Gemeinschaft.
- Der Mensch gehört in den Mittelpunkt allen Wirtschaftens.
- Sämtliche Beteiligte – vom Mitarbeiter bis zum Anteilseigner – sind mit oberflächlichem Profitstreben nicht mehr zu überzeugen.
- Unternehmenserfolg braucht echte Beziehungsfähigkeit.
- Der neue Verkäufer ist vor allem ein Beziehungsmanager.
- Verkauf heißt zukünftig vor allem eines: Netzwerke aufbauen und pflegen.
- Beziehungsarbeit braucht Verbündete: Unternehmen und Verkäufer müssen abteilungsübergreifend Hand in Hand arbeiten.
- Die »lebendige« Kundendatenbank ist eine wichtige Informationsquelle für eine gute Kundenbeziehung.

16. Kundenverblüffung statt Kundenzufriedenheit

»Stets findet Überraschung statt, da, wo man's nicht erwartet hat.« *Wilhelm Busch*

»Und, waren die Herrschaften zufrieden?«, fragt der Kellner nach dem Essen. Wir bejahen, denn in der Regel sind wir es: zufrieden. Ein Gefühl beschleicht uns aber jedes Mal, wenn diese Frage kommt: dass sie nichts weiter ist als eine Standardfrage. Nichts Ernstes. Der Kellner folgt praktisch nur dem Protokoll. Wir spüren, dass hier im Grunde niemand wirklich Feedback will. Dieses Gespräch bringt keinen von uns voran. Es bleibt Formsache, im Namen der omnipräsenten Kunden*zufriedenheit*.

Schon seit den 1990er-Jahren schreiben sich Unternehmen das Ziel der Kundenzufriedenheit auf die Fahnen. Allerdings war das Thema damals noch eher in Hochglanzbroschüren zu Hause. Im Unternehmensalltag selbst war es nicht angekommen. Es war schlicht ein »Nice to have«, wirkliche Bedeutung hatte der Kunde nicht.

Studien bestätigen, dass Kundenzufriedenheit zu einer Steigerung des Geschäftserfolgs führt.

Später wurde die Kundenzufriedenheit eine ernst zu nehmende Schlüsselgröße. Es gab erste Studien, die bestätigten, dass eine Erhöhung der Kundenzufriedenheit zu einer Steigerung des Geschäftserfolgs führt. Das Management wurde hellhörig. Zum ersten Mal erlangte ein sogenannter weicher Faktor dermaßen große Bedeutung. Das war fast eine kleine Sensation. Schließlich waren zuvor Zahlen, Daten, Fakten aus der Umsatz- und Kostenwelt die alleinigen Messgrößen des Erfolgs.

Kundenzufriedenheitsindex

Um die Zufriedenheit der Kunden zu messen, verwenden Unternehmen oft einen Kundenzufriedenheitsindex (auch Customer Satisfaction Index, kurz CSI). Die Kundenzufriedenheit wird mithilfe von Kennzahlen dargestellt und streift so den eher subjektiven Mantel individueller Kundenfeedbacks ab. Unternehmen können mithilfe des Index sowohl eine Entwicklung der Kundenzufriedenheit im Zeitverlauf nachvollziehen als auch einen Vergleich von mehreren Unternehmenseinheiten anstellen. In einer Nachfolgeuntersuchung lassen sich Maßnahmen auf ihre Wirksamkeit hin überprüfen.

Wenn die Zufriedenheit des Kunden so wichtig war, musste sie jetzt auch gemessen werden. Daher hoben die Unternehmen den *Kundenzufriedenheitsindex* aus der Taufe. Die Werte: eine Katastrophe. Nicht selten fuhren Unternehmen einen Kundenzufriedenheitswert von 25 Prozent ein. Das heißt nichts anderes, als dass 75 Prozent der Kunden unzufrieden waren! Die Entscheider erkannten dringenden Handlungsbedarf. Jetzt mussten Unternehmen ihre Zäune einreißen und sich öffnen. Weg von den Charts, raus ins wirkliche Leben: Kunden befragen, Impulse, aber auch Probleme aufnehmen. Dennoch war es unendlich schwer, die Entscheider dazu zu bewegen, vor die Tür zu treten. Sie kamen uns manchmal vor wie Menschen, die ihre Höhle zum ersten Mal verlassen müssen. Völlig unsicher, sie wussten nicht, was sie tun sollten. Im Grunde genommen wären sie am liebsten wieder in ihre Höhle zurückgekrochen und hätten so weitergemacht wie bisher.

Daumen hoch oder Daumen runter?

Doch eine Alternative gab es nicht und die Gefahr war groß: Ein zufriedener Kunde berichtet drei weiteren potenziellen Käufern von seinen Erfahrungen. Ein unzufriedener Kunde hingegen berichtet es mindestens zehn weiteren potenziellen Kunden! Anders gesagt:

Nichts geht schneller, als den Absatz durch unzufriedene Kunden herunterzufahren.

Jetzt könnte man meinen, dass die Initiative Kundenzufriedenheit höchste Dringlichkeit bekam und es mit Vollgas voranging. Doch bekanntlich sind Organisationen träge und Manager halten gern an ihren alten Zöpfen fest. Und so hat sich seit der Jahrtausendwende letztlich nicht viel getan. Ein bisschen Kosmetik, mehr nicht. Erst vor Kurzem rief uns ein Topmanager eines globalen Konzerns an und bestätigte, dass die Kundenzufriedenheit weit unter Branchenniveau liege. Wir sind überzeugt, dass das kein Einzelfall ist und auch heute noch viele Unternehmen dringenden Handlungsbedarf hätten, die Kundenzufriedenheit zu steigern.

Nichts geht schneller, als den Absatz durch unzufriedene Kunden herunterzufahren.

Erschreckend ist: Es geht nicht nur nicht recht voran, in manchen Unternehmen rudert man sogar wieder zurück! Globaler Wettbewerb, Kostenreduktion, Internet und vor allem die unangemessene Reaktion des Managements auf die Entwicklungen unserer Zeit üben einen enormen Druck auf die Mitarbeiter aus und setzen den falschen Fokus: mehr statt besser. In so einem Umfeld verkümmert verständlicherweise das zarte Pflänzchen Kundenorientierung. Hier baut sich ein hoher Risikofaktor auf.

Doch noch ist nichts verloren. Selbst wenn es ein bisschen welk geworden ist, ganz eingegangen ist das Pflänzchen nicht. Im Automobilsektor ist die Kundenzufriedenheitsumfrage sogar zu einer täglichen Praxis geworden. Händler werden heute wesentlich anhand des Kundenzufriedenheitsindex vergütet. Das führt jedoch aus unserer Sicht wiederum zu Manipulationsrisiken. Beim Kauf eines neuen Autos weisen Verkäufer häufig darauf hin, dass in wenigen Wochen ein Marktforschungsinstitut anrufen und den Kunden nicht nur fragen würde, wie zufrieden er mit dem Auto sei, sondern insbesondere auch, wie zufrieden er mit dem Händler und ihm als Verkäufer sei. Es war eine mehr als deutliche Bitte zu erkennen, der

Kunde möge doch möglichst alles mit einer perfekten Note bewerten. Sie können sich den Wert dieser Umfrage ausrechnen.

Trotzdem investieren fast alle Hersteller und Importeure hohe Summen in diese Form der Kundenzufriedenheitsabfrage – aus Sicht der BBE Automotive eine eher inhaltsleere und vom Verbraucher häufig als lästig empfundene Form der Analyse. Ganz lästig ist diese häufig nach dem Neuwagenkauf, hier erfolgen oftmals drei verschiedene Kundenbefragungen: zum Fahrzeug, zur Übergabe und dann ruft auch noch die Bank an und möchte wissen, ob denn alles gut abgelaufen sei.

Und nochmals: Warum wird der Käufer mit Befragungen überhäuft? Fast keiner fragt aber den Nichtkäufer, die Person, die sich für das Produkt oder die Leistung interessiert hat, und sie dann doch nicht kaufte. Die »Why not?«-Befragung liefert sehr interessante und wichtige Ergebnisse. Sie sollten gerade auch an diesen Ergebnissen interessiert sein, da hier Fehler im Vertrieb oder in der Produktneueinführung schnell offensichtlich werden.

Bernd Behrens: »Doppel- und Dreifachansprachen belästigen den Kunden.«

Der saisonale Reifenwechsel, die HU-Untersuchung im Fachbetrieb, der das Fahrzeug verkauft hat, und der Wiederkauf der gleichen Marke im gleichen Autohaus sind letztlich die Gradmesser einer erfolgreichen Kundenbeziehung. Bei seinen Beratungsgesprächen erhält Bernd Behrens leider selten eine Antwort auf seine Fragen: Wie viel Prozent Ihrer Kunden sind Wiederkäufer? Wie hoch ist der Anteil Ihrer Kunden, die ihre Reifen bei Ihnen einlagern lassen? Wie viel Prozent Ihrer Kunden kommen zu Ihnen, um die HU-Prüfung nach drei, fünf und sieben Jahren durchführen zu lassen?

Auch wenn Kundenzufriedenheit noch eine große Schippe Ernsthaftigkeit und ein methodisches Überdenken vertragen könnte, kommt das Thema mehr und mehr in den Unternehmen an. Entscheider lernen, ihr Handeln auf die Kundenbedürfnisse auszurichten.

»Und was ist mit Tee?«

Ihre Kunden sind jetzt zufrieden? Prima. Aber machen Sie sich klar, dass das erst der Anfang ist. Kundenzufriedenheit ist wichtig, allerdings werden Sie damit nicht die Regeln brechen können. Einer der Lieblingsleitsätze von Edgar K. Geffroy lautet: Die besten Gelegenheiten ergeben sich dann, wenn man die Grundregeln ändert. Mit Zufriedenheit ändern Sie erst einmal nichts. Das ist wie im wirklichen Leben. Wenn Sie zufrieden sind, sind Sie quasi angekommen – gemessen an dem, was Sie erwartet haben. Gemessen an der Vergangenheit also. Sie legen die Füße hoch, Ihr Motor ist aus. Es passiert nichts mehr. Tragisch eigentlich.

Tragisch ist das auch im Business. Weil sie sich immer nur an bereits Geschehenem orientiert, ist Kundenzufriedenheit für Edgar K. Geffroy die größte Fata Morgana der Vergangenheit. Ja, das tut weh und ist erst einmal ein Schlag ins Gesicht für diejenigen, die regelmäßig Geld in Kundenzufriedenheitsstudien investieren.

Doch was sagt Kundenzufriedenheit wirklich aus? Dass Sie geliefert haben, was der Kunde von Ihnen erwartet hat. Nichts weiter. Kein Staunen. Ihr Kunde ist nicht überrascht. Er wertet das, was er bekommt, schlicht als Bestätigung seiner Erwartungshaltung. Im Grunde genommen ist die Zufriedenheit nur ein Hygienefaktor. Und Hygienefaktoren können maximal etwas bewahren, niemals jedoch etwas verändern.

Kundenzufriedenheit ist im Grunde nur ein Hygienefaktor.

Finden Sie das Beauty-Case

Der Erfinder Graham Bell erklärte im 19. Jahrhundert keinem Geringerem als dem US-Präsidenten begeistert den Vorteil des Telefons: dass man damit über lange Strecken mit jemandem reden könnte. Und was erwiderte der höchste Mann im Staat? »Schön –

und wofür braucht man das?« Hätte Graham damals nur die Erwartungen als Maßstab genommen, er hätte seine Bemühungen wohl eingestampft und sich anderen Dingen gewidmet. Die heutige Jugend hätte das in jedem Fall bedauert.

Bieten Sie Ihren Kunden nur ein bisschen mehr, als Sie erwarten – und Sie werden begeistert sein!

Kundenzufriedenheit reicht heute nicht mehr. Bieten Sie den Kunden daher mehr, als sie erwarten. Steigen Sie in die nächste Stufe ein: Begeistern Sie Ihre Kunden! Das geht nach wie vor erstaunlich schnell. Gerade im Service schlummern erhebliche Potenziale, die einen Aha-Effekt auslösen können.

Maßnahmen zur emotionalen Kundenbindung sind kein entscheidender Posten im Marketingbudget. Statt viel Geld erfordern sie zumeist ausschließlich Kreativität und die Bereitschaft, sich in den Kunden hineinzuversetzen, also seine Bedürfnisse zu antizipieren. Gefordert ist ein Perspektivenwechsel, doch den braucht ohnehin jedes Unternehmen bereits bei der Entwicklung seiner Angebote. Warum also nicht ein bisschen mehr Aufwand in Kauf nehmen und unwiderstehliche und erinnerungswürdige Ideen kreieren? Kleine Serviceleistungen mit großer Wirkung, die dem Kunden ein Lächeln ins Gesicht zaubern und die das Unternehmen im harten Wettbewerb des Automobilmarktes nachhaltig in seinem Gedächtnis verankern.

Aus unserer Praxis als Coach und Trainer wissen wir, wie effektiv es ist, Autofahrer auf diese Art zu begeistern. Wir nennen das gerne »Kundenverblüffung«, denn die meisten Menschen rechnen nicht mit Extras, die über das eigentliche Angebot hinausgehen. Umso leichter ist es für Unternehmen, sich mit Plusleistungen von Wettbewerbern abzuheben. Und um das Ganze vom Zufall zu befreien und systematisch zu betreiben, lohnt es sich, einen entsprechenden Plan zu entwickeln und konkrete Leistungen zu kreieren und festzulegen. Besonders wirkungsvoll ist es, die kleinen Überraschungen auf die jeweilige Saison abzustimmen – etwa auf die Jahreszeit oder auch auf bestimmte Termine wie Muttertag oder Sommeranfang oder den Geburtstag des Kunden, Firmenjubiläum oder Geburtstag des Fahrzeugs.

Wir empfehlen, so viele Informationen wie möglich über die Kunden zu sammeln und übersichtlich zu dokumentieren und auf dieser Grundlage aktiv zu werden. Nur dann sind individuelle statt 08/15-Extras möglich. Dabei sollten neben den bereits vorhandenen auch Wunschkunden berücksichtigt werden. Was liegt diesen am Herzen? Was ist ihnen wichtig? Warum fährt er dieses Automodell? Ebenfalls interessant: Welche Kunden haben Ihre Kunden und womit können Sie diese unterstützen oder einfach nur erfreuen? Auf der Basis dieser Infos gilt es, sich Maßnahmen auszudenken – am besten mit dem gesamten Team oder zumindest in einer größeren Gruppe. Kreativität zählt! Neben regelmäßige Angebote wie HU und saisonale Räderwechsel können Sonderaktionen treten. Zu häufig allerdings sollte der Kunde nicht überrascht werden, weil der Servicebonus dann nicht mehr als etwas Besonderes wahrgenommen würde.

Um das gesamte Unternehmen auf Kundenverblüffung »einzuschwören«, muss sie fester Bestandteil der Unternehmensphilosophie werden. Das heißt: Sie funktioniert nur dann, wenn vom Geschäftsführer bis zum Azubi alle dahinterstehen!

Gute Hotels machen es vor. Sie haben sich darauf spezialisiert, einen einzigartigen Service zu bieten. Edgar K. Geffroy erinnert sich an eine USA-Reise, auf der das Beauty-Case beim Transfer vergessen wurde. Die Enttäuschung seiner Frau können Sie sich sicher vorstellen. Als sie im Ritz-Carlton-Hotel ankamen, fragte die Dame an der Rezeption sehr höflich, ob die Anreise gut verlaufen wäre. Als die Eheleute Geffroy kurz schilderten, was passiert war, fragte die Dame detailliert nach. Wissen Sie, warum? Sie wollte im Namen der Kundin recherchieren, um möglicherweise das Beauty-Case doch noch zu bekommen. Solch einen Service kannte Geffroy bisher nicht. Was für eine Wohltat!

Unternehmen, die sich darauf spezialisieren, ihre Kunden zu begeistern, schlagen gleich zwei Fliegen mit einer Klappe. Denn dass damit auch Ihr Kundenzufriedenheitsindex in die Höhe schnellt, versteht sich wohl von selbst.

Schnellere Pferde

Klingt gut, nicht wahr? Aber eigentlich geht es auch bisher nur um Kosmetik. Goldgräberstimmung kommt hingegen auf, wenn Sie Ihre Kunden wirklich verblüffen. Wenn Sie etwas anbieten, womit Ihr Kunde im Leben nicht rechnet, wird er es Ihnen aus der Hand reißen. Immer. Fast egal, was es kostet. Und er wird Sie so schnell nicht wieder verlassen. Herzlich willkommen auf dem Königsweg!

»Wenn ich die Menschen gefragt hätte, was sie wollen, hätten sie gesagt: schnellere Pferde.«
Henry Ford

Verblüffen – wie geht denn das? Die Antwort ist letztlich einfach: Verblüffend ist alles, was der Kunde nicht kennt. Es macht also wenig Sinn, die Kunden zu fragen, wovon sie denn bitte schön verblüfft wären. Wirkliche Innovationen kommen nicht vom Kunden, das geht gar nicht. Sie kennen vielleicht den viel zitierten Satz von Henry Ford: »Wenn ich die Menschen gefragt hätte, was sie wollen, hätten sie gesagt: schnellere Pferde.« Ein Kunde kennt nur das, was er aus der Vergangenheit heraus kennt. Er kann nicht für etwas Vorstellungskraft haben, was er gar nicht kennt oder wovon er nicht weiß, dass es existiert. Das ist elementar – was im Grunde genommen zu einer Frustration auf der Kunden- wie auf der Unternehmensseite führt.

Aus diesem Grund reicht Kundenzufriedenheit heute allein nicht mehr aus. Wenn Sie sich nur auf die Aussagen Ihrer Kunden verlassen, werden Sie genau dort verharren, wo Sie sind. Sie werden unermüdlich an Ihrem Status quo feilen – obwohl der vielleicht gar nicht mehr der Renner ist. Sie wissen es nur noch nicht.

Wenn Sie also an Ihren Produkten arbeiten oder neue Dienstleistungen entwickeln, stellen Sie sich immer die Frage: Verblüffen wir damit unsere Kunden? Wenn nicht, lassen Sie es bleiben und suchen Sie lieber weiter. Wir können Sie beruhigen: Kunden zu verblüffen ist kein Hexenwerk. Im Gegenteil: Wenn Sie eine wirkliche Beziehung zu Ihren Kunden pflegen, wird es Ihnen sogar recht leichtfallen, sie zu verblüffen. Dabei müssen Sie das Rad nicht unbedingt immer neu erfinden. Ein bestimmter Service oder ein Produkt-Feature ist vielleicht in einer anderen Branche bereits üblich – wenn es allerdings für Ihre Branche neu ist, dann ist das Ihre Chance! Und diese liegt nicht nur darin, dass Sie neue, richtig gute Kunden gewinnen. Ihre Kunden zahlen Ihnen Ihre Mühen nämlich zurück. Denn Ihre verblüfften Kunden schwärmen aus und werden zu den besten Werbeträgern Ihres Unternehmens!

Candle-Light-Dinner – eine persönliche Urlaubserfahrung vom Ehepaar Geffroy

Die Hotelkette Four Seasons gilt weltweit als die Nummer eins im Kundenservice. Anlässlich eines Osterurlaubs buchten wir auf einer kleinen Insel ein Candle-Light-Dinner. Es sollte ein perfekter Abend werden. Auf einer kleinen Sanddüne freuten wir uns auf ein romantisches Erlebnis – mit Fackeln und einem Kellner, der nur für uns das Menü zelebrieren sollte. Was dann passierte, war ein Drama. Nichts klappte. Weder gingen die Fackeln an noch schmeckte das Essen, und der Service enttäuschte auf ganzer Linie. Trotzdem entschieden wir uns, nicht zu reklamieren, denn wir waren bisher rundum glücklich in diesem Hotel.

Am nächsten Morgen fragte uns der Oberkellner, wie es uns gefallen hätte. Wir sagten zwar »Ganz gut …«, aber man konnte wohl an unseren Gesichtern ablesen, dass wir im Grunde enttäuscht waren.

Der Oberkellner ging kommentarlos weg und kam wenige Minuten später mit dem Restaurantleiter zurück. Dieser hatte sich offenbar fix schlaugemacht und wusste, dass der Abend komplett schiefgelaufen war. Er entschuldigte sich in aller Form dafür. Offiziell hatten wir nicht reklamiert, trotzdem schwärmten alle aus, um uns zu helfen. Wenige Minuten später stieß auch der Resortleiter hinzu. Er entschuldigte sich noch einmal und bot zwei Alternativen an. Erste Alternative: Man würde das Essen selbstverständlich von der Rechnung nehmen. Zweite Alternative: Man würde allen die Gelegenheit geben, es am selben Abend wiedergutzumachen.

Wir entschieden uns für ein zweites Candle-Light-Dinner. Als wir abends ankamen, brannten die Fackeln bereits und ein umwerfend schön gedeckter Tisch machte Lust auf ein großartiges Essen. Und wir trafen auf drei alte Bekannte: Der Oberkellner, der Restaurantleiter und der Leiter des Resorts bedienten uns an diesem Abend höchstpersönlich. Was denken Sie, was wir nach unserem Urlaub zu Hause berichteten?

Manchmal sind es ganz kleine Dinge, die verblüffen. Im Hotel Stock beispielsweise fragte der Kellner meine Frau beim Abendessen: »Trinken Sie das Glas Wein mit der linken oder der rechten Hand?« Meine Frau ist Linkshänderin. Und so funktioniert es mit allem, was der Kunde nicht kennt und nicht erwartet.

Wollen Sie in den hart umkämpften Märkten der Zukunft Erster sein, müssen Sie weiterdenken. Die Frage lautet zuerst: Wie begeistere ich meine Kunden? Und dann noch einen Schritt weiter: Wie verblüffe ich meine Kunden? Das kann eine Produktidee, Serviceidee, Partneridee, Wissensidee oder Trendidee sein. Ihrer Fantasie sind keine Grenzen gesetzt. Beobachten Sie, sprechen Sie, reflektieren Sie. Alles ist möglich. Ihr Ziel ist kein geringeres als ein aufrichtiges »Wow!« Ihrer Kunden.

Welche Verblüffungsfaktoren waren bei den Verkaufsprofis 2015 zu sehen?

Lernen wollen wir von den Besten, so haben wir uns die Berichterstattung des Magazins *kfz-betrieb* über den Vertriebs Award 2015 näher angesehen. Jährlich kürt das Fachmagazin die Top-Ten-Autohäuser in Deutschland zu Vertriebsprofis. Wir in der BBE Automotive haben uns die besonderen Leistungen dieser Autohäuser einmal angesehen und haben auch dazugelernt.

Vorab: Positiv fiel uns auf, dass alle Erfolgsstorys getragen werden vom Teamgeist und dem daraus resultierenden Erfolg. Erwähnenswert ist das Bekenntnis eines Autohauses zur kompromisslosen Kundenorientierung, verbunden mit vorbildlicher Bestandskundenpflege, gepaart mit einem strikten Vertriebscontrolling. Wenn solch ein Bekenntnis gelebt wird, macht dieser Unternehmer aus Sicht der BBE Automotive alles richtig.

Die Philosophie anderer Autohäuser erscheint ebenfalls innovativ und Erfolg versprechend, zum Beispiel

- dass im Autohaus der Mensch im Mittelpunkt steht und dass man jeden Tag hart am Kunden arbeiten muss;
- dass Menschen Geschäfte machen;
- dass sich eine stabile geschäftliche Beziehung aus der emotionalen Verknüpfung zwischen dem Autohaus als Anbieter des Produkts, den Menschen, die darin arbeiten, als Übermittlern und den Interessenten aus potenziellen Kunden entwickelt.

Lernen konnte man aber auch von interessanten Aktionen oder Events, zum Beispiel

- Ladies Night mit Sektempfang, Moderation, Modenschau und Kunstausstellung;
- Wandertage mit den Kunden;

- Ideen der Mitarbeiter, zum Beispiel Sortimentserweiterung durch E-Bikes und E-Roller, Apfelschälmaschinen, Schlitten oder Schlauchboote;
- Einladung in ein Kloster zum Zeichen des Dankes an die Kunden im Rahmen der Produkteinführung;
- Jagdmesse im Autohaus;
- Schirmherrschaft für Kindertagesstätten;
- Handwerkermarkt im Autohaus;
- Public Viewing, Dia-Vorträge, Konzerte im Autohaus;
- Ranzenparty für ABC-Schützen mit Kinderanimation im Umfeld von familiengerechten VW-Nutzfahrzeugen;
- interner Einsatz von »Kapitänen«, die Kollegen mit ihrem Wissen unterstützen;
- Flohmarkt auf dem Firmengelände;
- übergreifende Kundenkarten mit Vorteilen auch bei anderen Unternehmen;
- eigener Kundenklub mit separatem Kundenbereich;
- Talk im Autohaus;
- Offroad-Parcours auf dem Firmengelände;
- Definition des Verkäufers als »Kümmerer« um den Kunden, auch im Service;

- Unfallschadenmanager, der sich ganzheitlich um den geschädigten Kunden kümmert;
- interne Kundentische zur Optimierung der Kundenbeziehungen.

Dies sind aktuelle Beispiele aus dem Jahr 2015. Hier sollte jeder etwas finden, was aktuell im eigenen Unternehmen noch nicht gemacht wird, aber durchaus gemacht werden kann.

Auf den Punkt

- Kundenzufriedenheit (erste Stufe) ernst nehmen bedeutet, dass Sie hinausgehen und Ihre Kunden befragen.
- Kundenzufriedenheit ist lebensnotwendig – aber sie ist nur der Anfang.
- Den Unterschied machen Sie, wenn Sie Ihre Kunden nicht nur zufriedenstellen, sondern begeistern (zweite Stufe).
- Kundenbegeisterung heißt, die Erwartungen zu übertreffen.
- Den Königsweg beschreiten Sie, wenn Sie Ihre Kunden verblüffen (dritte Stufe).
- Verblüffen können Sie mit allem, was der Kunde noch nicht kennt oder so nicht erwartet.
- Ideen zur Kundenverblüffung können nie vom Kunden selbst kommen.

17. Fähigkeiten statt Produkte

»Am meisten Energie vergeudet der Mensch mit der Lösung von Problemen, die niemals auftauchen werden.« *William Somerset Maugham*

»Er hat ABS, elektronische Stabilisierungskontrolle mit elektronischer Differenzialsperre und hydraulischem Bremsassistenten und natürlich die neuen Xenon-Scheinwerfer«, verkünden Autoverkäufer oft freudig erregt. Ob sie denken, nur weil der Kunde ein Auto fahre, würde er sich für derlei technische Details begeistern? Tun sie nicht wirklich, letztlich wollen die meisten privaten Kunden nichts anderes als mobil sein und sicher ankommen. Der Firmenkunde legt mehr Wert auf geringe Fuhrparkkosten und schnellen, zuverlässigen Service, um die Fahrzeuge stets einsatzbereit zu halten. Nicht mehr und nicht weniger.

Nun sind Autobauer, Autoverkäufer und Serviceverkäufer sicher eine ganz eigene Spezies. Sie sind extrem technikbegeistert – und so präsentieren sie stolz jedes neue Feature. Leider oft am Kunden vorbei. Denn dieser hat beim Autokauf in der Regel ganz andere Bilder im Kopf: Möglicherweise ist er beruflich viel unterwegs und braucht quasi ein mobiles Büro. Oder er ist leidenschaftlicher Kitesurfer und braucht ein Fahrzeug, das ihn und sein Equipment jedes Wochenende zu den verschiedenen Surf-Eldorados bringt. Vielleicht braucht er dafür auch ein integriertes Vorzelt? Möglicherweise spielt Xenon-Licht hier gar keine Rolle …

Unternehmen präsentieren technikverliebt das 100. Feature. Leider am Kunden vorbei.

So wie dem Autobauer geht es sehr vielen Unternehmen. Technikverliebt feilen sie an ihren Produkten. Noch kleiner, noch dünner, noch sicherer. Doch sie verlieren dabei aus den Augen, dass der Kunde es vielleicht viel runder braucht. Oder dass dieses Produkt nur mit einem Kombiprodukt Sinn macht und er es deshalb auch zusammen kaufen will. Logisch. Plus Lieferung und Installation. Plus Wartung. Natürlich.

Wer hat die Lösung?

Genau da muss es hingehen. Wir sind sicher: Den entscheidenden Wettbewerbsvorteil dieses Jahrzehnts hat derjenige, der es schafft, dem Kunden wirklich verblüffende Lösungen anzubieten.

80 Prozent der Unternehmen denken heute noch in Produkten statt in Lösungen.

Und da ist noch jede Menge Luft nach oben. Denn weit über 80 Prozent der Unternehmen verharren heute noch im Produktdenken, die wenigsten sind schon bei echten Lösungen angekommen. Und wenn, dann sind das häufig Kombinationen aus Produkt und Service. Immerhin. Aber eigentlich eine Krücke.

Einige wenige zeigen allerdings schon, wie es gehen kann. Das Unternehmen Würth aus Künzelsau beispielsweise hat vor vielen Jahren erkannt, dass Handwerker nicht nur einen Bedarf an Schrauben und Dübeln haben, sondern einen dringenden Bedarf an einer Lösung, die ihnen hilft, ihre tägliche Arbeit besser machen zu können. Und genau darauf richten sie all ihr Streben aus. Auch Apple – immer wieder gern zitiert, auch von uns – denkt ausschließlich in umfassenden Lösungen. Es liefert dazu alles Erforderliche, von der Hardware über die Software bis zur Mindware. Das Unternehmen löst sich dabei komplett vom eigentlichen Produkt. Wenn Apple in einen neuen Markt einsteigt, nutzt es schlicht die gleichen Grundmodelle und überträgt diese in den neuen Markt. So lassen sich zentrale Erkenntnisse aus der Mac-Welt sowohl in der Telekommunikations- als auch in der Tablet-Welt nutzen. Es gibt keine störenden Schnittstellen. Nur echte Lösungen.

Unternehmen wie Würth und Apple tummeln sich recht einsam an der Spitze. Dann kommt eine ganze Weile nichts. Und dann kommt das übergroße Mittelfeld. Unternehmen, die sich immer noch als Produktlieferanten verstehen. Unternehmen wie Sony oder Hewlett-Packard. In einer industriellen Welt konnte das auch funktionieren. Doch diese Welt verlassen wir jeden Tag ein Stückchen mehr.

Die Tage, an denen die Kunden brav Autos kaufen, leasen oder finanzieren und Instandsetzungsaufträge erteilen, sind gezählt. Bisher sind die Autobetriebe zum größeren Teil noch erfolgreich. Die Schraube, an der sie drehen, ist die Kundenorientierung. In einer Welt, in der Kundenzufriedenheit noch längst nicht das Maß allen Wirtschaftens ist, können Unternehmen, die beispielsweise besseren Service bieten als andere, Zeit gewinnen. Noch ist der Kunde dankbar für diesen Unterschied. Noch kann ein Unternehmen damit einen Unterschied machen und erfolgreich sein.

Naturgewalten und Türöffner

Es ist ein Naturgesetz: Das, was am meisten fehlt, wächst überproportional. Wenn man als Kunde überall nur kalten Kaffee bekommt, ist man froh und dankbar, wenn man irgendwo einen heißen ergattert. Wenn Kundenorientierung also Standard ist und Sie sich als Unternehmen davon abheben, können Sie mit sehr geringem Aufwand bereits überproportional erfolgreich sein. Noch siegen die Einäugigen unter den Blinden. Aber wie lange noch?

Im Umkehrschluss: Wenn alle erkannt haben, dass es ein Heißgetränk braucht, dann müssen Sie sich schon wieder etwas Neues einfallen lassen. Wenn also alle die Wichtigkeit des Kunden erkannt haben, wenn alle ihre Produkte perfektioniert und mit einem Servicepaket ausgestattet haben, dann müssen Sie den üblichen Pfad verlassen. Dann stehen Sie vor einer neuen Tür. Es ist die Tür des Wissens.

Einige haben diese Tür schon einen Spaltbreit aufgemacht. Das Gros der Unternehmen ist jedoch noch auf dem Weg dorthin. Aufzuhalten ist das Ganze nicht mehr. Die Handels- und Dienstleistungsgesellschaft wird zu einer Wissensgesellschaft. Das stellt die Spielregeln der Automobilbranche auf den Kopf. In der alten Welt brauchten wir die Grundelemente Boden, Arbeit und Kapital. Heute sind die Märkte grenzenlos, sodass man im Zweifelsfall sogar seinen Händler beziehungsweise seine Werkstatt schneller wechseln kann. In der Internetwelt spielt dieser Faktor eine zu vernachlässigende Rolle. Auch Serviceleistungen können Sie heute virtuell einkaufen.

Wenn alle erkannt haben, wie wichtig der Kunde ist, dann stehen wir vor einer neuen Tür: der Tür des Wissens.

Die neue Welt ist wissensbasiert und setzt andere Prioritäten. Wenn Sie heute erfolgreich sein wollen, brauchen Sie kaum Material, Sie brauchen Herz und Kopf. Die neue Welt des Wissens ermöglicht es einzelnen Menschen, erfolgreicher zu sein als fast alle klassischen Unternehmen. Und zwar dann, wenn sie sich auf ein Thema spezialisieren. Wenn sie eine Fähigkeit besitzen, die andere nicht haben.

Und noch mal nach Leipzig: Auto Saxe hat es eindrucksvoll bewiesen. Durch seine strukturierte Bestands- und Beziehungskundenpflege, das strikte Vertriebscontrolling bei neuen Interessenten und die kreative Eventkultur. Mittlerweile gilt Auto Saxe sogar als einer der führenden Toyota-Partner. Was benötigte das Team dazu? Leidenschaft für Autos und Leidenschaft für guten Service. Und seine besondere Fähigkeit, Menschen zu begeistern.

In dieser neuen Welt wird Wissen die Kundenorientierung als Minimumfaktor ablösen. Bisher steckt der Fortschritt noch in den Kinderschuhen: Man geht davon aus, dass weltweit nur vier Prozent der Unternehmen wissensbasiert sind! Interessanterweise ist es die gleiche Zahl, die noch vor einigen Jahren beim Stichwort »Kundenorientierung« genannt wurde.

Wissen wird die Kundenorientierung als Minimumfaktor ablösen.

Wenn Sie sich jetzt beim Thema Wissen aus dem Fenster lehnen, können Sie Ihren Wettbewerb hinter sich lassen. Und zwar meilenweit. Ebenso gilt: Je später Sie einsteigen, desto mehr verspielen Sie den Bonus des frühen Vogels.

Je später Sie einsteigen, desto mehr verspielen Sie den Bonus des frühen Vogels.

Wenn wir davon sprechen, dass Wissen das A und O wird, dann meinen wir nicht zwangsläufig nur eine Expertise in irgendetwas. Nein, wir meinen vor allem das Knowhow über Ihre Kunden. Kennen Sie sie wirklich? Verstehen Sie, wie sie denken und handeln? Verstehen Sie, warum Ihre Kunden kaufen oder – noch entscheidender – warum sie nicht kaufen? Der Däne Martin Lindstrom hat genau darüber das Buch *Buyology. Warum wir kaufen, was wir kaufen* geschrieben.

Wir sind überzeugt, dass eine der wichtigsten Fähigkeiten der echte Schulterschluss mit Ihren Kunden sein wird. Ob Sie wirklich zuhören und verstehen, was Ihre Kunden in ihren Köpfen und Herzen bewegt, wird darüber entscheiden, ob Sie erfolgreich sind – oder eben nicht.

Der echte Schulterschluss mit dem Kunden entscheidet über Erfolg oder Misserfolg.

Dichter Nebel

Vor Kurzem erhielten wir in der BBE Automotive den Auftrag, ein Verkaufssteigerungsprogramm für eine Autohausgruppe zu entwickeln. Wir schlugen vor, zunächst Kunden und potenzielle Kunden des Unternehmens nach ihren Erfahrungen und Wünschen zu fragen: Was ist wichtig für diese Menschen, wenn sie ein Fahrzeug neu oder gebraucht kaufen wollen, und worauf legen sie beim Service besonderen Wert? Wir waren völlig von den Socken, dass der Inhaber der Gruppe das Ganze für Zeitverschwendung hielt! Letztlich stimmte er zu, wenn auch widerwillig. Wir fragten also Kunden des Unternehmens, warum sie kauften. Und wir fragten potenzielle Kunden, warum sie gerade nicht kauften. Die zentrale Erkenntnis: Kunden kaufen nicht, weil sie Angst haben. Zum Beispiel Angst vor einer Fehlentscheidung. Angst vor Pfusch beim Service oder schlechter Kaufberatung, die ja in aller Munde ist. Angst, dass das Unternehmen insolvent wird und das Geld weg ist, noch bevor das Auto ausgeliefert wird. Wenn Sie eigene Erfahrungen beim Kauf von hochwertigen Gütern gesammelt haben, werden Sie diese Bedenken verstehen.

Damit lagen zwei ernst zu nehmende Kittelbrennfaktoren auf dem Tisch. Wenn wir denen nicht zu Leibe rückten, würden wir den Verkauf niemals ernsthaft ankurbeln können. Als wir dem Inhaber diese Erkenntnis präsentierten, lächelte er nur mitleidig. Das wäre ja wohl eine absolut typische Reaktion. Wenn man eben nur alle sechs bis acht Jahre ein Auto kaufe, müsse man sich zwangsläufig mit Unsicherheit herumschlagen. Damit war das Thema für ihn erledigt. Für uns nicht. Wir ließen nicht locker und nahmen am nächsten Tag einen neuen Anlauf.

Erst wenn Sie wissen, warum Ihr Kunde kauft und warum nicht, können Sie etwas wirklich Bahnbrechendes auf den Markt bringen.

Wenn Sie die Ängste und Sorgen Ihrer Kunden nicht ernst nehmen – oder sie vielleicht nicht einmal kennen –, stochern Sie letztlich immer im Nebel, verbleiben selbstverliebt in Ihrem eigenen Universum. Alles, was Sie auf dem Markt anbieten können, basiert letztlich auf Vermutungen. Sie backen möglicherweise ein perfektes Brot mit allem Drum und Dran. Doch Ihr Kunde kauft kein Brot, weil er gelesen hat, dass Weizen angeblich krank macht.

Und Sie wundern sich über den Absatzeinbruch. Sie argumentieren mit wertvollen regionalen Zutaten. Alles für die Katz. Erst wenn Sie Ihrem Kunden zuhören, erst wenn Sie wissen, warum er kauft – und vor allem warum nicht –, haben Sie das passende Werkzeug an der Hand, um etwas Bahnbrechendes auf den Markt zu bringen.

Kaffee trinken mit George Clooney

Es ist heute wichtiger denn je, dass Sie sich fragen: Was kann ich besonders gut? Was macht mein Unternehmen unverwechselbar? Und damit meint Edgar K. Geffroy nicht das 100. Feature, das die anderen noch nicht haben. Nein, er meint vielmehr: Welche Fähigkeit kann Ihr Unternehmen einbringen – neben Produkten und Lösungen?

Vielleicht ist es Ihre Fähigkeit zur Inszenierung? Unternehmen wie Nespresso machen es vor. Wenn Sie heute in einen Nespresso-Shop gehen, geht es dort nicht um einen perfekten Kaffee oder einen perfekten Service. Nein, hier wird ein kompletter Lifestyle inszeniert. Das Unternehmen hat es geschafft – auch durch George Clooney als cleveren Werbeträger –, zu einer Kultmarke zu werden. Oder schauen Sie sich die richtig guten Hotels an, beispielsweise die Hotelgruppe Four Seasons und auch das Hotel Stock. Sie haben die Fähigkeit, Menschen zu verblüffen, indem sie Wünsche erfüllen, noch bevor der Gast wusste, dass er sie hat. Perfekter Service als eine Herzensangelegenheit macht diese Hotels unverwechselbar.

Welche besondere Fähigkeit können Sie einbringen?

Oft entspringt eine Fähigkeit auch aus einer Herzenssache. Nach einer Veranstaltung in Wien wurde Edgar K. Geffroy von einem Teilnehmer angesprochen. Dieser stand kurz davor, das Lebensmittelgeschäft seiner Eltern zu übernehmen, und bat um eine Empfehlung. Dabei schaute er Geffroy nicht besonders glücklich an. Also bohrte der Berater nach: »Wollen Sie das denn wirklich?« – »Eher nicht«, kam es wie aus der Pistole geschossen. Geffroy fragte den Teilnehmer, was er denn gern machen würde, angenommen, er hätte die freie Wahl. Dieser schaute ihn etwas verdutzt an. Edgar K. Geffroy half ihm auf die Sprünge: »Was ist denn Ihr Hobby?« Als der Ratsuchende antwortete, sein Hobby seien Uhren, schlug Geffroy ihm vor, diese Fähigkeit zum Business zu machen und ein Uhrengeschäft zu eröffnen. Heute ist die Firma Chronothek in Österreich und weit darüber hinaus ein sehr erfolgreicher Anbieter von neuen und gebrauchten Luxusuhren.

Chronothek

Chronothek wurde 1998 gegründet und ist ein auf hochwertige Sammleruhren spezialisiertes Fachgeschäft. Im Mittelpunkt der Firmenphilosophie steht die kompetente Beratung beim An- und Verkauf von antiken, klassischen und modernen Uhren. Das Unternehmen hat sich der traditionellen Uhrmacherkunst verschrieben und wendet sich an Sammler und Liebhaber.

Wirkliche Innovationen und Geschäftserfolge haben ihre Grundlage oft in einer ganz besonderen Fähigkeit, in einer Passion oder einer Herzensangelegenheit. Hinzu kommt die felsenfeste Überzeugung, dass es nur so geht. Es gibt letztlich keine Alternative für diese Unternehmer. Politisches Kalkül oder Taktik? Fehlanzeige. Hier fließt Herzblut. Und hier thront ein ordentlicher Dickkopf. Ihre ureigene Fähigkeit ist der Stoff, aus dem Ihr Erfolg gemacht wird. Diese Fähigkeit ist es, die Sie am Wettbewerb vorbeiziehen lässt, denn die Fähigkeit, etwas besser zu können als alle anderen, ist glücklicherweise nicht zu kopieren.

Die Fähigkeit, etwas besser zu können als alle anderen, ist glücklicherweise nicht kopierbar.

Welche Rolle hat der Kunde in diesem Spiel? Er hilft bei der Problembeschreibung. Dadurch erhält das Unternehmen das notwendige Futter, aus dem es die Kreation schöpft. Wie die Lösung dann aber aussieht, liegt beim Unternehmen selbst. Selbst wenn Sie sich bei der Lösung von Ihren Kunden inspirieren lassen, ist es doch letztlich Ihre Aufgabe, daraus etwas Einzigartiges zu machen.

Auf den Punkt

- 80 Prozent der Unternehmen denken heute noch in Produkten. Kunden aber wollen Lösungen.
- Dort, wo Kundenorientierung noch Mangelware ist, können Unternehmen mit etwas mehr Service noch Punkte holen.
- Wissen wird die Kundenorientierung als Minimumfaktor ablösen.
- Erfolgreich ist, wer weiß, warum seine Kunden kaufen. Und warum nicht.
- Wirkliche Innovationen haben ihre Grundlage oft in einer ganz besonderen Fähigkeit.
- Erfolg = Fähigkeit + Kundenbeziehung

18. Helfen ist die Chance für Überleben im Wettbewerb

»Jeder Mensch hat die Chance, mindestens einen Teil der Welt zu verbessern, nämlich sich selbst.« *Paul Anton de Lagarde*

Dass die Strategie entscheidend ist, hat sich in der automobilen Businesswelt längst herumgesprochen. Deshalb ist das Thema Positionierung so entscheidend. Welches sind die häufigsten Unternehmensstrategien? Was wird Start-ups empfohlen? Eine der folgenden drei Strategien: Kostenführerschaft, Differenzierung oder Nische. Hört sich plausibel an – allerdings nur aus der internen Sicht eines Unternehmens. Denn bei dieser Betrachtung fehlt, Sie ahnen es schon: der Kunde!

Unserer Meinung nach sind die meisten Businessstrategien schlichtweg falsch: Sie stellen nicht den Kunden in den Mittelpunkt, sondern ihren eigenen Nutzen. Wie schon gesagt: Selbst bei Unternehmen, die sich mit einem Motto wie »Profit is the name of the game« nicht identifizieren würden, steht der eigene Erfolg oft vor dem Erfolg des Kunden.

Das größte Problem dabei: Die meisten Strategien orientieren sich nicht an klar umrissenen Kundengruppen. Und wenn sie doch eine Kundengruppe definiert haben, hinterfragen sie häufig zu wenig, was deren wirkliche Interessen sind. Die Auswirkungen sind bekannt. Solange genügend Eigenkapital vorhanden ist und die Banken bereit sind stillzuhalten, können auch solche Unternehmen weiterwachsen. Diesem Wachstum fehlt jedoch das Fundament.

Die einzig tragfähige Basis für langfristige Geschäftsbeziehungen ist die Unternehmensführung aus der Sicht des Kunden und nicht aus der Sicht der Eigeninteressen. Mit der strategischen Perspektive aus Kundensicht wird ein Unternehmen sogar erheblich bessere Erfolge haben und somit Kundeninteressen und eigene Interessen ideal miteinander verbinden können. Das Unternehmen wächst so sicherer und schneller. Genau das machen die meisten Strategien nicht. Hier wurde versäumt, das Individuum in den Mittelpunkt zu stellen.

Dabei ist es ausgesprochen einfach, die Grundprinzipien des dauerhaften Erfolgs einzuhalten. Das Prinzip lautet: Nutzenstrategien statt Produktstrategien. Einen wichtigen Beitrag hierzu lieferte auch Wolfgang Mewes, der Systemforscher und Erfinder der EKS-Strategielehre. Diese Strategie hat über Jahrzehnte bewiesen, das zeigen viele Beispiele, dass dauerhafter Erfolg sich nur an Menschen orientieren kann.

Das Prinzip des dauerhaften Erfolgs: Nutzenstrategien statt Produktstrategien.

Menschen bleiben, Produkte gehen …

Das betrifft die Menschen und Kunden, denen Sie einen überragenden Nutzen bieten und deren Interessen Sie genau treffen. Nutzen und Interessen verändern sich, aber die eigene Kundengruppe bleibt. Die EKS-Strategielehre argumentiert: Zielgruppenbesitz ist wichtiger als das Produkt. Lassen Sie tolerant den Begriff »Besitz« einmal stehen, dann trifft das sicher zu. Natürlich kann niemand eine Zielgruppe im eigentlichen Sinn »besitzen«. Sie können sie nur unterstützen und partnerschaftlich handeln. Dabei spielt bei der Entwicklung einer Unternehmensstrategie der individuelle Mensch eine entscheidende Rolle.

Warum können trotzdem viele Unternehmen wachsen, obwohl sie sich nicht an diese Grundregeln halten? Weil manche Branchen noch ein Wachstum haben, bei dem Fehler toleriert werden. Weil in diesen Märkten der Bedarf noch nicht gedeckt ist.

Wenn es aber auf unserem Marktplatz, dem Auto-Service und -verkauf, immer enger wird, wird die Regel gelten: Pro Segment können nur drei Anbieter erfolgreich agieren. Ein paar weitere sind dann noch mit dabei, der Rest wird aber gar keine Rolle mehr spielen und vom Markt verschwinden. Umso wichtiger ist es, Erster mit einer eigenen aktiven Strategie zu sein, die die Spielregeln des Markts verändert.

Beobachten Sie nur einmal die Entwicklung im Schadenmarkt. In den letzten zehn Jahren sind viele neue, sehr leistungsfähige und spezialisierte freie Karosserie- und Lackierbetriebe entstanden, die zum Teil in spezieller Zusammenarbeit mit Versicherungsunternehmen den Vertragswerkstätten das bis dahin angestammte sehr lukrative Karosserie-Instandsetzungsgeschäft streitig machen und Marktanteile gewinnen. In diesem Markt gibt es viele Sieger und genauso viele Verlierer. Zu welcher Seite Sie gehören, entscheiden Sie selber!

Alles auf Anfang

IBM hat sich entschieden, zu jeder Zeit ganz vorn mitzuspielen – und hat dafür mehrfach seinen Kurs geändert. An diesem Beispiel können Sie erkennen, dass ein Unternehmen in der Regel drei Stufen durchläuft.

Als das Unternehmen gegründet wurde, definierte IBM sein Geschäft so: »Unser Geschäft ist die Herstellung von Lochkartenmaschinen.« Das kann sich heute keiner mehr vorstellen. Das Unternehmen war ganz klar im Produktgeschäft verankert. Das geht in der Regel so lange gut, bis es Wettbewerber gibt, die das Gleiche ein bisschen besser und ein bisschen billiger anbieten.

IBM erkannte die Zeichen der Zeit und definierte ein neues Kerngeschäft: »Unser Geschäft ist die Datenverarbeitung.« Wir würden es heute als eine problemlösungsorientierte Form der Geschäftsstrategie bezeichnen. In dieser Phase war das Unternehmen ebenfalls sehr erfolgreich. Es wurde zu einem servicegeführten Unternehmen der Extraklasse und konnte damit bereits viele Hersteller, die ausschließlich Produkte verkauften, in die Schranken verweisen.

IBM

IBM (International Business Machines Corporation) ist eines der weltweit führenden Unternehmen für Hardware, Software und Dienstleistungen im IT-Bereich. Das Unternehmen mit Sitz in Armin im US-Bundesstaat New York ist vom Umsatz her der weltweit drittgrößte Softwarehersteller und gleichzeitig eins der größten IT-Beratungshäuser. Aktuell beschäftigt IBM weltweit etwa 430 000 Mitarbeiter. Für IBM Deutschland arbeiten an rund 40 Standorten mehr als 20 000 Mitarbeiter.

Quelle: Wikipedia

Doch bei jeder Geschäftsidee gibt es immer nur einen kurzen zeitlichen Vorsprung, bis Wettbewerber auf diesen Zug aufspringen. IBM sah sich daher sehr bald gezwungen, ein drittes Mal seine Überlebensstrategie neu zu definieren. Dieses Mal radikal: nicht mehr die Produkte und Services standen im Vordergrund, sondern eine extrem ernst gemeinte Kundenorientierung. Eine radikale Trendwende vom IT- Unternehmen zu einer Hightech-Unternehmensberatung. Eine absolute Palastrevolte: Man wollte jetzt nicht mehr verkaufen oder tollen Service bieten. Nein, das Unternehmen wollte die Kunden schlicht und ergreifend bei ihrem Geschäft unterstützen. Produkt egal.

Edgar K. Geffroy hat das neue Kerngeschäft in einem seiner Vorträge so definiert: »Das IBM-Geschäft ist es zu helfen, damit unsere Kunden selbst bessere Geschäfte machen.« Sein Folgeredner damals: Hans-Olaf Henkel, der ehemalige Vorsitzende des BDI und damaliger Vorsitzender der IBM-Geschäftsleitung. Als er nach seinem Vortrag auf die Bühne kam, bestätigte er, dass manche Diskussion im Unternehmen einfacher gewesen wäre, wenn man diesen Schlüsselsatz als Grundlage gehabt hätte.

Der strategische Ansatz ist weitreichend. IBM entwickelte sich zu einem der weltweit führenden Beratungsunternehmen. Es unterstützt Kunden dabei, in ihrem täglichen Geschäft erfolgreicher zu werden.

Damit ist IBM eines der Unternehmen, die den zentralen Leitsatz des Clienting-Konzepts erkannt haben und konsequent in die Praxis umsetzen. Die IBM-Berater mussten dabei ihr Mindset mehr oder weniger auf den Kopf stellen. Sie sind jetzt Erfolgsberater. Der geschäftliche Erfolg ihrer Kunden bildet die Basis der Zusammenarbeit. In dieser dritten Stufe ist das Geschäftsmodell dermaßen komplex, dass es letztlich nicht mehr kopiert werden kann.

»Wir helfen, damit unsere Kunden bessere Geschäfte machen.« Dieser Leitsatz gilt letztlich für sämtliche Kunden im B2B-Bereich, gerade auch in der Automobilbranche. Jeder Betrieb kann ihn als Leitsatz hernehmen. In der Folge gilt es herauszuarbeiten, wie es seine Kunden am besten dabei unterstützen kann, erfolgreich zu sein. Doch auch für den Privatkundenbereich lässt sich ein ähnlicher Leitsatz aufstellen: »Unser Geschäft ist es, mit allen Mitteln und Möglichkeiten zu helfen, damit unsere Kunden besser leben.«

»Wir helfen, damit unsere Kunden bessere Geschäfte machen.«

Die vielen neuen Akteure im Unfallschadenmarkt wie zum Beispiel Innovation Group haben ihr Geschäftsmodell auf dieser Grundlage entwickelt, allerdings zulasten der Kfz-Werkstätten. Stichwort »Flottenmanagement und Schadensteuerung«. Dieser Ansatz führt aus unserer Sicht allerdings nicht zu einer Win-win-Lösung, sondern hilft nur kurzfristig den gewerblichen Flottenkunden, ihre Fuhrparkkosten zu verringern, langfristig werden Qualität und Sicherheit vernachlässigt.

Da gefallen uns die neuen Serviceansätze im Transporter- und Lkw-Bereich besser. In den Nutzfahrzeugzentren – ein gutes Beispiel sind TruckWorks – werden den gewerblichen Kunden rund um die Uhr passgenaue Dienstleistungen für Fahrer und Fahrzeug angeboten und damit der wirtschaftliche Einsatz und die Gesundheit und das Wohlbefinden der Fahrer verbessert.

Helfen hilft

Sie merken schon: Diese beiden Leitsätze haben einen völlig anderen Anspruch, als Produkte zu liefern und Service zu bieten. Das Schlüsselwort heißt »helfen«: Sie sind kein Lieferant oder Produzent, sondern ein Partner Ihres Kunden. Verkäufer sind in der Regel zu hart. Helfer aber sind willkommen.

Wir haben lange gebraucht, den Unterschied zwischen »helfen« und »dienen« herauszuarbeiten. Dienen ist nicht auf Augenhöhe, helfen schon. Helfen Sie bei der Kaufentscheidung, helfen Sie bei der heutigen Informationsflut, helfen Sie in besonderen Notsituationen und helfen Sie ihnen mit ehrlicher, respektvoller Unterstützung. Lieber helfen Sie Ihren Kunden in diesen wichtigen Punkten, als ihnen in zehn Punkten zu dienen. Denn Letzteres tun Ihre Wettbewerber sowieso schon.

Auf einer Veranstaltung traf Edgar K. Geffroy einen Zahnarzt aus Mailand. Als er ihn fragte, was er beruflich mache, beschrieb er sein Geschäft so: »Im Gesicht eines Menschen gibt es nur zwei Ausdrucksformen für Schönheit. Die eine ist die Augenpartie und die andere ist die Mundpartie. Und ich habe mich auf die Mundpartie spezialisiert. Glauben Sie, da stellt heute noch einer die Frage, wie teuer es ist?« Sein Geschäft liegt übrigens im besten Viertel von Mailand, zwischen Gucci und Armani. Als er später einen Vortrag hielt und seine Zahlen präsentierte, ging ein Raunen durch den Raum.

»Ich bin kein Friseur. Ich mache Frauen zehn Jahre jünger.« ***Oliver Schmidt, Düsseldorfer Starfriseur***

Dass selbst Handwerksunternehmen neue Maßstäbe setzen können, beweist Oliver Schmidt, Starfriseur aus Düsseldorf. Edgar K. Geffroy wollte ihm nach seinem Vortrag vor Friseuren ein Kompliment machen: »Ich bin auch Düsseldorfer und höre immer wieder, was für ein toller Friseur Sie sind.« Dieser, wie aus der Pistole geschossen: »Ich bin kein Friseur. Ich mache Frauen zehn Jahre jünger.« Wer würde dort nicht hingehen – außer man ist unter 25 Jahre alt? Mittlerweile ist er Berater von L'Oréal, arbeitet mit Douglas zusammen, hat eigene Produktserien und eine eigene Show in einem Shoppingkanal. In diesem Buch beschreiben wir bewusst auch Beispiele aus anderen Branchen, weil wir die Notwendigkeit sehen, dass auch mit den automobilen Kunden anders umgegangen werden muss. Ihr Geschäft ist es, dass Ihre Kunden durch Ihren Service besser leben.

Oliver Schmidt

Oliver Schmidt ist einer der derzeit gefragtesten Stylisten in Deutschland. In eine Friseursfamilie hineingeboren, hat er bereits als Schüler seine Klassenkameraden frisiert. Nach einer Lehre und zwei Jahren in Paris eröffnete er mit seinem Vater seinen ersten Salon in Düsseldorf. Heute beschäftigt er rund 180 Mitarbeiter in zwölf Salons und führt eine eigene »Hair Academie«.

Für sein Unternehmen erhielt Oliver Schmidt die Auszeichnung »Salon des Jahres 2000«. Außerdem ist er regelmäßig als Stilberater bei privaten und öffentlich-rechtlichen Fernsehsendern eingeladen.

Quelle: www.oliver-schmidt-hairdesign.de

In unserer Branche suchen wir ähnliche Helden, die ihren Kunden durch außergewöhnliche Dienstleistungen helfen: Was können Sie aus diesen Beispielen lernen? Erfinden Sie Ihr Geschäft neu durch eine Änderung der Perspektive!

Helfen ist das Erfolgsprinzip, völlig unabhängig von der Unternehmensgröße. In dem Moment, in dem Sie entscheiden, dass Sie weiter sind als Ihre Wettbewerber, in dem Moment, in dem Sie Ihren Kunden wirklich helfen, werden Sie ganz neue Ideen entwickeln. Geschäftsmodelle, die aufs Helfen setzen, brechen sämtliche Rekorde. Das lässt sich auf eine einfache Formel reduzieren: Wer hilft, wird wachsen. Und: Je konkreter Ihre Problemlösung, also Ihre Hilfe, ist, desto schneller wächst Ihr Unternehmen.

Wer hilft, wird wachsen.

Legen Sie gleich los! Schauen Sie sich an, was Sie richtig gut können, und überlegen Sie, für wen das eine echte Hilfe sein könnte. Definieren Sie so Ihr ureigenes Geschäftsfeld – ein Geschäftsfeld, in dem Sie besser helfen können als jeder andere Anbieter auf diesem Gebiet. Genau das ist Ihre innovative Herausforderung. Übrigens: So etwas wie Egoismus kommt in Ihrem neuen Geschäftsleben nicht mehr vor, denn das hilft Ihnen auf lange Sicht überhaupt nicht. Helfen jenseits des Egoismus bedeutet, Kundenprobleme wirklich zu erkennen und die passenden Lösungen zu entwickeln. Wir sind uns sicher, diese durch und durch menschliche Art des Wirtschaftens wird immer stärker um sich greifen. Unternehmen werden in Zukunft zunehmend realisieren, dass sie nicht mehr ausschließlich egoistisch agieren können, sondern dass sie eingebunden sind in ein Gesamtsystem, das den Menschen eine neue Rolle zuschreibt.

In diesem Gesamtsystem haben sich tradierte Rollen verschoben. Bereits heute sind viele Unternehmen mächtiger als die meisten Staaten und haben deshalb Verantwortung zu übernehmen. Das betrifft nicht nur den Umgang mit Kunden. Nein, wir sind überzeugt davon, dass zukünftig auch der Einstieg eines Mitarbeiters in ein Unternehmen nicht mehr ausschließlich nach den klassischen Kriterien entschieden wird, sondern auch danach, welchen Beitrag er für die Gemeinschaft leistet. Irgendwann in der Zukunft werden diese Ziele auch in Businessplänen verankert werden.

Vor uns liegt das Jahrzehnt der Wiederentdeckung des Menschen – und damit auch der Wiederentdeckung der Menschlichkeit. In einem solchen Jahrhundert ist Helfen eine wunderbare und einzigartige Option!

Auf den Punkt

- Betrachten Sie Ihr Geschäftsmodell mit den Augen Ihrer Kunden.
- Kunden kennenlernen ist viel mehr, als Zielgruppen zu definieren.
- Dauerhafter Erfolg kann sich nur am Menschen ausrichten.
- Unternehmen durchlaufen in der Regel drei Stufen: Produktorientierung, Serviceorientierung und Lösungsorientierung. Auf jeder Stufe muss sich das Unternehmen mehr oder weniger neu erfinden.
- Helfen ist das Erfolgsprinzip. Wer es zum Geschäftsmodell erhebt, bricht alle Rekorde.
- Definieren Sie für Ihr Unternehmen, wo und wie Sie in Ihrem regionalen Markt Ihren Kunden helfen können.
- Ihre innovative Herausforderung: ein Geschäftsfeld, in dem Sie besser helfen können als jeder vergleichbare Anbieter.

19. Die nächste Generation der Kunden

»Die eine Generation baut die Straße, auf der die nächste fährt.« *Chinesisches Sprichwort*

»Minderheiten sind die Mehrheiten der nächsten Generation.« *Jean-Paul Sartre*

»Würden Sie uns weiterempfehlen und wenn ja, mit welchem Wert auf einer Skala von 1 bis 10?« Sie kennen diese entscheidende Schlüsselfrage bereits. Sie gibt Ihnen sofort einen Eindruck über den Erfolg oder Misserfolg Ihres Angebots. Zudem hilft sie dabei, die Spielregeln des Automotive Clienting im Blick zu behalten. Und was wir an dieser Frage besonders mögen: Sie kommt gut an, in den unterschiedlichsten Kontexten und sowohl bei Neukunden wie auch bei Bestandskunden.

Warum ist es so wichtig, diese Frage wiederholt zu stellen? Ganz klar: Weil jeder Betrieb im Automarkt stets neue Kunden braucht, um sich weiterzuentwickeln, um zu wachsen. Wer sind diese neuen Kunden? Was suchen sie, was zeichnet sie aus? Was ist charakteristisch für die nächste Generation? Auch mit diesen Fragen sollten Sie sich auseinandersetzen – für heutigen und künftigen Erfolg. Wir geben es gleich zu: Einheitliche Antworten gibt es nicht. Doch es lassen sich Tendenzen aufzeigen, schon allein in demografischer Hinsicht. Das möchten auch wir in diesem Kapitel tun.

Wer sind die neuen Kunden? Was suchen sie, was zeichnet sie aus? Was ist charakteristisch für die nächste Generation?

Zunächst einmal wollen wir aber auf die Frage eingehen, wie Sie Kunden kennenlernen und ködern können. Einen genialen Grundsatz kennen Sie wahrscheinlich schon: Eine Spezialisierung auf die unentdeckten, aber auch bekannten Kundenbedürfnisse bringt innovative Lösungen hervor, mit denen Sie Ihre Kunden begeistern. Mehr noch: Sie verblüffen sie geradezu. Regelmäßige Feedbackschleifen zeigen Ihnen, wie der Kunde denkt, woran er glaubt und was er im Sinn hat, wenn er Ihre Produkte kauft oder Ihre Leistungen in Anspruch nimmt.

Erlauben Sie uns in diesem Zusammenhang einen Exkurs zum NPS-System. Bereits zu Anfang haben wir betont, wie gut uns dieser pragmatische Einstieg gefällt. Der Net Promoter Score (NPS) wurde von Harvard-Professor Fred Reichheld im Jahr 2003 entwickelt und durch Bain & Company wissenschaftlich belegt. Ausgangspunkt ist immer der Kunde. Mindestens einer, bestenfalls mehrere. Wenn Sie also Kunden haben, stellen Sie diesen die NPS-Frage! Überlegen Sie, ob es Sinn für Sie macht, diese Idee auch auf neue Kunden zu übertragen. Laden Sie zum Beispiel potenzielle Interessenten ein und fragen Sie dann: »Was würde Sie motivieren, bei uns zu kaufen?«

Mit etwas Glück erfahren Sie sehr schnell, wie Sie aus potenziellen Kunden Käufer machen. Sie können diesen Ansatz übrigens auch bei abgesprungenen Kunden anwenden. In diesem Fall lautet die Frage etwa: »Warum genau kaufen Sie jetzt nicht mehr bei uns?« Das lohnt sich. Denn es gibt immer gute Gründe, warum Menschen etwas ablehnen, abbestellen, abwählen. Warum sie das Waschmittel wechseln oder die Wohnzimmergarnitur. Das passiert immer wieder. Doch es ist für Sie kein Grund zur Verzweiflung, sondern ein Anlass, um nachzufragen: Sie sollten wissen, warum Ihre Kunden dies oder jenes tun – um dann entsprechend zu handeln.

Sie sollten wissen, warum Ihre Kunden dies oder jenes tun – um dann entsprechend zu handeln.

Das Konzept des Direct Feedback, so wollen wir es einmal nennen, können Sie – vom Harvard-Konzept mit NPS bis zu regelmäßigen

Ideendialogen – konsequent und einfach umsetzen. Direkte Dialoge, die verstehen helfen, wie die Kunden ticken, sehen wir bei jeder Zielgruppe als Chance, in Echtzeit am Ball zu sein und zu bleiben.

Vergessen Sie nicht: Sie müssen wissen, was Ihre Kunden und Ihr Umfeld umtreibt. Ja sogar die Menschen, die künftig Ihre Kunden sein könnten. Alle von uns vorgestellten Konzepte basieren darauf, dass Sie Ihre Kunden kennen, auch wenn es – noch! – Nichtkunden sind.

Doch was tun, wenn eine große Kundengruppe wegbricht? Denken Sie nur an den starken Geburtenrückgang. Er stellt Unternehmer, die sich etwa auf junge Käufer spezialisiert haben, vor große Herausforderungen. Ein Grund zur Panik? Keineswegs.

Neue Kundengruppen, neues Glück

Sie können die Sache auch positiv sehen. Und das sagen wir jetzt nicht einfach so daher. Wenn alte Kunden wegbrechen, müssen Sie eben neue Kunden definieren, die nächste Generation entdecken – am besten vor den Wettbewerbern. Im Grunde genommen geht es vor allem darum, wie Sie neue Kundengruppen erschließen. Wir versprechen Ihnen: Wenn Sie sich in deren Welt begeben, werden Sie erfahren, wie diese Menschen denken, und neue Lösungen für Verkauf und Service entwickeln. Dabei ist entscheidend, wie und wo Sie die nächste Kundengeneration erreichen. Wichtig ist auch die Frage, welche besondere Vermarktung gefragt sein wird.

Lassen Sie uns nun einmal beispielhaft drei spannende Kundenkreise der nächsten Generation genauer betrachten, die für die Automobilbranche als besonders wachstumsintensiv gelten: Digital Natives, Frauen und Best Ager. Doch auch wenn man diesen Gruppen ein beachtliches Potenzial prognostiziert, sind sie noch zu wenig erschlossen. Sie werden gleich sehen, warum Sie sich intensiv mit ihnen befassen sollten.

Bereits vor diesem Buch hat Edgar K. Geffroy über viele Jahre gerne das Beispiel der Automobilkonzerne gebracht. Etwas ketzerisch sagte er: »Erst 100 Jahre nachdem das Automobil erfunden wurde, entdeckten die Marketingabteilungen, dass auch Frauen Autos fahren.« Es ist fast lustig – wenn es nicht so ernst wäre. Denn sehr spät wurde auf die Anforderungen und Bedürfnisse der Frauen Rücksicht genommen. Die ersten Autos mit besonderem Augenmerk auf weibliche Kunden kamen auf den Markt. Bis zu diesem Zeitpunkt waren diese Gefährte nicht mehr als eine rollende Männerdomäne.

Erst 100 Jahre nachdem das Automobil erfunden wurde, entdeckten die Marketingabteilungen, dass auch Frauen Autos fahren.

Und heute ist mehr als jedes dritte Auto in der Hand einer Frau. Alle Ehemänner und auch Entscheider in den Firmen werden zudem wissen, zu wie viel Prozent die Ehefrauen/Partnerinnen den konkreten Kauf beeinflussen. Höchste Zeit für die Verantwortlichen in den Autohäusern kreative Angebote zu entwickeln.

Noch spannender wurde es, als die Konzerne die Kinder entdeckten. Als sie erkannten, dass auch diese in Autos fahren – wenngleich sie nicht hinter dem Lenkrad sitzen. Trotzdem sind sie wichtig. Als erster Automobilhersteller integrierte VW einen Kindersitz auf dem Rücksitz des Autos. Heute ist diese Einrichtung gang und gäbe, damals war sie höchst innovativ.

Aus Kindern werden junge Erwachsene. Fortschrittliche Autohäuser bieten ihren jungen Kunden Fahrsicherheitstrainings an und richten diese allein oder mit Partnern aus. Gerade bei Fahranfängern ist dieses Training entscheidend für den unfallfreien Start ins Autofahrerleben. Mit diesen Angeboten kann das örtliche Autohaus bei den Führerscheinneulingen und bei den Eltern und Großeltern punkten.

Geboren, um zu twittern

Die nächste Generation junger kaufkräftiger Kunden sind die Digital Natives. Was steckt hinter diesem englischen Begriff? Er beschreibt eine Generation, die mit Computern, Playstation und Smartphone groß geworden ist. Während sich frühere Generationen mehr oder weniger mühsam aneignen mussten, wie man twittert oder über das Mobiltelefon eine Flugreise bucht, ist all das für die Generation der Digital Natives so normal wie Kaffeetrinken. Diese Internetexperten können sich kaum noch vorstellen, wie sich Menschen früher – ohne Smartphone – verabredet haben. Für diese jungen Kunden spielt sich das wirkliche Leben in den neuen technischen Geräten ab. Manchmal hat es sogar den Anschein, als würden sie lieber auf ihren Freund oder ihre Freundin verzichten als auf ihr Smartphone.

Diese technikaffine Generation prägt also das Kaufverhalten der Zukunft. Können Unternehmer ihnen ihre Produkte und Dienstleistungen genauso verkaufen, wie sie das bisher mit anderen Kunden getan haben? Unsere Antwort: Nein. Sie haben hier einen neuen Kundentyp vor sich. Er funktioniert nicht mehr nach den Spielregeln der alten Marketingwelt. Laut Definition gehören diese Käufer zur sogenannten Generation Y.

Es fängt schon damit an, dass sich diese Generation entweder längst vom Fernsehen abgewandt hat oder dies in Zukunft mehr und mehr tun wird. Statt vor der Mattscheibe zu sitzen, schauen die jungen Leute lieber aufs Smartphone oder Tablet. Dort können die Digital Natives ihre Lieblingsserien und -programme sehen. Das ganze System ist auf den Kopf gestellt, denn der neue Kunde entscheidet selbst, wann er was sehen will. Die immer zahlreicher werdenden Video-on-Demand-Anbieter haben das verstanden. In Zukunft suchen die Menschen ihr Programm nicht über die Fernsehzeitschrift aus, sondern stellen es sich individuell zusammen. Damit gerät auch der gesamte Werbemarkt des Fernsehens ins Wanken.

Auch das klassische Lesen von Zeitungen und Zeitschriften spielt in dieser Generation eine immer kleinere Rolle. Und nun kommt die Preisfrage: Wie erreichen die Unternehmen in der Automobilbranche diese jungen Kunden der Generation Y, die alles hinterfragt?

Das klärte die BBE Automotive Anfang 2015 im Trendtacho des Magazins *kfz-betrieb* national repräsentativ mit folgenden zwei Fragen:

1. Wie viel Prozent aller deutschen Autofahrer können sich ein Leben ganz ohne eigenes Auto vorstellen?

2. Wenn die deutschen Autofahrer wählen müssten, einen Monat auf das Auto oder einen Monat auf das Mobiltelefon zu verzichten, wie viel Prozent würden auf das Auto verzichten?

Das Ergebnis für alle Autofahrer: Nur 14 Prozent aller Autofahrer können sich vorstellen, auf das Auto zu verzichten, und auch die unter 39-Jährigen antworten ähnlich. Auf die Frage Auto oder Smartphone konnte die BBE Automotive national auch 80 Prozent pro Auto messen, das heißt, nur 20 Prozent würden lieber auf das Auto als aufs Smartphone verzichten.

Die BBE Automotive Verantwortlichen interpretieren das Ergebnis so: Das Auto ist und bleibt der deutschen liebstes Kind, wird aber durch das Smartphone in seiner Bedeutung durchaus beeinflusst. Als Mobilitätsalternative bleibt es aber auch in den nächsten zehn Jahren unverzichtbar.

Und wie sieht das Ergebnis bei den Generationen Z und Y aus? Die Generation Z (Geburtenjahrgänge 2001 bis 2015, heutiges Alter null bis 14 Jahre) würde zu 64 Prozent lieber auf das Auto verzichten als auf das Smartphone. Bei der nachfolgenden Generation Y (Geburtenjahrgänge 1985 bis 2000, heutiges Alter 15 bis 30 Jahre) liegen insbesondere bei den 15- bis 18-Jährigen die Werte mit 81 Prozent noch höher pro Smartphone.

Diese Befragung der BBE Automotive vom Mai 2015 zeigt: Bei diesen Generationen wird die Bedeutung des Autos massiv von Smartphone und Co. attackiert. Die BBE Automotive konnte aber auch Beruhigendes ermitteln: Das Interesse am Auto ist in beiden Generationen noch absolut vorhanden.

Die Kernergebnisse der Z/Y-Studie

- Beim Blick auf die Generation Y scheint vieles altvertraut. Das eigene Auto behält seinen Stellenwert. Die bekannten Anbieter und Marken tauchen auf.
- Gleichwohl ist mit nachhaltigen Veränderungen zu rechnen. Insbesondere der digitalisierte Alltag der Generationen Y und Z wird Auswirkungen haben. Und das hat er ja bereits.
- Bereits jetzt wird selbstverständlich der Weg über das Internet gewählt, wenn es um Produktinformationen und Preisvergleiche, um Käufe und Werkstatttermine geht. Dies wird weiter deutlich zunehmen, wenn mehr und mehr Nachwachsende in das »autofähige« Alter kommen. Die eigentliche Wucht für die Branche kommt also noch.

Wer hier genau hinsieht und die richtigen Lösungen entwickelt, der ist fit für den Automarkt der Generationen Z und Y. Zunächst einmal ist es wichtig, im Unternehmen Gesprächspartner aus dieser Zielgruppe zu haben. Sie müssen ein Verständnis dafür entwickeln, was Menschen der Generation Y bewegt. Die klassischen Instrumente der Werbeindustrie greifen nicht mehr. Die Generation Y hat gelernt, in der Werbung Wahrheit von Wunschtraum zu unterscheiden. Diese Zielgruppe glaubt schlicht und einfach nicht mehr, was ihr da gezeigt und versprochen wird.

Die Generation Y hat gelernt, in der Werbung Wahrheit von Wunschtraum zu unterscheiden.

Deshalb liegt die große Chance, bei Generation Y zu landen, im *Social Selling*. Dieser Begriff ist so neu, dass er bislang im deutschsprachigen Wikipedia noch nicht existiert. In den USA allerdings wird das Thema schon weithin diskutiert. Dieser Ansatz bietet auch noch Spielraum zur Gestaltung. Nach unserer Interpretation geht es dabei um den Aufbau von Kontakten über Social-Media-Kanäle. Für diese Kundengruppe gehören soziale Medien wesentlich zum Leben. Das heißt für Sie als Unternehmer: Sie müssen über Facebook, Twitter und was da noch kommen mag, kommunizieren.

Über Blogger, die in dieser Szene als Leitfiguren dienen, bauen Sie den Zugang zu diesen Kunden aus und werden Bestandteil ihres Lebens. Im Gegensatz zu früher kommt es jetzt nicht mehr nur darauf an, Produkte zu platzieren. Wichtig ist auch zu beobachten, wie diese akzeptiert werden. Die Mitglieder der Generation Y fragen nach: Woher kommt das Material? Welche Menschen waren an der Herstellung beteiligt? Das Konzept des Automotive Clienting lässt sich auch auf das Social Selling übertragen. Stellen Sie den Kunden wieder konsequent in den Mittelpunkt.

Interessanterweise hatten wir vor Kurzem Besuch von einem Startup-Unternehmer, der genau dafür eine Social-Selling-Plattform entwickelt hat. Er will in Kürze an den Start gehen. Die Idee ist spannend: Jeder kann zum Botschafter seiner Lieblingsprodukte werden, indem er diese öffentlich ins Netz stellt. Wird gekauft, erhält er oder sie eine Provision. Gilt jemand als anerkannter Experte, wird sein Rat gesucht.

Damit es nicht zu langweilig wird, steht schon die nächste Generation in den Startlöchern: die Generation Z, die Nachfolger der Millennials. Junge Kunden, die um das Jahr 2000 herum auf die Welt gekommen sind. Diese Gruppe, kurz »Gen Z« genannt, ist geprägt durch digitale Systeme und Technologien, praktisch von der ersten Lebensminute an. Im Internet kursiert ein lustiges Video. Es zeigt ein Baby, das mit seinen Fingern auf eine Zeitschrift drückt – wohl in der Erwartung, dass sich der papierne »Touchscreen« bewegt.

Während Angehörige der Generation Y als Sinnsucher gelten, will die Generation Z Karriere machen.

Diese Generation gehört zu den Digital Natives, die die neue Technik quasi mit der Muttermilch aufgesogen haben. In Bezug auf die Prioritäten gibt es interessante Unterschiede zwischen den Generationen Y und Z. Während Angehörige der Generation Y als Sinnsucher gelten, will die Gen Z Karriere machen, Führungspositionen besetzen. Für die Unternehmen der Automobilbranche bedeutet das wieder ein Umdenken. Sie müssen erneut herausfinden, wie sie auch diese Kunden ködern können. Denn diese denken schon wieder anders, handeln anders, kaufen anders. Es bleibt also spannend.

Auf zu den Frauen mit Anspruch!

Eine weitere spannende Kundengruppe ist die der Frauen zwischen 40 und 50 Jahren. Das Beratungsunternehmen Womanage hat dazu einen neuen Ansatz entwickelt: Mit steigender Anzahl erwerbstätiger Frauen erhöht sich neben Erwerbseinkommen auch das Konsumeinkommen. Wenn Sie sich dann noch vor Augen halten, dass laut Studien etwa 80 Prozent der Konsumentscheidungen direkt oder indirekt von Frauen getroffen werden, erahnen Sie bestimmt schon das enorme Kaufpotenzial dieser Zielgruppe. Direkt oder indirekt am Kaufprozess beteiligt zu sein, lenkt den Blick darauf, welche Rolle Frauen in Beziehungen beziehungsweise der Familie oftmals haben – nämlich die der »Finanzministerin«.

Darüber hinaus stellen Frauen häufig die Familienmobilität sicher, indem sie die Kinder zur Schule bringen, zum Musikunterricht, zum Sport, zu Freunden, aber auch Fahrten für ältere Familienangehörige zum Arzt übernehmen. Bevor jetzt der Ruf laut wird, das würden mehr und mehr auch Väter tun: Keine Frage – das stellt keiner in Abrede. Aber der »Familien-Fahrdienst« ist eben doch (noch) hauptsächlich in weiblicher Hand. Und wir wollen hier ja auch keine gesellschaftspolitische Diskussion entfachen, sondern den Blick auf das Potenzial dieser Zielgruppe lenken.

Wer sich als Autohaus intensiv auf die Kundengruppe Frauen ausrichtet, erlangt den Zugang zu weiteren Familienangehörigen und kann mit Mobilitäts-Dienstleistungen als »Familien-Shuttle« beitragen – Entlastung für die Frauen und mit mobiler Begleitung der Kinder bis hin zur Volljährigkeit und darüber hinaus inklusive. Sei es als »Disko-Shuttle« und später in Hinführung zum Führerschein oder eben zu anderen mobilbuchbaren Fahrangeboten jenseits des Autos selbst, entsprechend der Präferenzen der Generation Y und Z. Über die Frauen ist zudem zu erfahren, wann Angehörige altersbedingt ihr Auto abgeben – mit der entsprechenden Möglichkeit der Absprache für die Anschlussmobilität im Alter.

Wie Sie dabei vorgehen, um passende Lösungen zu entwickeln? Am Anfang steht eine Rundum-Analyse des mobilen und logistischen Alltags der Kundinnen und Interessentinnen. Bildhaft gesprochen: intensiv in den »Köpfen und Schuhen der Frauen spazieren zu gehen«. Fragen Sie sich dazu: Was passiert in den einzelnen Lebensabschnitten? Welche (mobilen) Bedürfnisse dominieren welche Lebensphasen? Welcher Bedarf ergibt sich daraus für automobile Produkte und Dienstleistungen? Mit welchem maßgeschneiderten Angebot können Sie punkten, um sich einen festen Logenplatz in den Köpfen von Kundinnen und Interessentinnen zu erobern?

Dabei wird eines klar: Das geht nicht von heute auf morgen. Die Voraussetzung für die erfolgreiche Adressierung passgenauer Fahrzeug- und Mobilitäts-Lösungen an die gesamte Familie ist ein tiefes Vertrauensverhältnis, das so nach und nach aufgebaut und natürlich erst einmal verdient werden will. Was ist das soziale Bindemittel für den Aufbau von Vertrauen gegenüber der weiblichen Kundengruppe? Es empfielt sich einen möglichst zwingenden Nutzen über Lösungen für die Kundinnen und für deren Engpässe zu bieten und diese über echtes Interesse an den Bedürfnissen herauszufinden. Dazu Fragen zu stellen und dann bei den Antworten genau hinzuhören, statt nur zuzuhören. Und dabei müssen Sie eines beherzigen: Zuerst geben, dann nehmen.

Wo aber ansetzen, um mit Vorleistung Kundinnen beziehungsweise Interessentinnen zu überraschen? Sicherlich an den unmittelbaren mobilen Bedürfnissen. Darüber hinaus aber auch an weiteren brennenden Fragen aus dem weiblichen Blickwinkel, wie zum Beispiel zu Persönlichkeitsentwicklung, Weiterbildung, Karriere und beruflicher Entwicklung.

Im Sinne von Bildungsmarketing war ein BMW i-Standort der Euler-Gruppe zum Beispiel jüngst Gastgeber für einen Workshop zum Thema »Mit neuem Antrieb Durchstarten – Beruflicher Neustart in der Lebensmitte«: eine kollegiale Karriereberatung für eine Angestellte 50plus, mit der zusätzlichen Möglichkeit Elektrofahrzeuge Probe zu fahren. Über 85 Prozent der externen Teilnehmer saßen erstmals in einem eAuto und starteten ob dieser Ersterfahrung breit lächelnd und gut gelaunt in den anschließenden gut dreistündigen Abend-Workshop.

Mit geringem Aufwand konnte das Autohaus hohe Emotionen wecken: mit einem eleganten »Nebenher-Marketing«, ohne das Hauptthema des Abends mit Fragen rund um Beruf und Karriere zu dominieren, gleichzeitig aber den steigenden Anteil von Frauen als potenzielle Gewerbekunden (angestellte Dienstwagenfahrerinnen wie auch Selbstständige bei den Gründungen) fest im Blick.

Kurz zusammengefasst: Mit einem derartigen Ansatz bewegt sich das Autohaus weg vom reinen Autoverkauf, überrascht mit ungewöhnlichen Aufhängern zur Kontaktaufnahme (mal in großer, mal in kleiner Runde), setzt Impulse jenseits des Autos und reicht anschließend kontinuierlich eine helfende Hand für die Fahrzeug- und Mobilitätsentscheidung. Und das alles zugeschnitten auf die spezifische Altersphase der Frauen, ihre persönlichen und beruflichen Anforderungen sowie die Bedürfnisse der jeweiligen Familienangehörigen.

Mit einem systematisch-weiblich ausgerichteten und zielgruppenorientierten Vertriebsansatz soll das Potenzial der weiblichen Kunden über eine gezielte und respektvolle Ansprache in eine höhere Ertragskraft für das Autohaus umgewandelt werden.

Womanage

Susanne Weiß unterstützt zum einen Unternehmen mit erklärungsbedürftigen Produkten und Dienstleistungen bei der Entwicklung und Umsetzung von Gender-Sales-Strategien, um die Kundengruppe Frauen noch zielgerichteter anzusprechen und für sich zu gewinnen. Selbst viele Jahre in der Automobilbranche als Angestellte tätig, bestärkt sie zum anderen weibliche Führungskräfte in männerdominiertem Umfeld, die eigenen beruflichen Ziele mit einer »respektvollen Karrierestrategie« voranzubringen. Darüber hinaus begleitet sie Geschäftsführerinnen im Autohaus bei Fragen der strategischen und persönlichen Positionierung, das heißt am Markt und in ihrer Rolle im Autohaus.

Ein Tipp von Gerd Heinemann: Minimieren Sie Ihr Lady-Marketing niemals auf vermeintlich typisch weibliche Vorlieben wie zum Beispiel Kosmetik oder Mode. Frauen wollen in der Autobranche ernst genommen werden. Sie verfügen aber über ganz bestimmte Bedürfnisse, sie wollen verstehen, was getan wird, und nicht als Dummchen behandelt werden. So erlebte Gerd Heinemann einmal einen Superflop, als ein Anbieter von Autoserviceleistungen einen Parfümerie-Gutschein in der Akquisition auslobte. Die Resonanz war fast null.

Der Seniorenhandy-Flop

Last, but not least, kommen wir auf eine Kundengruppe zu sprechen, deren Marktanteil ausgesprochen rasant wächst: die Best Ager. Seit mindestens zehn Jahren haben wir diese Zielgruppe auf dem Schirm. Aus gutem Grund: Sie sind seit vielen Jahren im Privatkundensegment der Neuwagenkäufer die stärkste Altersgruppe. Auch beim Service geben sie aus wohlverstandenem Sicherheitsanspruch mehr

Unternehmen gehen die Best Ager nur halbherzig an – wenn überhaupt.

aus. Auf Kongressen und Konferenzen bescheinigen Redner ihr immer wieder großes Wachstumspotenzial. Allerdings haben wir den Eindruck, dass Unternehmen der Automobilbranche diese Kunden nur halbherzig angehen – wenn überhaupt. Manchmal wirkt es so, als könnten Firmen diese Zielgruppe ganz und gar nicht verstehen.

Wenn Sie in einen neuen Markt hineingehen, macht es Sinn, sich mit Menschen zu umgeben, die dem Profil des zu gewinnenden Kunden entsprechen: 25-Jährige verstehen ihre eigene Altersgruppe genau, 50-Jährige eher weniger – und umgekehrt. Das heißt für Sie: Spiegeln Sie Ihre Kundengruppe nach innen und außen. Leider wird dies oft versäumt.

Bestimmt erinnern Sie sich an den einen oder anderen Flop der letzten Jahre. An Produkte und Dienstleistungen, die am Markt vorbeigingen, vor allem am Kunden. Ein Beispiel ist das Seniorenhandy. Telekommunikationsanbieter hatten die Idee, Telefone mit nur noch drei oder vier Tasten zu fertigen. Der Vorteil liegt buchstäblich auf der Hand: eine einfache Bedienung. Trotzdem floppte das Produkt. Wir sind davon überzeugt: Es musste floppen. Denn die Kundengruppe Best Ager will nicht als rückständig gelten. Diese Produktidee stempelte die Senioren ab als Konsumenten zweiter Klasse mit weniger Geschick und geringerer geistiger Kompetenz. Bedenken Sie deshalb: Wenn Sie die Best Ager als ideale Zielgruppe sehen, müssen Sie selbst in die Szene eintauchen, sich ein Bild machen von den Bedürfnissen älterer Menschen. Ideen entstehen auch hier nämlich von innen nach außen – selten umgekehrt.

Betrachten wir heute die Werbung für neue Autos. Ist diese auf Best Ager ausgerichtet? Nein – obwohl diese die private Nachfrage entscheidend prägen und oftmals auch den Autokauf ihrer Kinder und Enkel mitfinanzieren. Die Anforderungen und Werte dieser Generation zu ignorieren ist unserer Meinung nach fahrlässig, auch wenn die Masse der Neuwagen gewerblich und für jüngere Fahrer gekauft wird.

Egal ob Sie Senioren, Frauen oder Digital Natives ansprechen wollen – die wichtigsten Spielregeln für den Erfolg bleiben gleich. Immer geht es um folgende Prozesse: eintauchen, verstehen, lernen, testen, umsetzen. Gehen Sie bewusst auf die Suche nach Kundengruppen, an die Sie bisher gar nicht gedacht haben. Dann stellen Sie Ihren neuen Kunden die entscheidende Frage: »Würden Sie uns weiterempfehlen und wenn ja, mit welchem Wert auf einer Skala von 1 bis 10?« Wenn jetzt als Antwort »10« kommt, wissen Sie: Sie haben gewonnen!

Die wichtigsten Spielregeln für den Erfolg: eintauchen, verstehen, lernen, testen, umsetzen.

Auf den Punkt

- Direkte Dialoge helfen zu verstehen, wie Kunden ticken.
- Die nächste Generation junger kaufkräftiger Kunden sind die Digital Natives.
- Die Chance für die Generation Y liegt im Social Selling.
- Die Generation der Best Ager sind die kaufkräftigsten und loyalsten Kunden im Privatkundenmarkt.
- Ideen entstehen von innen nach außen.
- Frauen und Best Ager sind interessante Zielgruppen und müssen in der Kommunikation ernst genommen werden.

20. Connected Cars, Big Data – Chance oder Bedrohung für die Branche?

»Wer nur an die Technik denkt, hat noch nicht erkannt, wie das autonome Fahren unsere Gesellschaft verändern wird.«
Dr. Dieter Zetsche

Der gläserne Autofahrer, der gläserne Kunde

Connected Cars – ist das nur ein Modewort der Gegenwart oder ist das die Zukunft? Diese Frage kann nicht mit Ja oder Nein beantwortet werden, denn das Feld ist sehr breit und endet beim absolut selbstfahrenden Auto. Der Google-Chef Eric Schmidt ging auf einer Veranstaltung des Wirtschaftsrats der CDU im Juni 2015 gar so weit zu sagen, er sei fest davon überzeugt, in 100 Jahren könnten sich die Menschen gar nicht mehr vorstellen, dass in der Vergangenheit Autos von Menschen gelenkt wurden. Wird das so sein? Unsere Meinung nach angeregter Diskussion: durchaus möglich.

Wem gehört in Zukunft der Kunde?

Eine Softlösung wird bereits bald Realität sein, das voll automatisierte Parken. So werden Daimler, Bosch und Car2Go mittels einer intelligenten Technik und Parkhausinfrastruktur das über eine App gesteuerte automatische und fahrerlose Ein- und Ausparken von Car2Go-Fahrzeugen ermöglichen. Ein erster Schritt zum voll automatisierten Fahren. Wir werden gleich noch Antworten geben, vorab wollen wir aber dieses vielschichtige und komplexe Thema etwas strukturieren. Wir freuen uns, dass wir dabei auch auf die Erkenntnisse einer von BBE Automotive betreuten Masterarbeit von Isabelle Engelbertz zum Thema zurückgreifen können.

Politisch-rechtliches Umfeld

Das politisch-rechtliche Umfeld ist derzeit noch keineswegs geklärt. Vernetzte Fahrzeuge sind für alle Nutzer und Anbieter ein spannendes Thema, führen aber auch zu einem gläsernen Nutzer. Hier liegen die Herausforderungen an die nationale und internationale Gesetzgebung. Ein erster Schritt ist aber die Verordnung des EU-Parlaments zum später noch angesprochenen Notrufsystem E-Call.

Verändertes Mobilitätsverhalten

Es liegen keine ernsthaften Studien vor, die auf eine Verdammung des individuell genutzten Autos schließen lassen. Wir müssen uns aber auf veränderte Verbraucheransprüche einstellen. So spricht der renommierte Trend- und Zukunftsforscher Matthias Horx auch von der neuen Metamobilität und versteht darunter, dass neben der physischen Mobilität auch die mentale, kommunikative und soziale Mobilität zu berücksichtigen ist. Hieraus erwachsen ganz neue Ansprüche an die Automobilbranche.

Aber was bedeutet eigentlich Connected Car?

Connected Car, also das vernetzte Auto, ist der Überbegriff für die Verbindung des Autos zu anderen Netzwerken mittels Mobilfunk. Dabei wird das Fahrzeug mit dem Fahrer und der Umwelt vernetzt. Ein breites Spektrum mit der Herausforderung, dass viele Partner aus verschiedensten Branchen zusammenarbeiten müssen.

Im Folgenden wollen wir Ihnen einen Überblick über dieses umfassende Thema und seine Bedeutung für die Bereiche Kommunikation und Service im Automobilbereich geben.

Kommunikationsebene

- Car-to-Car-Kommunikation zwischen Fahrzeugen. Es werden Daten und Warnungen gesendet und auch empfangen.
- Car-to-Infrastructure, Kommunikation des Fahrzeuges zum Beispiel mit Ampeln oder Verkehrszeichen
- Car-to-OEM/Service, der Fahrzeughersteller ist mit dem Auto direkt verbunden. Diese Technik wird aktuell bereits von Premium-Herstellern verbaut.
- Car-to-Enterprise, Kommunikation des Fahrzeugs mit anderen Unternehmen, Pilotprojekte etwa mit Parkhäusern
- Car-to-Home/Office, das Fahrzeug ist mit der Firmen- oder Unternehmens-IT verbunden.
- Car-Entertainment, welches ebenfalls Bestandteil der Connected Cars ist und bleibt. Es kann durchaus in obige Kommunikationsebenen eingebunden werden.

Servicefunktionen

Intelligente Navigation oder Mobilitätsmanagement mit neuen Features. Neben den Verkehrsinformationen in Realtime wollen wir folgende Entwicklungen festhalten:

- Location-based Service: Je nachdem, wo sich der Fahrer befindet, wird er mit lokalen Informationen versorgt.
- Der Point of Interest liefert Informationen zum jeweiligen Standort.
- Location-based Advertisings werden am jeweiligen Standort direkt ins Auto platziert.

Individuelle Services

- Concierge-Service, ein auf die Kundenwünsche ausgerichtetes System, das Nutzungsgewohnheiten des Fahrzeugführers analysiert, aktuelle Einflüsse (Ort, Wetter et cetera) einbezieht und individuelle Empfehlungen ausspricht.
- Der Zustellservice, bei dem bestellte Dinge direkt in das Auto geliefert werden. Beispiel ist die Telematik-App *Volvo On Call,*

die im Rahmen eines Pilotprojektes getestet wird. Dabei erhält der Bote nach Beauftragung durch den App-Nutzer einen digitalen Schlüssel für das Fahrzeug. Auch Amazon, Audi und DHL testen einen Zustellservice derzeit in der Münchener Region.

- Die App *Volvo on Call* bietet weitere Möglichkeiten im Bereich des Fahrzeugmanagements, zum Beispiel Funktionen wie Vorheizen des Fahrzeuges und die Anzeige des Tankfüllstands.

Was bedeutet eigentlich Connected Car?

Nicht vergessen wollen wir die Sicherheitsaspekte: Der deutsche Verkehrssicherheitsrat hat 2006 Fahrerassistenzsysteme wie folgt definiert: »Fahrerassistenzsysteme sind Systeme, die geeignet sind, den Fahrer in seiner Fahraufgabe hinsichtlich Wahrnehmung, Fahrplanung und Bedienung zu unterstützen – sie wirken damit bei der Navigation, der Fahrzeugführung und der Fahrzeugstabilisierung.«

Diese Sicherheitssysteme sind heute schon vielfach verbaut. Weitverbreitet sind bereits Systeme wie zum Beispiel adaptives Kurvenlicht, ESP, Parkassistent oder Rückfahrkamera. Die Liste wird aber immer länger. Man möge nur einen Blick in die Ausstattungs- und Zubehörliste der jeweils neuesten S-Klasse werfen.

Erwähnenswert sind nach unserer Auffassung auch Innovationen rund um das Head-up-Display, welches zukünftig über die Windschutzscheibe neben den bekannten Funktionen auch eine interaktive Bedienung ermöglichen wird. Auch eCall (Emergency Call), das neue Ortungssystem, welches ab dem 31. März 2018 in allen Neufahrzeugen eingebaut wird, ist ein spannendes Tool und kann durch Nothaltesysteme noch erweitert werden. Diese stoppen das Fahrzeug bei plötzlichen Gesundheitsproblemen des Fahrers und leiten ebenfalls den Notruf ein.

Viele Komponenten sind heute bereits im Markt angekommen und stellen für Hersteller, Servicebetriebe und Händler ständig neue Herausforderungen dar. Wir dürfen aber nicht vergessen, dass hier neue, sehr interessante After-Sales-Potenziale beim Austausch und auch bei der Nachrüstung entstehen. Ganz zu schweigen vom Unfallschadengeschäft. eCall, ab 2018 serienmäßig in die Neuwagen eingebaut, wird den Autofahrer bei Unfall und Panne direkt zum Hersteller routen. Versicherungsunternehmen werden mit Macht versuchen, die Fahrzeuge ihres Kunden mit ähnlichen Telematiksystemen auszustatten, um sie im Falle eines Unfalls direkt in ihr Werkstattnetz zu steuern. Sie locken dafür mit niedrigen Prämien. Werkstattketten, Autohäuser und Autohausgruppen werden um ihre Kunden kämpfen und ähnliche Systeme einsetzen.

Autonomes Fahren

Jetzt aber zur Königsdisziplin, dem autonomen Fahren. Die deutschen Fahrzeughersteller haben sich in der aktuellen Zulassungsdiskussion des VDA-Arbeitskreises Automatisiertes Fahren mit der Bundesanstalt für Straßenwesen (BASt) auf drei Stufen des autonomen Fahrens geeinigt:

- Teilautomatisiertes Fahren: Der Fahrer muss alle automatischen Funktionen überwachen und ständig bereit sein einzugreifen.
- Hochautomatisiertes Fahren: Das Fahrzeug fährt weitestgehend automatisiert und definiert dabei eigenständig die Grenzen zum Beispiel bei sehr hohem Verkehrsaufkommen.
- Voll automatisiertes Fahren: Ein Fahrzeug, das frei (also ohne menschliche Unterstützung) navigiert.

Wann wird es so weit sein? Die Zeitung *Die Welt* berichtete im März 2015, dass Daimler bis 2020 Fahrzeuge anbieten wird, die autonom auf der Autobahn fahren können. In diesem Artikel führt Ralf Herrtwich, der Leiter Autonomes Fahren bei Daimler, an, dass aber erst 2030 Autos voll autonom fahren können und ohne Eingreifen eines menschlichen Fahrers zurechtkommen.

Neue Geschäftsmodelle für die Branche

Eines ist sicher, Connected-Car-Lösungen werden zukünftig ein wesentlicher Wachstumstreiber sein und die Branche ordentlich durchmischen. Nach unserer Auffassung wird es neue Geschäftsmodelle geben, an die wir heute noch gar nicht denken. Neue, aktuell noch automobilferne Player werden kommen und sich als schwer ersetzbare Partner positionieren.

Es entstehen auch neue Formen der Werbung, und zwar direkt im Auto. Google ist hier sicherlich ganz weit vorne. Das permanent aktualisierte Wissen über die Kunden, deren Fahrtwege und die aktuelle Position lassen alle Formen der kundenbezogenen Werbung zu.

Nutzen Sie die neuen technologischen Lösungen für ein neues Geschäftsmodell!

Auch beim Flottenmanagement kann die Konnektivität die Effizienz und Effektivität erhöhen. Neben der Routenoptimierung und -überwachung können die gesendeten Fahrzeugdaten auch zur Optimierung der Wartung und Instandsetzung der Fahrzeuge genutzt werden. So kann der Verschleiß einzelner Teile an der konkreten Nutzung des Fahrzeugs erkannt werden.

Was heißt das für die Automobilbranche?

Die Automobilbranche muss sich ständig in Frage stellen und neu erfinden. Isolierte Angebote sind Vergangenheit. Lieferanten müssen zu Partnern werden.

So sieht der VW-Boss Winterkorn verkürzte Produktinnovationszyklen und den Zwang zu einer offenen und konstruktiven Partnersuche. Auch Matthias Wissmann, Präsident des Verbandes der Automobilindustrie, ist der Meinung: »Das Auto erfindet sich neu – und ist wesentlicher Bestandteil unserer mobilen Zukunft. Car-IT

Bleiben Sie neugierig und beobachten Sie Ihre Kunden.

ist die Grundlage für Innovationen in den kommenden Fahrzeuggenerationen und sieht viele neue Geschäftsmodelle in der Branche.«

Bleiben Sie neugierig und beobachten Sie Ihre Kunden und den Markt. Begreifen Sie die Neuerungen als Chance und nicht als Bedrohung. Seien Sie schneller als andere und bearbeiten Sie Ihre Nische erfolgreich.

Auf den Punkt

- Google, Apple und Co. mischen mit ihren Überlegungen und Konzepten mit und werden Partner der Entwickler und Hersteller.
- Das Auto entwickelt sich zum ultimativen Mobilgerät und wird Bestandteil der Kommunikationskette.
- Das Auto wird nicht zum Smartphone-Zubehör, es ist aber über verschiedenste Funktionalitäten damit verbunden.
- Fest steht, dass sich das Auto in den kommenden Jahren gewaltig verändern wird.
- Fest steht auch, dass sich durch Big Data – wem gehören die Daten des Fahrzeugs? – auch die Beziehung zwischen der Kraftfahrzeugwerkstatt und dem Kunden ändern wird.

Diese ausgewählten Veränderungstreiber werden Konsequenzen für die Automobilbranche, aber auch für den Automobilhandel und die Kraftfahrzeugwerkstätten haben:

- Optimierung von Infrastruktur, Telematiksystemen und Telematikservices
- Intelligente und vernetzte Fahrzeuge, Transportmittel und Menschen
- Neue Information und Kommunikationssysteme zur Verknüpfung von verschiedenen Verkehrsmitteln und Trägern
- Definition und Etablierung neuer Mobilitätsangebote und Geschäftsmodelle

21. Anfang statt Ende

»Die reinste Form des Wahnsinns ist es, alles beim Alten zu belassen und zu hoffen, dass sich etwas ändert.« *Albert Einstein*

Wissen Sie, was uns freuen würde? Wenn Sie dieses Buch inzwischen selbst vollgeschrieben hätten – mit Ihren eigenen Notizen. Sogar noch lieber wäre es uns, wenn Sie in Ihrem Unternehmen gleich damit angefangen hätten, die »Herzenssache Kunde« zu leben. Wenn Automotive Clienting also für Sie nun bedeutet: Ich muss handeln!

Sie werden schneller vom Markt gefegt, als Sie es realisieren können. Es sei denn, Sie treffen Vorsorge!

Warum betonen wir das immer wieder? Weil sich die Welt so rasant wandelt. Wenn Sie dies nicht berücksichtigen, werden Sie schneller vom Markt gefegt, als Sie es realisieren können. Es sei denn, Sie treffen Vorsorge. Genau dabei möchten wir Sie mit diesem Buch unterstützen.

Es ist nicht das erste Mal, dass wir in einer Publikation Prognosen stellen für die Zukunft der Wirtschaft. Auch in früheren Büchern und Studien hat Edgar K. Geffroy insbesondere zwei Ziele angestrebt. Erstens sollten seine Werke auch noch zehn Jahre nach der Veröffentlichung lesbar sein und zweitens auch danach noch zu neuen Ideen inspirieren. Deshalb schließen insbesondere Edgar K. Geffroys und unsere Ausarbeitungen gerne mit einem visionären Touch. Wir geben Ihnen ein Beispiel: In *Abschied vom Verkaufen* aus dem Jahr 1997 beschrieb Edgar K. Geffroy einen typischen Alltag, blickte dabei jedoch zehn Jahre in die Zukunft. Geffroy stellte sich die Frage: Wie lebt ein Verkäufer im Jahr 2007? Hier ist ein Auszug mit der Antwort:

»David freut sich über Yan Wans Erfolg, die Idee, die Kunden einzubeziehen, stammt von ihm. Dann bittet er Arni, die restlichen Video-News noch einmal vorzulesen. Er hört sich jetzt die Info seines Teamchefs an, den man früher Verkaufsleiter nannte. Heute werden die Teamchefs von den Mitarbeitern gewählt. Für eine bestimmte Zeit oder für eine bestimmte Aufgabe.

Davids Teamchef gratuliert ihm, weil David erfolgreich neue Kunden geworben hat. Er hat den Wettbewerbern einige Projekte vor der Nase weggeschnappt. David muss lächeln, wenn er an das Videogespräch denkt, das er in der letzten Woche mit seinem Kollegen von der Konkurrenz geführt hat. Dort hat man die neuen Spielregeln immer noch nicht verstanden. Davids Company hat längst auf Clienting umgeschaltet, denkt in Spannungsbilanzen und Netzwerken, hat in jeder Kundenfirma einen Alliierten und denkt in 1000-Tage-Schritten genauso wie in 100-Tage-Schritten. Sein Infocoach erinnert ihn daran, dass heute der 4. Juli ist, in den USA der Independence Day oder Unabhängigkeitstag. Deshalb kann er seine US-Kollegen heute nicht direkt erreichen. Er denkt daran, dass es in den Neunzigerjahren einen Kinohit mit dem Namen *Independence Day* gab. Ein Film über eine Invasion aus dem Weltall. Geplant und koordiniert wurde die Invasion, indem man die globalen Satellitensysteme für die eigenen Angriffszwecke nutzte.«

Glücklicherweise gab es bis jetzt keine Invasion von Außerirdischen, aber Satellitensysteme wurden trotzdem zweckentfremdet.

Was hat sich davon bis heute überholt? Glücklicherweise gab es bis jetzt keine Invasion von Außerirdischen, aber Satellitensysteme wurden trotzdem zweckentfremdet. Heute sind die Menschen auf dem Weg ins Jahr 2020. Einiges, was Edgar K. Geffroy sich ausgemalt hat und wir in unseren Studien zusammengefasst haben, ist bereits eingetreten. Vieles steht kurz bevor.

In *Triumph des Individuums* aus dem Jahr 2013 umriss Geffroy wieder einen typischen Tag im Leben von David – allerdings jetzt im Jahr 2020. Lesen Sie nun, wie er sich dieses Szenario vorgestellt hat:

»Verkäufer David, mittlerweile 42, wird wach. (…) Auf ein Wort ist ein Espresso brühfertig. Aber er will noch warten. Eine Tageszeitung ist mittlerweile sein persönliches Informationssystem geworden, das nur die Informationen und Werbung zusammenstellt, die ihn interessieren. (…) Vorbei sind die Zeiten, in denen wir mit unnützen Informationen, die uns nicht interessierten, überschüttet wurden und fast darin ertrunken sind. Manche hatten morgens Hunderte Mails in ihren Posteingängen. Intelligente Systeme sind mittlerweile wirkliche Helfer und sogar Assistenten geworden. Sie können reden, antworten, recherchieren, buchen und reservieren und sind so unverzichtbare Butler. Sie sind durch das Haussystem allgegenwärtig abrufbar. Verlässt man das Haus, werden alle Informationen auf die eigenen digitalen Assistenten übertragen, die permanent alle miteinander kommunizieren. (…) Das System geht ganz auf Ihre Ideen, Hobbys und Gewohnheiten ein und lernt immer wieder dazu. Egal ob Sie Ihren Daumen neuerdings für einen anderen Fußballverein drücken oder einem anderen Restaurant den Vorzug geben, das System hat solche Informationen schnell aktualisiert. Ihr persönlicher Assistent ist gleichzeitig auch Ihr Fitnessberater und signalisiert Ihnen, welchen Handlungsbedarf es aktuell gibt. Wenn Sie wollen, werden Ihre Daten permanent an Ihren Arzt weitergeleitet, der bei extremen Abweichungen reagieren kann und mit Ihnen Kontakt aufnimmt.

(…) Ganzheitliche Lösungen bestimmen den Alltag. So stellt sich David gut gelaunt an diesem sonnigen Julitag im Badezimmer vor seinen Spiegel. Mit seiner Stimme aktiviert er das Display des Spiegels. Während er sich rasiert, kann er sich kurz ein neues YouTube-Video von seinem besten Freund Rolf ansehen. (…) Ein kurzer Blick, und die aktuellen Börsenkurse seiner Aktien werden angezeigt. (…) Schnell fragt er, ob es weitere News oder Expertenmeinungen zum Thema gibt. Er bittet seinen Infocoach, so nennt David sein mobiles Endgerät, noch einmal kurz die geschäftlichen Termine für die ganze Woche zu zeigen. Nun kann er beruhigt in die Woche starten.«

So weit der Auszug mit dem Blick in die Jahre 2020 bis 2025. Was sich für manche vielleicht wie ein Science-Fiction liest, wird immer mehr Realität. Wir stehen erst am Anfang der digitalen Revolution. Man könnte auch sagen: Wir sind heute auf dem Stand eines siebenjährigen Kindes. In ein paar Jahren werden wir mit einigen der hier beschriebenen Technologien so natürlich umgehen, als hätten wir diese schon immer genutzt. Oder machen Sie sich etwa noch Gedanken darüber, woher Google eigentlich die Informationen holt, die Sie permanent anfordern? Oder darüber, wie die Daten in Ihrem Navigationsgerät zustande kommen? Es ist normal geworden. Dabei ist all das erst der Anfang.

Was sich für manche vielleicht wie ein Science-Fiction liest, wird immer mehr Realität.

Fahrzeuge, ausgerüstet mit Telematiksystemen, senden ständig große Datenmengen über zum Beispiel Fahrverhalten oder Bewegungsprofile an wen? Fahrzeughersteller, Versicherungsunternehmen oder an den liefernden Händler. Und was wird daraus bei den Datenempfängern abgeleitet beziehungsweise wie werden diese Daten ausgewertet? Wem gehören die Daten?

Die Art und Weise, wie wir zukünftig in unserer digitalen Welt ganz natürlich einkaufen gehen, wird durch die Decke gehen. Digitales Kaufen und Verkaufen werden schon in wenigen Jahren den klassischen Verkauf zunehmend bedrängen. Digitale Kundenerfolge auf Abruf zu schaffen, hat Edgar K. Geffroy deshalb mit seiner Beratungsfirma auch als Kerngeschäft definiert, bei dem er gemeinsam mit den Koautoren dieses Buches speziell die Unternehmen der Automobilbranche berät.

Ein Ziel, viele Wege

Die wesentliche Komponente wird erst in Zukunft realisiert. Wir sprechen von der Intelligenz. Ob sie nun künstlich ist oder nicht, sicher ist: Sie wird den Arbeitsalltag noch einmal erheblich vereinfachen. Schon heute können Systeme »mitdenken«.

Ein uns bekannter Schweizer Anbieter beschreibt es gerne so: Wenn Sie heute von Zürich nach San Diego fliegen wollen, wo das Unternehmen seinen zweiten Hauptsitz hat, dann bekommen Sie die üblichen Vorschläge. Google oder spezielle Onlineportale durchforsten das Internet nach dem vermeintlich günstigsten Flug. Dann werden Ihnen die Ergebnisse präsentiert. Meist beginnend mit dem billigsten Flug. Dabei berücksichtigt das System immer nur die üblichen, also bekannten Flugrouten. Es gibt ja sogenannte Drehkreuze, über deren Flughäfen der Verkehr gesteuert wird. Auch das ist in Datenbanken hinterlegt.

Nicht hinterlegt ist aber beispielsweise folgende Variante: Sie fliegen klassisch von Zürich bis Los Angeles, wechseln dann das Transportmittel und fahren mit dem Auto über den Highway nach San Diego. So würden Sie nicht nur enorm viel Geld sparen, sondern auch Zeit. Schließlich ist an Drehkreuzen nicht selten mit langen Wartezeiten zu rechnen.

Und jetzt kommt die gute Nachricht: Die künstliche Intelligenz der Zukunft kombiniert alle diese Möglichkeiten und schlägt dann den sinnvollsten Weg vor. Gefällt Ihnen das Ergebnis nicht, sucht das System nach weiteren Alternativen. Zum Beispiel könnte es Flug, Bahn und Auto miteinander kombinieren. Das ist der Anfang mobiler intelligenter Assistenten. Sie liefern nur noch das, was Sie wirklich interessiert! Alles andere fällt unter den Tisch. Auch in Deutschland findet man im Jahr 2015 bereits einige Mobilitätsportale, die Wege zum Ziel intelligent miteinander kombinieren und multimodale Reiseketten vorschlagen. Diese werden sich rasant weiterentwickeln.

Es kommt immer mehr Technologie auf den Markt, die das Leben der Menschen erleichtert. Stellen Sie sich vor: In den USA gibt es heute schon Maschinen, die selbstständig Texte verfassen. Und sie tun dies so raffiniert, dass keinem auffällt, dass hier kein Mensch am Werk war. Bevor Sie jetzt das Falsche denken: Für unser Buch haben wir solche Dienste nicht genutzt. Angesichts solcher bahnbrechenden Entwicklungen stellt sich nun aber zum Beispiel die Frage: Was passiert in Zukunft mit Journalisten? Was wird aus diesem Beruf, wenn sich Texte auch maschinell erstellen lassen?

In den USA gibt es schon Maschinen, die selbstständig Texte verfassen, und zwar so raffiniert, dass keinem auffällt, dass hier kein Mensch am Werk war.

Doch egal, Sie sind in der Automobilbranche tätig: Die künftigen Entwicklungen in der Welt der Mobilität treffen garantiert auch Sie und Ihre Kunden. Natürlich ist Deutschland immer noch eine führende Industrienation und ein extrem exportorientiertes Land. Aber es geht jetzt nicht mehr um die Aktienkurse der Vergangenheit. Unser Thema ist die Zukunft. Uns beschäftigen die Herausforderungen der digitalen Welt auf dem Weg zu einer Wissensgesellschaft und ihr Einfluss auf das Automobilgeschäft.

Je schneller Sie sich dieser Welt öffnen, umso besser können Sie Ihre Chancen erkennen – und nutzen. Im Idealfall natürlich bevor Ihr Wettbewerber auf diesen Zug aufspringt. Wir sagen es immer und immer wieder: Zurzeit ist es noch einfach, »Erster im Internet« zu sein und zu bleiben. Bereits mit wenigen konkreten Ideen und ihrer kundenorientierten Umsetzung können Sie als Unternehmer überzeugen – sogar zum Überflieger werden. Aber die »Dekarbonisierung der Welt« und Big Data werfen ihre Schatten voraus!

Revolution mit Roboter

Ein wichtiges Schlüsselwort der Zukunft lautet »Robotics«. Tatsächlich werden Roboter eine immer wichtigere Rolle in unserem Leben spielen. Was meinen wir damit? In nicht allzu ferner Zukunft helfen sie beispielsweise den Kranken, übernehmen Pflegedienste, machen sauber – ohne zu klagen. Dadurch verändern sich die Ansprüche. Alles ist in Bewegung.

Wenn Kunden fernbleiben, brechen Märkte weg oder entstehen neu. Mit anderen Worten: Märkte werden sich radikal wandeln oder von der Bildfläche verschwinden. Es ist wichtig, ein Prinzip zu verstehen: Kunden nutzen, was ihnen hilft. Wenn sie von einer neuen Entdeckung profitieren, integrieren sie diese in ihr Leben. Deshalb ist die entscheidende Frage, wer einen Trend zuerst entdeckt und ihn für sich zu nutzen weiß.

Doch Kunden reagieren nicht sofort und nicht in Scharen. Zuerst kommen stets die First Mover oder Early Adopter. Also die Menschen, die sich sofort auf jedes neue Produkt stürzen. Andere zögern länger, probieren es dann auch und benutzen es irgendwann ganz selbstverständlich. In diesem Zusammenhang werden wir den Satz eines Bekannten nie vergessen: »Du glaubst doch wirklich selbst nicht, dass irgendjemand auf der Straße auch noch telefonieren will!« Selbst er will das heute nicht mehr gesagt haben.

Internet der Dinge

Das »Internet der Dinge« beschreibt die voranschreitende Entwicklung »intelligenter Gegenstände«, die den Personal Computer immer mehr ersetzen. Das Internet der Dinge soll den Menschen bei seinen Tätigkeiten noch stärker als bisher unterstützen.

Zum Digital Native gesellt sich deshalb künftig der digitale Macher. Gleichzeitig wird der Wettbewerb um den Kunden härter. Umso wichtiger ist diese Weisheit: Fortschritt kann man nicht aufhalten – aber anführen.

Die Welt wird komfortabler. Maschinen werden Arbeiten verrichten, die Menschen nicht übernehmen können oder wollen. Der Vorteil: Die Menschen können noch individueller arbeiten, als es heute schon der Fall ist. Welche Revolution kommt als Nächstes? Wir tippen auf das Internet der Dinge, Big Data, Connected Car und E-Mobility in Verbindung mit Shared Mobility.

Und jetzt Sie!

In diesem Buch konnten Sie über unsere Erfahrungen in den letzten Jahrzehnten auf dem Gebiet der Geschäfts- und Kundenentwicklung in der Automobilbranche lesen. Wir haben konkrete Beispiele aus unseren Beratungsprojekten einfließen lassen, mit denen wir beweisen wollen: Unternehmen steigern ihren Erfolg erheblich, wenn sie die Grundprinzipien des Automotive Clienting beherzigen.

Betrachten Sie den Weg zum Überleben in der Automobilbranche als Ihre »Herzenssache Kunde« – als eine Reise, die niemals endet.

Wenn wir unsere Arbeit gut gemacht haben, wollen Sie jetzt selbst durchstarten. Denken Sie immer an das Grundprinzip, aus Sicht Ihrer Kunden zu agieren. Und betrachten Sie die »Herzenssache Kunde« als eine Reise, die niemals endet. Nutzen Sie Automotive Clienting! Die Welt dreht sich schließlich weiter. Neue Ideen, Technologien und Trends kommen auf. Neue Kunden geben Ihnen immer wieder die Gelegenheit, ganz vorne mit dabei zu sein.

In diesem Buch haben wir zahlreiche Beispiele gegeben, wie Unternehmen mit dem Automotive-Clienting-Konzept Erfolge erzielen. Wir haben Ihnen den Weg zum Überleben in der Automobilbranche gezeigt. Allen ist gemeinsam: Sie machen sich Gedanken über neue Trends, sie stellen den Kunden in den Mittelpunkt. Noch kurz bevor wir dieses Buch fertigstellten, bestätigte uns ein erfahrener Autoexperte, der Kunde sei wieder ganz oben auf der Prioritätenliste des Unternehmens. Und so solle es auch in den nächsten Jahren bleiben.

Am besten legen Sie los, solange noch alles offen ist. Jetzt können Sie zu den Pionieren einer Welt gehören, die gerade erst entsteht. Alles ist noch möglich. Uns wird jeden Tag bewusster, welches gigantische

Chancenpotenzial auf jeden von uns wartet. Sie müssen nur bereit sein, den ersten Schritt zu machen.

Wir sind erst am Anfang. Seien Sie neugierig! Haben Sie Mut! Wir wünschen Ihnen, dass Sie als »Erster mit Herz« im Kopf Ihrer Kunden ankommen und bleiben. Und übrigens: Wenn wir Ihnen einmal helfen können, zögern Sie nicht, uns anzusprechen. Jetzt aber sind erst einmal Sie dran.

Viel Erfolg!

Auf den Punkt

- Die Menschen stehen erst am Anfang der digitalen Revolution.
- Zum digital Native gesellt sich künftig der digitale Macher.
- Fortschritt kann man nicht aufhalten – aber anführen.

Die Autoren

Edgar K. Geffroy

Edgar K. Geffroy ist Unternehmer, Wirtschaftsredner, Bestsellerautor und Business-Neudenker. Mit 30 Jahren Erfahrung als Unternehmensberater zählt er heute zu den erfolgreichsten Referenten und Vordenkern in Deutschland. Der Erfinder des Clienting setzt immer wieder neue Maßstäbe im Bereich Kundenorientierung und Veränderung durch den digitalen Wandel.

Über 2500 Auftritte vor mehr als einer halben Million Menschen zeigen die Akzeptanz seiner Konzepte. Keynote-Speaker Edgar K. Geffroy begeistert, motiviert und inspiriert zu unternehmerischem Neudenken und bricht dabei gewohnte Denkmuster auf.

2012 erhielt der Keynote-Speaker den Business-Vordenker-Preis des Jahrzehnts der Best of Best Academy, Wien. Er zählt zu den zehn wichtigsten Businessmotivatoren (*Wirtschaftswoche*) und zu den 25 führenden Wirtschaftsrednern Deutschlands (*GQ*). 2007 wurde er in die German Speakers Hall of Fame aufgenommen und trägt damit die höchste Auszeichnung der German Speakers Association.

Mit dem Ansatz, anders zu denken, hat Edgar K. Geffroy als Coach und Consultant Geschichte geschrieben. Mit der Clienting-Lehre hat Edgar K. Geffroy bereits in den 1990er-Jahren Unternehmen neue Wege gezeigt, auf einfache und andersdenkende Weise ihre Umsätze überproportional zu steigern. Mit diesem zentralen Beitrag zur Kundenorientierung haben Unternehmen in gesättigten Märkten neue Wettbewerbschancen erhalten. Mit nachweisbaren Erfolgen!

Geffroy Consulting ist Ihr Partner für innovative Verkaufsstrategien – wenn Sie offline und online neue Wege gehen wollen. Wir möchten mit Ihnen gemeinsam Ihre Produkte und Dienstleistungen neu vermarkten und sind überzeugt, dass jedes Produkt und jede Dienstleistung einen einzigartigen Charakter hat, den es zu erkennen gilt. Wir bringen das individuelle Angebot für Ihre Kunden zum Vorschein.

Die Basis unserer Arbeit liegt in der gemeinsamen Entwicklung einer einzigartigen Verkaufsstory, die sich an der von Edgar K. Geffroy entwickelten Kundenbeziehungslehre Clienting orientiert. Dabei wird der Mensch in den Fokus jeglichen Handelns gestellt.

Neben dem strategischen Ansatz bietet Geffroy Consulting eine crossmediale Realisierung und ein nachfolgendes Markenmanagement. So ist eine optimale Umsetzung der Verkaufsstory gewährleistet. Von der Vermarktung des neuen Produktes bis zum Verkaufstraining der Mitarbeiter bieten wir Ihnen die gesamte Umsetzungskette an.

Unterschiedlichste Kunden – von lokalen Händlern über mittelständische Unternehmen bis hin zu Weltkonzernen – konnten wir bereits mit neuen Ideen begeistern.

Ihre individuelle Strategie beginnt mit einem persönlichen Coaching

Sie wollen mit Ihrem Unternehmen wachsen und suchen neue Wege, um Ihre Kunden zu begeistern? In einem individuellen Coaching vor Ort oder flexibel per Skype mit Edgar K. Geffroy werden konkrete Handlungsalternativen gemeinsam erarbeitet, um Ihr Kerngeschäft digital und klassisch voranzubringen. Die Erkenntnisse werden zu einer ganzheitlichen Strategie zusammengefasst. Die erfolgsorientierte Basis für Ihre Strategie ist die von Edgar K. Geffroy entwickelte Clienting-Lehre. Diese einzigartige Beziehungslehre richtet sich stets nach den Bedürfnissen der Kunden und hilft Ihnen, sich klar vom Wettbewerb abzugrenzen. Ihre persönliche Strategie ist die einzigartige Positionierung hinsichtlich Ihrer relevanten Zielgruppe und grenzt Sie deutlich vom Wettbewerb ab. Sie konzentriert sich am Engpass Ihrer Zielgruppe, um Ihr Produkt, Ihre Dienstleistung oder Sie als Unternehmen oder Einzelperson zielgerichtet zu vermarkten.

Was Sie im Coaching erwartet

- Wie Sie aus Produkten Lösungen machen
- Wie Sie auf einfache Weise den Engpass (Kittelbrennfaktoren) Ihrer Kunden identifizieren
- Wie Sie Mehrwert entwickeln, den Ihre Kunden tatsächlich brauchen
- Wie Sie mit einer Vision neue Lösungen finden und Ihrem Kerngeschäft treu bleiben
- Wie Sie mit Clienting Kunden zu Partnern machen und sich durch Kundennähe einen Wettbewerbsvorteil verschaffen

Die gebündelte Kraft des Teams »Automotive Clienting« – Herzenssache Kunde in der Automobilbranche

Edgar K. Geffroy und das Automotive-Clienting-Team stehen Ihnen als Partner zur erfolgreichen Umsetzung der neuen Kundenorientierung gerne zur Verfügung. Wir begleiten Sie auf dem Weg zum Erfolg und zeigen Ihnen, wie Sie Ihre heutigen und zukünftigen Kunden begeistern und zu Ihren Partnern machen.

Weitere Informationen zu unserem neuen Beratungsansatz und vielem mehr finden Sie unter:

www.automotive-clienting.com

Kontakt
Geffroy GmbH
Großenbaumer Weg 5
40472 Düsseldorf
Tel: +49 (0)211 40 80 97-0
Fax: +49 (0)211 40 80 97-26
E-Mail: team@geffroy.com
www.geffroy.com
www.clienting-consulting.com

Bernd Behrens

Bernd Behrens ist Automotive Consultant in Kassel.

Er ist Automobil-Unternehmer mit Leidenschaft, Innovationstreiber neuer Mobilitätskonzepte, Automotive-Clienting-Berater und Coach.

Mit langjähriger Erfahrung als Autohaus- und Rent-a-Car-Unternehmer im Hintergrund, ist er heute Innovator, kreativer Entwickler neuer Service- und Vertriebsstrategien, Unternehmer-Strategieberater, Spezialist für neue Geschäftsfelder hinsichtlich neuer Mobilität, Young- und Oldtimer-Markt, sowie Treiber von Innovation im Servicebereich. Als persönlicher Coach sorgt Bernd Behrens für die Steigerung Ihrer Vertriebs- und Service-Performance.

Im Mittelpunkt seines Handelns stehen dabei Wertschätzung, Nachhaltigkeit, Erfüllung und Vertrauen.

Mit der Strategie-Beratung »Automotive Clienting« neue Antworten darauf finden

- wie Sie bei Wachstums- und Entwicklungsoptionen zielführend entscheiden.

- wie Sie einen Ausweg aus dem hohen Preiswettbewerb finden.
- wie Sie innovative Serviceleistungen planen und zum vollen Erfolg umsetzen.
- wie Sie mit einer attraktiven Marke im Hintergrund Ihre persönliche Handschrift entwickeln.
- wie Sie Ihre Vision entwickeln und über ein Erfolgsbild hinaus Klarheit über den Weg der Umsetzung erlangen.
- wie Sie ihren Erfolg systematisieren.

Erfolg im Unfallschadenmarkt durch innovatives Schadenmanagement mit Automotive Clienting

Heben Sie die Potenziale in diesem wichtigen Geschäftsfeld und begeistern Sie Ihre Kunden durch eine außergewöhnliche Schadensabwicklung. In einem gemeinsam mit Ihnen abgestimmten Maßnahmenplan werden in Kooperation mit BBE Automotive, FSP und der Deutschen Schadenregulierung in und um Ihren Kfz-Betrieb die Schadensprozesse optimiert. Die Ziele hierbei sind: begeisterte Kunden, größerer Marktanteil und dauerhaft höhere Rendite für Ihr Unternehmen.

Neue Multimobile Geschäftschancen mit »Automotive Clienting«

Die Generation Y wird die erste Nutzergeneration für neue Mobilitätsdienstleistungen sein, sodass es sich empfiehlt, professionelle und ertragreiche Geschäftsmodelle jetzt umzusetzen. Im ersten Schritt werden die zusätzlichen regionalen Mobilitätspotenziale im Bereich der neuen Mobilität analysiert. Im zweiten Schritt erfolgt die nachhaltige Implementierung eines neuen Geschäftsmodells. In einem dritten Schritt erfolgt schließlich die ertragreiche Umsetzung mit systematischer Marktbearbeitung, Mitarbeitertraining, Coaching und Monitoring.

So heben Sie den größten Schatz in Ihrem Unternehmen!

Eine lebendige Kunden- und Fahrzeugdatenbank ist das wichtigste Kapital und eine bedeutende Grundlage für eine erfolgreiche neue Beziehungsaktivität. Bernd Behrens zeigt Ihnen praxiserprobte Umsetzungen, wie Sie eine bessere Qualität und Nutzung Ihrer Kundendaten sicherstellen und auf dieser Grundlage Ihre Kunden zur Herzenssache machen.

Talentmanagement durch Automotive Clienting

- die richtigen Mitarbeiter suchen und finden mit mehrstufigem Einstellungsprozess
- Mitarbeiter zu Beziehungsmanagern entwickeln, die Ihre Kunden begeistern
- Ihr Weg zum attraktiven Arbeitgeber
- Coaching für Führungskräfte

Kontakt
Bernd Behrens
Automotive Consultant
Spreeweg 5
34131 Kassel-Bad Wilhelmshöhe
Tel: +49 (0)172 5850212
E-Mail: info@bernd-behrens.de
www.bernd-behrens.de

Gerd Heinemann

Gerd Heinemann arbeitet für die BBE Automotive in Köln.

Seit Beendigung seines Betriebswirtschaftsstudiums ist er forschend und beratend in der Automotive-Branche erfolgreich unterwegs und dort als Autor verschiedener BBE Automotive-Studien bekannt. Als Geschäftsführer der BBE Automotive verantwortet Heinemann auch den Geschäftsbereich Vertriebsperformance.

Unter Vertriebsperformance versteht die BBE Automotive

- Planung und Optimierung und Professionalisierung von Vertriebsnetzen
- Steuerung der Partner über Key Performance Indicators (KPI)
- Optimierung von Basisprozessen der Vertriebspartner
- Maßnahmen zur Ausschöpfung von Verkaufs- und Servicepotenzialen

Die langjährige Erfahrung als Marktforscher hat Gerd Heinemann geprägt. Er ist ein großer Verfechter von fundierten Marktpotenzialanalysen als Vorgabe des maximal Machbaren. Auf einer solchen Basis kann an der Ausschöpfung gearbeitet werden. Dabei nutzt BBE Automotive auch die Automotive-Clienting-Ansätze, die bei richtiger Anwendung sehr häufig dazu beitragen, brachliegende Potenziale zu heben.

Was Gerd Heinemann sonst noch wichtig ist

- Alle Coaching-, Trainings- und Consultingprojekte an der Basis im Handel und bei Werkstätten müssen nutzerorientiert aufgesetzt werden. Denn nur wenn ein Mehrwert erkannt wird, sind die Menschen auch bereit, Veränderungsprozesse einzuleiten.

- Dabei gilt es, die Wünsche und Erwartungen der zu entwickelnden Menschen zu kennen und ernst zu nehmen.

- Berater haben sehr häufig einen schlechten Ruf an der Basis. Oftmals zu Recht. So müssen die eigenen Mitarbeiter intensiv an der sozialen Intelligenz arbeiten. Ansonsten sind diese an der Basis unbrauchbar.

- Tests oder Audits müssen sein. Konzeptionell darf aber nicht die Kontrolle, sondern muss der Lerneffekt das Ziel sein.

Ergo: Automotive Clienting muss auch bei zu trainierenden, zu coachenden und zu beratenden Personen und Unternehmen eine stringente Leitlinie sein.

Kontakt
BBE Automotive GmbH
Zollstockgürtel 61
50969 Köln
Tel.: +49 (0)221 93655-0
E-Mail: info@abh.de
www.bbe-automotive.de

Frank Isselborg

Frank Isselborg ist Geschäftsführer bei der FSP-Unternehmensgruppe, einem Partner des TÜV Rheinland.

Veränderung ist ein Normalzustand im Unternehmen, denn jede Entwicklung ist Veränderung und Anpassung

Die Dienstleister rund um den Bereich Schaden und Gebrauchtwagen müssen sich durch Kundenorientiertheit auszeichnen. Die Umsetzung »Automotive Clienting« ist eine Grundeinstellung und zentraler Schlüsselfaktor für Ihren Weg zum Überleben und Ihren Erfolg!

Als Berater für Unternehmen im Konzernumfeld und für mittelständische Betriebe war die Fähigkeit gefordert, mehrere Projekte mit divergenten Themenlagen zu entwickeln. Eine Herausforderung, die heute im Mobilitätsmarkt grundsätzlich besteht. Für die FSP sowie unsere Partner und Kunden ist diese Fähigkeit auch heute noch wichtig, denn die Bandbreite reicht von einem amtlich regulierten bis zum freiwirtschaftlichen Bereich.

Eines ist jedoch bis heute konstant: Geschäfte machen Menschen, und die sind die Seele im Geschäft eines jeden Dienstleistungsunternehmens. Sie sind Stärke und Herausforderung zugleich: auch oder trotz der Technik und Software, die im Geschäftsleben Einzug hält.

Bandbreite hält den Kopf aktiv

Egal ob ein Unternehmen Thyssen Schachtbau, Bayer Vital, Siemens Turbine, TÜV Rheinland oder FSP heißt, die Erfolgsfaktoren sind die Fertigkeits- und Fähigkeitsdimensionen der Menschen im Unternehmen. Das Erreichen von notwendigen Zielen, die Umsetzung von als richtig erkannten Maßnahmen und das ständige Definieren und Fokussieren auf Erfolg und die eigenen Stärken fordert die Kunden, die Partner und unsere Mitarbeiter- und Führungsebene. Nur Visionen und Strategien alleine genügen nicht. Hier liegt die Anforderung im Führungsbereich, die Rahmenbedingungen herzustellen, damit das Unternehmen die Erfolge einfahren kann. Dies erfordert von der Topführungsebene eine hohe Bandbreite und eine fachliche sowie methodische Tiefe. Hier steht die FSP zur Unterstützung bereit. Diese zu entwickeln, zu fördern oder – wo notwendig – aufzubauen war stets ihre Motivation und Anspruch zugleich.

Kontakt

FSP Fahrzeug-Sicherheitsprüfung GmbH & Co KG
Zur Bergmeierei 1
14548 Schwielowsee/OT Geltow
Tel.: +49 (0)3327 5998-11
E-Mail: vertrieb@fsp.de
www.fsp.de

Stichwortverzeichnis